MANUEL

MAITRE DE CHAI

ou

GUIDE PRATIQUE

À L'USAGE

DES NÉGOCIANTS, ENTREPOSITAIRES, MAITRES DE CHAI

et toutes les personnes qui font le commerce des Vins et Spiritueux

PAR

André FREDON Aîné

MAITRE DE CHAI, DISTILLATEUR, LIQUORISTE ET LIMONADIER

PRIX : 5 FRANCS

BORDEAUX

IMPRIMERIE ET LITHOGRAPHIE DE G. CHARIOL

Cours du Chapeau-Rouge, 28

1870

MANUEL

DU

MAITRE DE CHAI

MANUEL

DU

MAITRE DE CHAI

OU

GUIDE PRATIQUE

A L'USAGE

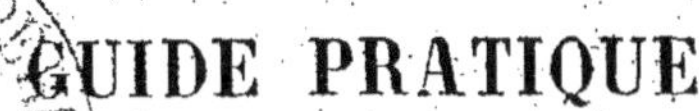

DES NÉGOCIANTS, ENTREPOSITAIRES, MAITRES DE CHAI

et de toutes les personnes qui font le commerce des Vins et Spiritueux

PAR

André FREDON Aîné

MAITRE DE CHAI, DISTILLATEUR, LIQUORISTE ET LIMONADIER

BORDEAUX

IMPRIMERIE ET LITHOGRAPHIE DE G. CHARIOL

Cours du Chapeau-Rouge, 28

—

1869

MANUEL

MAÎTRE DE CHAI

GUIDE PRATIQUE

des négociants, entrepositaires, maîtres de chai
et de toutes les personnes qui font le commerce des vins et spiritueux

BORDEAUX

IMPRIMERIE ET LITHOGRAPHIE DE G. CHARIOL

1860

INTRODUCTION

Depuis longtemps je m'étais imposé la tâche d'écrire ce modeste Manuel essentiellement pratique, pour cette nombreuse classe d'ouvriers dont je fais partie et qui manipulent journellement les principaux liquides potables (vins et spiritueux). J'y ai établi et coordonné, le plus succinctement possible, la manutention de ces liquides qui, je crois, sera jugée très rationnelle pour la bonne administration des chais ou entrepôts de vins et spiritueux.

Mes confrères trouveront dans le corps de l'ouvrage et à leur place, les calculs des coupages ou mélanges des vins, eaux-de-vie et esprits trois-six, accompagnés d'un tableau du mouillage ou de la réduction des spiritueux, depuis 95° jusqu'à 40°; ce même tableau donne également la réduction jusqu'à 9° des esprits de 95° à 80°, pour confectionner les petites eaux dont je parlerai et qui donnent de si bons résultats dans les opérations d'eaux-de-vie. Un tableau de la réduction du titre alcoolique d'un spiritueux au moyen d'un autre spiritueux plus faible en titre. Un tableau du remontage ou élévation du titre alcoolique d'un spiritueux avec un autre spiritueux plus élevé en titre. Un tableau indiquant les diamètres et la hauteur qu'on doit donner aux cuves pour avoir une contenance déterminée depuis 500 litres jusqu'à 10,000 litres. Un tableau indiquant les diamètres et la longueur ou hauteur qu'il faut donner aux barils, futailles et foudres pour avoir une contenance déterminée depuis 10 litres jusqu'à 6,000 litres.

Pour ces deux derniers tableaux, j'ai pris pour base de

mes calculs et pour type des cuves, les proportions d'une jolie cuve de douze hectolitres, et pour type des barils, futailles et foudres, les proportions d'un tierçon de 150 litres façon cognac qui est, je crois, la forme la plus élégante. Si les mesures données par ces deux tableaux étaient exactement suivies, alors, il existerait un type unique pour les futailles et cuves de toutes les capacités, ce qui serait bien plus convenable. Mais souvent il faut s'en tenir à la longueur des bois d'Amérique; voilà probablement la cause de cette infinité de formes généralement si disgracieuses et si incommodes.

Les maîtres de chais trouveront encore les indications nécessaires pour confectionner ou fabriquer eux-mêmes les mèches soufrées, le caramel, le sirop blanc et les liqueurs à eaux-de-vie qui produisent un très bon résultat en donnant aux eaux-de-vie, et principalement aux nouvelles et aux dédoublés, une saveur veloutée ou moelleuse, du rancio et du bouquet. Je suis convaincu par l'expérience, que les maîtres de chais qui ont leur entrepôt et par conséquent leurs travaux à la campagne, sauront apprécier les avantages de pouvoir confectionner eux-mêmes ces produits qui sont quelquefois d'une nécessité absolue, comme les mèches de soufre et le caramel; aussi, si ces matières viennent à manquer par négligence ou par oubli, et qu'on soit obligé de les faire venir d'une longue distance, dans ce cas, il est à peu près certain qu'on trouvera chez l'épicier du village qui est le plus à proximité, de la fleur de soufre, ou du soufre en bâton, et du sucre pour fabriquer immédiatement ce dont on a besoin.

Dans le cours de ce Manuel, il ne sera fait usage, pour les calculs, que des instruments qui offrent le plus de précision, et qui sont, en conséquence, généralement adoptés par le commerce et l'industrie. Ce sont l'alcoomètre centésimal de Gay-Lussac, confectionné avec de grands avantages par

M. Gibert, de Bordeaux, le thermomètre centésimal, le densimètre pour les liquides dont le poids spécifique est plus ou moins élevé que celui de l'eau, et le petit alambic de M. Salleron pour déterminer la richesse alcoolique des vins. Il existe une foule d'aréomètres pour déterminer, soit la température, la densité et la force alcoolique des liquides, tels que le pèse-vin, le thermomètre de Réaumur, le pèse-sirop, les aréomètres de Baumé et de Cartier; quelques-uns de ces instruments ne peuvent être employés à cause de leur inexactitude, et aucun n'offre pour les calculs la même facilité que ceux dont j'ai parlé plus haut et que je recommande à mes lecteurs d'une manière toute spéciale. Néanmoins, je donne dans le corps de l'ouvrage, les tableaux où se trouvent la relation qui existe entre les degrés de Cartier et les degrés centésimaux, et la relation entre les degrés du thermomètre Réaumur, du thermomètre centésimal et celui de Fahrenheit.

Je donne ici l'explication des signes de l'arithmétique dont il sera fait usage pour les calculs, et qui indiquent les diverses opérations à effectuer :

Le signe = *signifie* ÉGALE, ainsi on doit dire :

$$4 \text{ et } 4 = 8 \text{ (égale 8)}.$$

Le signe + *signifie* PLUS, *c'est le signe qui indique une addition à faire*; ainsi on doit dire :

$$5 + 4 = 9; \text{ ou bien } 5 \text{ plus } 4 \text{ égale } 9.$$

Le signe — *signifie* MOINS, *ce signe indique la soustraction*; donc, lorsqu'il est placé entre deux quantités, il indique que la seconde doit être retranchée de la première. *Exemple* :

$$35 - 17 = 18; \text{ ou bien } 35 \text{ moins } 17 \text{ égale } 18.$$

Le signe × *signifie* MULTIPLIÉ PAR, *c'est le signe de la multiplication*, et lorsqu'il se trouve placé entre deux quantités, il indique qu'elles doivent être multipliées l'une par l'autre. *Exemple :*

$$69 \times 10 = 690;$$

ou bien 69 multiplié par 10 égale 690.

Il y a deux manières d'indiquer la division, l'une consiste à placer deux points entre deux quantités, et l'autre à établir un trait horizontal, au-dessus duquel on place le *dividende*, et au-dessous le *diviseur ;* il peut encore exister au-dessus et au-dessous du trait plusieurs quantités, dans ce cas, le produit des quantités placées au-dessus du trait devient le *dividende*, et le produit des quantités placées au-dessous, le *diviseur*. Si ces quantités, placées au-dessus et au-dessous du trait, doivent être soustraites entre elles, alors c'est la différence des quantités placées au-dessus qui devient le *dividende*, et la différence des quantités placées au-dessous, le *diviseur*. Quelques exemples nous le feront facilement comprendre, ainsi :

Le signe : signifie DIVISÉ PAR, *c'est un signe qui indique la division ;* donc, lorsqu'il est placé entre deux quantités, il signifie que la première doit être divisée par la seconde. *Exemple :*

$$20 : 5 = 4, \text{ et } 5 : 20 = 0.25.$$

Ce qui s'exprime : 20 divisé par 5 égale 4, et 5 divisé par 20 égale 0.25.

Le signe $\dfrac{20}{5}$ *signifie également* DIVISÉ PAR, *lorsque ce trait est placé horizontalement entre deux quantités, comme cela a déjà été expliqué.* Alors, nous dirons :

$$\frac{20}{5} = 4 \text{ et } \frac{5}{20} = 0.25$$

20 divisé par 5 égale 4 et 5 divisé par 20 égale 0.25 centièmes.

Lorsqu'il y a plusieurs quantités au-dessus et au-dessous du trait, comme dans cet exemple

$$\frac{10 \times 10}{2 \times 20 \times 5} = 0.5$$

il faut dire : 10 multiplié par 10 égale 100 divisé par le produit de 2 multiplié par 20 multiplié par 5 qui égale 200, donne au quotient 0.5. Autrement, le produit de 10 multiplié par 10, divisé par le produit de 2 multiplié par 20 multiplié par 5, égale 0.5 dixièmes. *Autre exemple :*

$$\frac{46 - 10}{3} = 12$$

Nous dirons : la différence de 46 moins 10 égale 36 divisé par 3 donne au quotient 12 ; ou bien : la différence de 46 moins 10 divisée par 3 égale 12.

Pour indiquer une *proportion*, voici les signes dont on est convenu. *Exemple :*

$$4 : 12 :: 3 : 9.$$

Ce qui s'exprime ainsi : 4 est à 12 comme 3 est à 9.

Et dans la *règle de trois*, on est convenu de placer une x au quatrième terme inconnu pour en tenir la place, comme dans l'exemple suivant :

$$7 : 20 :: 35 : x = 100$$

Il faut énoncer : 7 est à 20 comme 35 est à x (terme inconnu) égale 100.

Et nous savons que (règle générale), pour trouver le 4me terme d'une proportion, il faut multiplier le 2me terme par le 3me et diviser le produit par le 1er terme. Le quotient donne le 4me terme inconnu qu'on cherche. *Exemple :*

$$\frac{20 \times 35}{7} = 100$$

2me terme 20, multiplié par 3me terme 35, et le produit divisé par le 1er terme 7, égale 4me terme 100.

Il faudra donc avant tout fixer dans sa mémoire ces quelques signes qui sont, du reste, très-faciles à saisir ; il faudrait être porté de bien mauvaise volonté pour ne pas les retenir et les comprendre parfaitement après deux ou trois lectures attentives, ils nous seront d'ailleurs indispensables pour faciliter l'intelligence des problèmes que nous allons bientôt avoir à résoudre. Je recommande à ceux d'entre nous qui n'auraient pas l'habitude du calcul, de s'exercer souvent avec la plume et sur le papier, c'est le seul moyen de se rendre familières et compréhensibles les opérations dont nous allons traiter un peu plus loin ; nous pourrons ensuite venir en aide soit à nous-mêmes soit à nos patrons, dans les laborieux travaux du commerce et de l'industrie ; nous ne jouerons plus à peu près le rôle d'une machine que fait mouvoir un salaire, comme cela arrive malheureusement à beaucoup d'entre nous, et nous aurons acquis, non pas l'intelligence approfondie mais seulement superficielle de notre profession.

Enfin, j'ai fait tous mes efforts pour donner à mes confrères, le plus clairement qu'il m'a été possible, et selon mes forces, les indications pratiques qui nous sont journellement nécessaires, et comme il est toujours agréable de pouvoir se rendre utile, si selon mes désirs j'ai pu leur rendre quelque humble service, alors je me trouverai suffisamment récompensé, car j'aurai atteint le but que je m'étais proposé.

A. FREDON AÎNÉ

MANUEL
DU
MAITRE DE CHAI
OU GUIDE PRATIQUE

A L'USAGE DES NÉGOCIANTS, ENTREPOSITAIRES, MAITRES DE CHAI
et de toutes les personnes qui font le commerce des Vins et Spiritueux,

PREMIÈRE PARTIE

ADMINISTRATION DES CHAIS
OU ENTREPOTS DE VINS ET SPIRITUEUX

1. — RÉCEPTION DES VINS.

Lorsqu'un parti de vin est reçu, il faut, avant de l'introduire dans le chai, qu'il soit soumis à une vérification très minutieuse de la part du premier ouvrier et même du négociant; à cet effet, le maître de chai doit prendre un échantillon commun avec la sonde en verre et le porter au comptoir où il est confronté avec l'échantillon commun qu'a réservé le négociant et sur lequel il a été quelquefois passé bordereau de vente avec le propriétaire. Ceci fait, il faut passer à la dégustation.

2. — DÉGUSTATION DU VIN A SON ARRIVÉE.

Qu'il soit rouge ou blanc, il doit offrir à l'œil une limpidité parfaite comme celle de l'échantillon présenté pour la vente, la même nuance de couleur; pour cela, il faut employer deux verres coniques qui aient la même épaisseur; dans l'un est versé le vin du premier échantillon, et dans l'autre le vin de l'échantillon pris lors de la réception; la même odeur, la même saveur caractéristique doivent être révélées par les deux verres, s'il en était autrement, il n'y aurait plus identité; Ce qui est digne d'observation, et qui doit surtout attirer l'attention du maître de chai et du négociant, c'est le degré de limpidité du vin qu'on reçoit; les échantillons présentés pour la vente, sont toujours d'une limpidité irréprochable, mais il n'en est pas toujours ainsi du vin à sa réception; il offre quelquefois une teinte nébuleuse assez prononcée et c'est généralement un indice que ce vin n'a pas été soutiré au moment de la livraison, c'est là un grand vice, car il suffit que ce vin provienne de cépages grossiers établis dans des bas-fonds pour qu'il soit atteint plus tard d'altérations profondes, ce qui est immanquable si le maître de chai, par négligence ou incapacité, ne fait par fouetter énergiquement ce vin aussitôt son entrée dans le chai et ne le fait pas soutirer après quinze jours de repos. Cette opération est indispensable, parce qu'un vin de pareille provenance contient toujours une quantité de ferment assez notable, que le fouettage et de bons soutirages, faits en temps opportun, peuvent seuls débarrasser d'une manière convenable. Lorsqu'il sera question des soutirages, nous parlerons des époques les plus favorables à ce genre d'opération. Nous observons que quelle que soit la qualité du vin, si sa transparence n'est pas parfaite, il faut toujours lui faire subir un fouettage avant de le faire encarasser (mettre en gerbe), en considérant pour les vins fins de bonne provenance, qui sont généralement doués d'une couleur délicate, de ne leur donner qu'un léger fouettage. Nous indiquerons, à l'article *fouettage*, ceux qui sont les plus convenables à chaque qualité de vin. Nous allons maintenant examiner le titre alcoolique du vin reçu, avec celui de son échantillon ; ils devraient être évidemment les mêmes, mais il n'en est pas toujours ainsi :

3. — EXAMEN COMPARATIF DU TITRE ALCOOLIQUE DU VIN REÇU, AVEC CELUI DE L'ÉCHANTILLON RÉSERVÉ.

Certes, s'il existe un instrument qui présente des avantages réels pour le commerce et la manipulation des vins, le petit appareil de M. Salleron, tient la première place, tant pour sa commodité que pour l'exactitude de ses indications. Le négociant ou le maître de chai peut, avec son aide, déterminer si la teneur alcoolique du vin qu'on reçoit est semblable à celle de l'échantillon sur lequel on a traité, et savoir en définitive, si le vin a reçu soit une addition d'eau ou de vin moins riche en alcool.

Voici les pièces qui composent ce petit instrument : Un petit ballon de verre qui tient lieu de cucurbite ; un petit serpentin placé dans son réfrigérant supporté par trois pieds ; un tube en caoutchouc qui lie le ballon au serpentin et par où passe le produit de la distillation ; une petite éprouvette de verre marquée $1/3$ et $1/2$, dans laquelle on reçoit le produit de la distillation ; une pipette en verre qui sert à enlever du liquide lorsqu'il dépasse le trait placé en haut de l'éprouvette ; un petit thermomètre ; un petit alcoomètre centésimal, et une lampe à alcool.

Voici la marche de cet appareil : La lampe à alcool est placée sous le ballon de verre qui est supporté par trois pieds ; le vin qu'on veut tirer est mesuré exactement dans l'éprouvette jusqu'au trait supérieur gravé sur le verre, on doit bien observer que le liquide ne soit ni plus haut ni plus bas, dans ce cas, il faudrait amener son niveau devant le trait au moyen de la pipette (*petite sonde en verre qui ne laisse échapper le liquide que goutte à goutte*), puis, le contenu de l'éprouvette est vidé et bien égoutté dans le petit ballon qu'on ferme avec le bouchon de caoutchouc placé à une des extrémités du tube de même substance; ensuite, le réfrigérant est rempli d'eau la plus froide possible, afin de condenser parfaitement la vapeur alcoolique dans le serpentin; lorsqu'on opère à l'époque des grandes chaleurs, il faut prendre de l'eau de puits. Ceci fait, il faut placer l'éprouvette sous le serpentin et allumer la lampe.

Le vin se met bientôt en ébullition, la vapeur alcoolique s'engage dans le tube en caoutchouc puis dans le serpentin où elle se condense au contact de l'eau froide, et tombe dans l'éprouvette.

Le liquide qui distille s'élève bientôt dans l'éprouvette au trait $^1/_3$; *on laisse distiller jusqu'au trait* $^1/_2$ *si c'est un vin du Midi*, et l'on éteint aussitôt la flamme, afin d'arrêter la distillation; l'on enlève l'éprouvette et on ajoute de l'eau distillée jusqu'au trait supérieur, toujours avec la pipette, afin de reproduire exactement le volume primitif du vin, alors, on introduit le thermomètre et l'alcoomètre dans le liquide (après avoir mélangé parfaitement), et les indications des deux instruments étant bien notées, il faut chercher dans le tableau, qui est toujours livré avec l'appareil, quelle est la véritable richesse alcoolique du vin.

Ainsi, supposons que l'indication de l'alcoomètre soit 10° et celle du thermomètre 19°; on cherche dans le tableau la colonne verticale ayant en tête le dixième degré alcoométrique; y descendre jusqu'à la rencontre de la colonne horizontale ayant en tête le dix-neuvième degré thermométrique, et l'on trouve le nombre 9°,5, qui représente la force réelle du liquide, ou bien il exprime que 100 litres de ce vin contiennent 9 litres 5 décilitres d'alcool pur.

Nous verrons plus loin, lorsqu'il sera question des coupages de vins, les avantages réels que présente l'appareil de M. Salleron, mais ici, pour l'objet qui nous occupe, ils ne sont pas moins grands, et dans les transactions commerciales, un négociant prudent, ou son maître de chai lorsqu'il est autorisé à traiter, doivent toujours prendre bonne note de la richesse alcoolique du vin sur lequel il est passé marché et dont l'échantillon réservé fait foi, mais ceci en présence du propriétaire bien entendu.

4. — JAUGEAGE DES BARRIQUES ET CONSTATATION DES RACQUAGES.

Que le vin soit acheté quitte de fût ou logement compris, chaque barrique doit être passée à la velte, afin de se rendre compte si elles sont de jauge. La velte est une verge en fer ayant en tête, d'un côté un petit D, et de l'autre un V. Chaque division qui se trouve placée du côté D, en partant de la base, exprime un décalitre, et chaque division placée du côté V, exprime une velte ou bien 7 litres 54 centilitres; donc, pour avoir le nombre de veltes que contient une barrique de 228 litres, il suffit de diviser ce nombre par 7 litres 54 centilitres, et nous aurons 228 : 7.54 = 30.2 veltes, (la fraction peut être négligée). La trentième division du côté V représente donc la contenance d'une barrique bordelaise; si, au contraire, l'on veut avoir le nombre de décalitres, pour cela il faut diviser 228 par 10, ce qui s'opère en mettant une virgule au premier rang vers la gauche, et nous obtenons 22 décalitres 8 litres, la vingt-deuxième division et huit dixièmes représentent également du côté D la même contenance et se trouvent par conséquent à la même hauteur que les divisions en veltes 30.2. Ces deux points trouvés, il ne s'agit plus que d'y faire une bonne marque avec la lime; on peut ensuite se servir indifféremment des veltes ou des décalitres.

L'instrument introduit dans la barrique par la bonde est conduit obliquement au bas du maître-fond et dans la partie qui offre le plus de cavité, ce qu'on trouve de suite par tâtonnement, alors, on note le numéro de la division qui affleure à l'intérieur du bois de la bonde. Supposons que l'instrument indique 29 veltes; il est aussitôt conduit vers l'autre maître-fond toujours dans la partie qui offre le plus de profondeur; il accuse 30 veltes; donc, en partageant la différence, ce qui se fait toujours de mémoire dans ce cas, nous trouvons que la barrique jauge 29 veltes $^1/_2$, et ainsi de suite pour les autres barriques. Toutes les barriques qui accuseraient, terme moyen, une contenance moindre de 29 $^1/_2$, doivent être marquées au blanc d'Espagne, afin de pouvoir les reconnaître et en savoir le nombre après l'examen terminé, on fait tout simplement une croix avec la craie sur un fond.

Pour la constatation des racquages, c'est beaucoup plus difficile car ils ne sont pas toujours visibles; ainsi, les peignes postiches bien posés, mais qui constituent néanmoins un racquage, ne sont pas toujours faciles à reconnaître. Chaque barrique racquée doit aussi avoir sa marque particulière au blanc d'Espagne afin de les reconnaître après complet examen. Il est d'usage de décrire une circonférence autour de la bonde, avec la craie, pour indiquer les futailles racquées. Toutefois, le maître de chai ne doit constater les racquages, s'il y en a, que lorsque le logement du vin est compris dans l'achat. Cette opération serait de nulle valeur si le logement du liquide devait être rendu au propriétaire ou s'il avait été fourni par le négociant, puisque le but qu'on se propose dans cet examen, c'est de déduire au propriétaire, lors du paiement, autant de un franc cinquante ou de deux francs qu'il y a de futailles racquées. Lorsque le vin est logé dans des muids ou des pipes, ce qui arrive généralement pour les vins du Midi; le plus souvent, ces futailles ont sur les fonds une marque à la rouanne qui accuse leur contenance en litres, ainsi que la vignette des vergeurs-jurés qui les ont dépotées, c'est là assurément le meilleur jaugeage, mais si ces indications n'existaient pas, il faudrait avoir recours à la velte en fer, et opérer comme nous l'avons indiqué pour les barriques; ainsi, la velte introduite dans un muid, de la façon indiquée, accuse 43 décalitres des deux côtés de la futaille, sa contenance est donc de 430 litres, ou, si nous opérons avec le côté V de la velte, elle accusera 57 veltes 02 centièmes; pour avoir la contenance en hectolitres, il faut multiplier le nombre de veltes par le nombre de litres qui composent une velte, et nous avons $57.02 \times 7.54 = 430$ litres. Observons ici qu'il n'y a que le dépotage et l'empotage qui puissent donner la contenance exacte d'une futaille; tous les instruments employés, veltes en fer, jaugeage métrique, etc., ne donnent que des approximations plus ou moins exactes, car il suffit qu'une futaille soit très-aplatie ou qu'elle ait beaucoup de bouge sur un des côtés de sa circonférence, pour que ces instruments donnent même moins qu'une approximation, l'erreur peut être même assez sensible si la futaille est d'une grande capacité.

5. — OUILLAGE DU VIN POUR DÉTERMINER LE MANQUANT.

La jauge et les racquages étant reconnus, il ne reste plus qu'à ouiller le vin pour connaître le creux de route ou déchet de route; mais si le maître de chai reconnaissait un déchet assez considérable provenant du mauvais conditionnement des futailles, ou d'un accident quelconque, un long trajet, la chute d'une ou plusieurs futailles, les grandes chaleurs qui sont autant de causes favorables au coulage des fûts; alors, il devrait immédiatement et avant de faire aucun ouillage, faire constater ce manquant par les employés des contributions indirectes, au moment du déchargement des futailles, afin d'obtenir la déduction qui est toujours accordée dans ce cas. En présence des employés, une barrique pleine du même parti est montée sur le chevalet, et le vin ouillé à l'aide du bidon contenant un décalitre, ou bien avec les cannes (doubles décalitres en bois) et un entonnoir ; si une barrique ne suffit pas, il faut en prendre une deuxième, et successivement jusqu'à ce que le restant du parti de vin soit complètement ouillé ; c'est cette quantité de vin employée qui est ensuite déduite de la quantité portée sur l'acquit à caution. Mais ce cas est assez rare, généralement le manquant ou déchet se réduit à quelques décalitres pour l'ouillage d'un parti de vin assez considérable.

6. — DÉCLARATION DU MAITRE DE CHAI DONNANT LE RÉSULTAT DES OPÉRATIONS PRÉCÉDENTES.

Le maître de chai doit toujours remettre au négociant, ou en son absence, à la personne qui le représente, une déclaration exacte de la situation du parti de vin qu'il vient de recevoir, et ne jamais le faire entrer dans le chai qu'après en avoir reçu l'ordre du comptoir. Il est évident qu'ignorant les conditions écrites ou verbales établies entre le propriétaire et le négociant, il pourrait, d'après cette déclaration même, s'élever des difficultés que l'entrée du vin dans l'entrepôt ne ferait qu'accroître.

Cette déclaration doit porter le nombre de futailles racquées, le nombre de futailles n'ayant pas la jauge, le nombre de litres ou hectolitres de vin employé à l'ouillage de son parti et dont le propriétaire devra bonification au négociant si la quantité employée dépasse une certaine mesure.

Dans ce qui précède, il n'est pas question de goûts de fût, de moisi, etc., parce que de pareils vins ne s'achètent pas, et s'il en existe dans un parti, ils sont tout simplement laissés pour compte.

Lorsque le maître de chai reçoit du vin des propriétés du négociant, et que par conséquent, ce dernier connaissant parfaitement son vin, n'a point à savoir si le propriétaire a parfaitement rempli les conditions de vente, la déclaration dans ce cas devient inutile, ainsi que l'ordre d'entrée; seulement, le maître de chai doit, pour sa gouverne, faire une dégustation attentive, afin que s'il existait dans le parti quelque barrique dont le vin accuserait une altération quelconque, il puisse le faire mettre à part pour lui donner les soins nécessaires.

Nous parlerons plus loin des altérations des vins, de ce qu'on doit faire pour les éviter, et des moyens mis en pratique pour les combattre.

7. — ENTRÉE EN CHAI. — NUMÉRO D'ORDRE DONNÉ AU PARTI DE VIN.

Le maître de chai remet aux ouvriers chargés du bondage, un petit paquet de vieille toile bien propre, pour remplacer celle existant déjà aux bondes, et qui quelquefois, si elle est restée exposée quelques heures à l'air et au soleil, a déjà contracté une odeur d'aigre assez prononcée. Il faut éviter avec les plus grands soins, de mettre un pareil linge en contact avec le vin, car il peut en résulter les altérations les plus profondes, comme nous le verrons plus loin.

Le vin bondé provisoirement, est remis aux rouleurs (il est dans les intérêts du négociant de conserver la même compagnie de rouleurs, lorsque ce sont des hommes sobres et robustes), qui l'introduisent dans le chai où il est immédiatement fouetté si ce vin est de l'année. Si le vin a un an et plus, s'il a été fouetté et soutiré convenablement par le propriétaire, s'il provient de bons cépages et qu'il ait présenté lors de son arrivée une limpidité irréprochable, alors un fouettage n'est pas de rigueur, à moins qu'on le destinerait à un embouteillage prochain.

Le vin fouetté ou non doit être encarrassé (mis en gerbes).

Mais, quelle place doit-on lui donner dans le chai? Voici une
règle générale qu'il est facile de suivre : Tous les vins fins
qui sont généralement destinés à la mise en bouteilles, doivent
être placés dans la moitié du chai la plus reculée, et tous les
vins de qualité inférieure, généralement destinés aux coupages, seraient placés dans la moitié du chai la plus avancée,
ou bien du côté de la porte d'entrée du chai proprement dit,
qui est et qui doit être toujours séparée de la porte de la rue
par l'atelier de tonnellerie, où se font généralement les
emballages et le conditionnement des futailles. Voici pourquoi
j'indique cette disposition : La grande cuve d'opération étant
presque toujours placée à l'entrée du chai (derrière la porte
d'entrée, c'est l'endroit le plus convenable, parce qu'on peut
y établir avec plus de commodité une cloison en planches,
reliée aux soliveaux, et qui renferme assez étroitement la
cuve. Lorsque des visiteurs pénètrent dans le chai, s'ils ont
quelque idée de la manipulation des vins, ils ne se trouvent
pas incommodés à la vue de cette énorme grosse caisse, dans
laquelle il se fait quelquefois de si étranges et de si tristes
assaisonnements), le vin de cuve ou d'opération se trouvera
ainsi le plus près possible; mais le principal but qu'on se
propose dans cette disposition, c'est de mettre les grands
vins, les vins fins, à l'abri des courants d'air, des change-
ments brusques de température, et des mouvements de
trépidation venant de la rue. Quelle est donc la partie du
chai la plus convenable pour éviter ces inconvénients? C'est,
comme nous l'avons dit, la moitié la plus reculée; la température y sera plus constante, les courants d'air n'y parvien-
dront pas, et les trépidations venant du dehors y seront
insensibles. Ces vins, qui doivent toujours attendre de trois
à quatre années leur mise en bouteilles, et quelquefois plus,
se trouveront ainsi dans les conditions les plus favorables.

Le maître de chai ayant désigné aux rouleurs la place qu'il
convient de donner au vin, il doit leur recommander la plus

grande attention pour l'usage de la pince en fer, car il arrive quelquefois qu'un seul mouvement de pince, pour amener une barrique bonde dessus, lui déchire le flanc, et il s'ensuit toujours une perte de liquide plus ou moins grande; ce cas n'est pas rare lorsque les futailles sont très minces et que les douves forment la tuile. Le vin est bientôt encarrassé ou mis en gerbes, d'un triple ou d'un quadruple étage, pour former le rang qui, aussitôt terminé, doit prendre le numéro d'ordre que le maître de chai aura déjà consigné sur le grand livre; pour cela, il désigne un ouvrier et lui donne le numéro que chaque barrique doit porter sur son fond de devant et au-dessus de la barre. Ce numéro est alors répété sur chaque barrique du parti, il est fait à la main, ou mieux, à l'aide de vignettes, d'un pinceau et de blanc d'Espagne tamisé très fin et délayé avec très-peu d'eau dans un vase quelconque, qu'on réserve pour cet usage.

Lorsqu'un négociant possède plusieurs chais, les vins fins doivent toujours être placés de préférence dans celui de ces entrepôts qui, dans le cours d'une année, a présenté la température la plus constante, ce que le thermomètre indique toujours d'une manière précise; ainsi, nous supposons deux chais, il s'agit de savoir quel est le plus convenable pour y loger les vins les plus fins. Prenez trois thermomètres que vous placez un instant sous vos yeux, dans le même local et à côté l'un de l'autre, afin de vous rendre compte s'ils accusent le même degré pour une même température; s'ils sont exacts, alors vous placerez l'un d'eux dans le chai que nous désignerons N° 1; un autre dans le chai N° 2; puis, vous noterez ainsi les indications des deux instruments :

20 JANVIER, température extérieure + 1° { Chai n° 1, tempre int. + 6°.5
    à 10 heures du matin. { » n° 2, » + 8°

20 AVRIL, température extérieure + 10° { Chai n° 1, tempre int. + 12°
    à 3 heures après midi. { » n° 2, » + 11°

20 Juillet, température extérieure + 28⁰ { Chai nᵒ 1, tempᵣᵉ int. + 16⁰.5
    à 1 heure après midi.   { » nᵒ 2, » + 14⁰

20 Octobre, température extérieure + 12⁰ { Chai nᵒ 1, tempᵣᵉ int. + 13⁰.5
    à 11 heures du matin.   { » nᵒ 2, » + 12⁰.5

Pour connaître la température extérieure, il faut placer pendant quelques instants le troisième thermomètre près d'une fenêtre et contre le mur extérieur du chai. Il est facile de voir maintenant quel est celui des deux entrepôts qui possède la température la plus uniforme et par conséquent celui dont on doit faire choix pour y placer les meilleurs vins; car, comme l'indique le tableau, la température du chai Nᵒ 1 s'est élevée dans le courant de l'année, de 16⁰.5 moins 6⁰.5, c'est-à-dire de 10⁰ centésimaux; tandis que celle du chai Nᵒ 2 ne s'est élevée dans la même année, que de 14⁰ moins 8⁰, c'est-à-dire de 6⁰ centésimaux; alors, nous donnerons la préférence au chai Nᵒ 2. La même expérience peut se faire pour les caves.

8. — Entretien des futailles vides (vidanges).

Un maître de chai doit toujours avoir un certain nombre de futailles vides en réserve, la quantité est proportionnée à l'importance de l'entrepôt et du commerce de la Maison. Le chai doit posséder, en outre, un certain nombre de barils ayant une contenance de 10 à 200 litres, afin de pouvoir loger les restes de partis, car il est tout-à-fait obligatoire de n'avoir jamais de futailles fractionnées.

Lorsque nous parlerons de l'ouillage, nous expliquerons les graves altérations qui se produisent dans le vin, lorsqu'il existe un vide dans les tonneaux.

L'entretien des futailles vides demande des soins très minutieux, il faut qu'elles soient constamment dans le plus grand état de propreté. Jamais une futaille quelconque, destinée à recevoir du vin tôt ou tard, ne doit être mise de côté sans être rincée à deux ou trois eaux (la première eau doit être passée avec la chaîne), et lorsqu'elle a égoutté pendant vingt-quatre heures, on y fait brûler un morceau de mèche soufrée, qui est proportionné à sa grandeur (environ cinq centimètres pour une barrique bordelaise = 228 litres), elle est ensuite bien bondée et mise en place. On doit donner la disposition suivante au vidange : Toutes les barriques d'un vin, c'est-à-dire n'ayant contenu qu'une seule fois du vin, doivent être placées ensemble sur un ou plusieurs rangs à quadruple étage ; les barriques moins neuves, dont le bois a pris extérieurement une couleur gris de fer, sont également mises ensemble ; et les barriques vieilles, ayant contenu des vins fins, doivent former la troisième série du vidange. Avec cette organisation, il est facile à un maître de chai de distribuer aux ouvriers, sans ébranler tous les rangs pour faire choix de barriques, celles qu'il juge les plus convenables pour les rebattages à deux, quatre ou six cercles en fer, à double ou simple barre, ou bien celles qui sont nécessaires pour provenus de soutirages, etc.

Les futailles vides qui composent la deuxième catégorie du vidange, sont : les muids, les pipes et les futailles racquées, qui doivent toutes être disposées par classes et sur rangs de double, triple ou quadruple étage, selon leur quantité. Il est bien entendu que nous ne parlons ici que des futailles destinées à l'usage du vin ; car, règle générale, jamais les futailles à vin ne doivent être mêlées aux futailles à eaux-de-vie ou esprits, et, s'il est possible, ces dernières doivent être placées dans un local particulier, dont il sera question lorsque nous parlerons des eaux-de-vie. Sans l'observation rigoureuse de cette règle, il n'existe plus que désordre et confusion ; il arrive même souvent qu'on est obligé de descendre tout un rang de vidanges, afin de pouvoir ôter une futaille qui se trouve sous les autres et dont on a besoin. Il peut même en résulter de graves accidents ; ainsi, lorsque le méchage général du vidange, qui doit avoir lieu rigoureusement tous les mois, afin de le conserver parfaitement sain, est confié à un ouvrier inhabile, si par malheur il introduit la mèche enflammée dans un fût ayant contenu un spiritueux quelconque, celui-ci ne tarde pas à s'enflammer lui-même intérieurement, et l'explosion qui en résulte est d'autant plus violente, que ce fût est bien conditionné et cerclé en fer, car dans ce cas il offre une résistance beaucoup plus grande ; alors l'opérateur, et même d'autres personnes peuvent être frappées mortellement ou grièvement blessées.

9. — EMPLOI DES MÈCHES DE SOUFRE. — LEUR FABRICATION.

L'emploi de la mèche soufrée est indispensable pour la conservation des vins et du vidange. Nous savons tous combien il serait difficile, surtout pour les futailles vides, de les garder sans altération pendant des mois entiers et quelquefois plus d'une année, sans l'intermédiaire de cet agent, dont la combustion produit le gaz acide sulfureux, qui a la propriété d'enlever l'oxygène que peut absorber le vin pendant les soutirages, ainsi que celni contenu dans les vidanges. Donc, en mettant le vin et les futailles vides à l'abri du contact de l'air, l'action délétère de ce dernier n'est plus possible, l'évent, l'aigre, altérations si redoutables, ne peuvent pas se produire; la moisissure du vidange devient également impossible, à la condition que le soufrage de ce dernier, lorsqu'il reste sans emploi, sera effectué tous les mois, comme nous l'indiquons plus haut, et les futailles parfaitement bondées, afin d'éviter le retour de l'air qui, à la longue, ne manquerait pas de s'y introduire.

L'usage de la mèche soufrée est un puissant moyen de désoxygénation qui, étant suivi d'ouillages fréquents, constituent la meilleure manutention qu'on puisse donner aux vins. Cependant, il est des circonstances dans lesquelles l'usage de la mèche ne peut se pratiquer ; ainsi, lorsque le vin tourne au gras, maladie qui se déclare quelquefois chez les vins de mauvaise constitution, provenant de mauvais cépages situés en plaine et d'une année pluvieuse, la surabondance de ferment qu'ils contiennent devient visqueux, et produit cette maladie nommée la graisse ; dans ce cas, le ferment est atteint d'impuissance. Donc, il serait peu rationnel de faire usage de la mèche soufrée, puisque son action étant de désoxygéner le vin, le ferment, privé de l'oxygène de l'air, reste également frappé d'impuissance. Cette maladie, au contraire, a besoin du secours de l'oxygène, comme nous le verrons lorsqu'il sera question des altérations des vins.

Un autre cas, c'est lorsqu'on a des vins de liqueur à traiter ; il faut bien se garder pour lors de pratiquer le soufrage, car ces vins sont toujours chargés d'une quantité notable de sucre de raisin ; leur fermentation s'accomplit aussi avec une extrême lenteur, parce que le ferment existe toujours dans ces vins, en raison inverse de la matière sucrée. Le soufrage serait donc un obstacle sérieux qu'il faut éviter, afin que ces vins parviennent le plus tôt possible à leur parfaite élaboration ; mais il faut bien des années pour obtenir ce résultat.

L'ouvrier chargé du soufrage doit éviter avec le plus grand soin la chute intérieure du morceau de toile carbonisé par la combustion du soufre ; lorsque cet accident arrive, il ne doit pas négliger de passer une ou plusieurs eaux dans la futaille qui le contient, afin d'en extraire tous les débris ; pour éviter ce désagrément, il ne faut qu'un peu de précaution ; ainsi, avant d'introduire la mèche, il faut avoir soin d'y pratiquer, à un centimètre du bord, un trou à l'aide d'un poinçon en fer, très-effilé, afin de ne pas briser le soufre ; ensuite, le crochet en fer du mèchoir est passé dans le trou du morceau de mèche qui est introduit tout enflammé dans la futaille. Lorsqu'on retire le mèchoir, il faut éviter le choc du crochet à l'intérieur de la bonde, car dans le cas contraire la chute de la toile carbonisée est inévitable, et si l'ouvrier a la négligence de ne pas la retirer au moyen d'un lavage, il peut en résulter, pour le vin introduit dans cette futaille, une saveur et une odeur des plus désagréables. Pour cette raison, jamais la mèche enflammée ne devrait être placée dans une futaille en vidange, comme cela arrive si souvent, le vin qu'elle contient doit toujours être transvasé dans une futaille de moindre contenance, afin de la remplir exactement et n'avoir jamais de futailles fractionnées. C'est pour cela, comme nous le disons au n° 8, qu'un maître de chai intelligent doit toujours être pourvu d'une certaine quantité de barils ayant une capacité comprise entre 10 et 200 litres, afin d'y placer les restes de partis lorsqu'on fait les soutirages; et, comme ces restes sont eux-mêmes destinés à ouiller les partis de vin dont ils proviennent; ainsi traités, ils ne peuvent ni s'acidifier, ou bien tirer à l'aigre, ni contracter le goût de mèche.

Lorsque la mèche s'éteint dans une futaille, c'est toujours un signe qui prouve que ce vidange a été négligé, l'air qu'il contient est vicié; il faut, dans ce cas, enlever l'esquive, placer le soufflet de tirage sur la bonde et introduire l'air extérieur qui déplace l'air vicié; ensuite, on remplace l'esquive et l'on fait subir à cette futaille un rinçage énergique avec la chaîne et plusieurs eaux. Après cette opération la mèche devra brûler sans difficulté, mais il ne faut pas pratiquer le soufrage avant de s'assurer parfaitement si elle sent l'aigre ou le moisi; dans ce cas, la futaille devrait être mise de côté afin de subir un rebattage en vide, c'est-à-dire qu'il faut la mettre en rose afin de pouvoir peler intérieurement toutes les douves au moyen du couteau-tord, et enlever ainsi la partie du bois qui se trouve altérée; cette futaille ensuite ne devra être employée que pour loger du vin commun.

La fabrication des mèches soufrées est chose très-facile, il faut cependant porter beaucoup d'attention à la conduite du feu, afin de les obtenir d'un beau jaune. Voici la manière de s'en servir :

1° Il faut vous faire construire par votre ferblantier, une sorte de léchefrite en tôle, ayant la forme d'un parallélogramme ; voici les dimensions qu'on peut lui donner : profondeur, 4 centimètres ; largeur, 20 centimètres ; longueur, 35 centimètres ; un manche en fer ayant 20 centimètres, un peu relevé, et une poignée en bois à son extrémité. Armé de cet instrument, vous vous procurerez un ou deux mètres de toile ordinaire et du soufre en cristaux d'un beau jaune clair, ou mieux de la fleur de soufre, qui provient de la distillation de ce corps et qui, par conséquent, est exempte de matières étrangères ; ensuite, vous couperez la toile en bandelettes ayant environ 35 millimètres de large, sur 26 à 28 centimètres de long ; mais pour la longueur on doit prendre celle qui est la plus convenable, pour ne pas faire de morceaux inutiles ; toutefois, à la condition que cette longueur sera moindre que celle de la léchefrite, car, autrement, il serait ensuite impossible d'y tremper les bandelettes.

La léchefrite doit avoir au milieu une traverse en tôle placée dans le sens de sa longueur, rivée aux deux extrémités et située à 5 ou 6 millimètres du fond, afin de laisser un espace vide ; cette disposition présente deux compartiments, dans l'un d'eux on dépose le soufre en cristaux ou la fleur de soufre, la léchefrite est alors placée au-dessus d'un feu très-doux ; il faut employer pour cela du charbon de bois, parce qu'il produit très-peu de flamme et donne une chaleur plus régulière ; le soufre se liquefie à environ 115° de chaleur, et à mesure qu'il fond, la partie liquide passe par l'intervalle compris entre le fond et la traverse et vient se placer dans le compartiment de la léchefrite resté libre ;

aussitôt que le soufre fondu s'élève à une hauteur convenable, on peut alors commencer à y tremper les bandelettes de toile une par une ; pour cela, il faut être armé à la main droite, d'un morceau de cercle neuf, on prend alors un morceau de toile avec l'index et le pouce de la main gauche, et on l'étend sur le soufre liquide sans abandonner la partie de la bandelette placée entre les deux doigts, environ 3 centimètres, et qui doit rester exempte de soufre, le morceau de fer est placé aussitôt près du pouce de la main gauche qui soutient le bout de toile au-dessus du liquide, et on le fait glisser légèrement avec la main droite afin d'imprégner la toile de soufre liquide dans toute sa longueur ; la bandelette est aussitôt élevée au-dessus du liquide, on la laisse égoutter quelques secondes, et on la place sur une table très-propre. Comme le soufre a la propriété de passer brusquement de l'état liquide à l'état solide, il s'ensuit que, immédiatement après son immersion, la toile imprégnée peut être prise avec la main et mise en place sans crainte de brûlures. La même opération a lieu pour tous les morceaux de toile qui sont placés par ordre à la suite les uns des autres. On recommence ensuite une deuxième opération afin de donner une deuxième couche de soufre aux bandeletettes, qui sont toujours replacées dans le même ordre ; enfin, une troisième et quelquefois une quatrième couche de soufre sont nécessaires, pour donner à la mèche une épaisseur convenable, mais il faut toujours procéder par ordre depuis la première bandelette jusqu'à la dernière et successivement pour chaque trempe, afin de n'en omettre aucune, et qu'elles présentent toutes la même épaisseur.

Donc, si l'on a opéré avec un feu très-doux, comme nous l'avons recommandé plus haut, les mèches seront d'un beau jaune clair ; mais, si le feu a été poussé avec trop d'activité, elles auront une couleur jaune foncé tirant sur le brun, ce qu'il faut toujours éviter ; le feu doit être conduit de manière à entretenir justement la fusion lente du soufre, et lorsqu'il est tout fondu et qu'on n'en ajoute pas d'autre dans la lèche-frite, il faut alors moins de feu, c'est-à-dire le feu nécessaire pour l'entretenir liquide.

10. — SOUTIRAGES DES VINS COMMUNS.

Les vins communs proviennent toujours de cépages grossiers, le plus souvent placés dans des terrains argileux, et leur constitution est d'autant plus pauvre, que l'année de leur récolte a été froide et pluvieuse ; ces vins contiennent toujours beaucoup de ferment et d'acides, mais fort peu d'alcool, ce qui rend leur manutention fort difficile, surtout si le propriétaire commet la négligence de ne pas les faire soutirer en décembre-janvier, au moment d'une basse température et lorsque le vent vient du nord. En opérant le soutirage à l'époque que nous venons d'indiquer, on a le grand avantage de débarrasser le vin de sa grosse lie qui contient toujours une notable quantité de ferment et que l'action du froid a précipitée au fond des futailles. C'est donc le bon moment de se débarrasser de la plus grande partie possible de cet agent désorganisateur qui existe toujours en excès dans les vins de semblable provenance.

Il faut bien se garder de fouetter ce vin avant le soutirage, parce que le mouvement du fouet le mettrait en contact avec toutes les matières étrangères qui constituent le dépôt ou la lie, ce qu'il faut éviter soigneusement. Après le soutirage, le vin est fouetté avec six ou sept blancs d'œufs bien frais pour chaque barrique bordelaise (228 litres), bondée provisoirement et encarrassée, ou bien mise en gerbes.

Le vin doit autant que possible être remis dans son même logement, cette condition est obligatoire pour les vins fins. On peut parfaitement employer pour loger des vins communs, du vidange ayant contenu des vins fins ; mais on ne doit jamais loger les vins fins dans du vidange qui a contenu des vins communs.

En février-mars le vin est soutiré une deuxième fois, il faut choisir autant que possible un temps sec, froid et clair.

Le rinçage des barriques doit toujours être fait à deux ou trois eaux et la première eau passée avec la chaîne ; pour le premier soutirage, 3 centimètres de mèche soufrée suffisent, mais pour le deuxième soutirage ainsi que pour ceux qui suivront, il faut employer 5 centimètres. Le rinceur doit également, après le rinçage et le soufrage, faire égoutter parfaitement les barriques pendant quelques secondes afin de leur enlever le peu d'eau qu'elles contiennent encore ; ensuite, il place légèrement la bonde et les conduit au maître-tireur.

Les soutirages ultérieurs doivent avoir lieu en février-mars de chaque année, en observant que celui de la deuxième année doit être précédé d'un fouettage afin d'affranchir le vin le plus complètement possible, des matières étrangères qu'il peut tenir en suspension et qui se précipitent toujours très-bien à l'époque des grands froids.

Mais rarement ces vins attendent deux années, ils sont généralement destinés aux coupages avec des gros vins du midi, pour être ensuite consommés sur place ou à l'intérieur.

Ces vins soutirés et fouettés comme nous venons de l'indiquer, passeront l'époque des grandes chaleurs sans altérations, qui sont toujours produites par la surabondance du ferment, ils se trouveront parfaitement dépouillés, et d'une limpidité irréprochable. La pousse, maladie si redoutable pour ces vins, n'est plus à craindre, et ils se trouvent très-bien préparés pour les mélanges ou coupages auxquels on les destine toujours.

Dans les chais où il existe des quantités considérables de vins, le maître de chai ne doit pas attendre le dernier moment, c'est-à-dire le mois de mars, pour commencer le soutirage

général, il doit s'organiser de manière à l'effectuer complètement en février-mars, mais jamais en mars-avril, parce
que dans ce dernier mois, la température s'élève d'une
manière sensible, ce qui produit toujours un mouvement
dans les vins, surtout dans ceux dont nous parlons ici; dans
ce cas, la lie remonte et un soutirage fait dans un pareil
moment est toujours défectueux.

A l'époque des grandes chaleurs, on ne doit jamais opérer
les soutirages, que dans les cas exceptionnels dont nous
allons parler. Ainsi lorsque des vins sont mélangés à la cuve
ou à l'aide du chevalet, il faut premièrement les soutirer;
puis les mélanger, ensuite, tirer le vin de la cuve dans son
même logement qui aura été rincé à une eau et méché; ce
vin est alors fouetté, ouillé, mis en place et soutiré de nouveau après complète clarification, c'est-à-dire après quinze
jours de repos; mais à cette époque surtout, on doit éviter
de soutirer lorsque le temps est à l'orage, parce que l'oxy-
gène-ozone, dont l'atmosphère est plus ou moins chargée
à ces moments-là, est toujours préjudiciable aux vins; il
faut toujours, lorsqu'on a du temps devant soi, choisir une
belle journée, (vent du nord, temps sec et clair).

Un autre cas qui met dans l'obligation d'un soutirage,
c'est lorsqu'on reçoit du vin de l'année aux époques dont
nous parlons, un fouettage est nécessaire et conséquemment
le soutirage doit s'en suivre après quinze jours de repos.
Enfin, comme on expédie des vins à toutes les époques de
l'année, ils doivent être soutirés préalablement et avec toutes
les précautions possibles dans les fûts d'expédition parfaitement sains, bien rincés et bien méchés.

Jamais le soutirage proprement dit ne doit se faire au
siphon comme cela se pratique encore dans quelques départements, parce que cet instrument déplace toujours une
certaine quantité de lie ou dépôt qui passe et se mélange au
vin soutiré; cette méthode est des plus vicieuses. Que le vin

soit en sole ou sur rang à double, triple ou quadruple étage,
il faut toujours faire usage selon sa disposition, du cuir de
sole, et du soufflet de tirage, de la tête de chien, du cuir de
troisième, du cuir de quatrième, et de robinets en cuivre,
ces instruments, tout aussi bien que le siphon, ne permettent
pas le contact de l'air avec le liquide soutiré, et les robinets
ont l'avantage de laisser écouler le liquide sans produire
aucun mouvement, ce qui permet d'enlever parfaitement le
vin de dessus sa lie.

11. — SOUTIRAGES DES VINS FINS.

Les vins fins proviennent des meilleurs cépages placés
dans les terrains les plus convenables à la culture de la
vigne, ils produisent toujours peu de dépôt ou de lie ; donc,
un soutirage chaque année en février-mars, est suffisant
pour ces vins d'élite, toutefois, lorsqu'on ne les mélange pas
à d'autres vins pour diminuer leur valeur chaque fois qu'un
vin fin est mélangé à un autre vin dans le but de réduire sa
valeur, ou bien lorsqu'il est un peu usé et qu'on le mélange
avec un vin fin plus jeune afin d'élever sa force et relever
son bouquet ; dans ces deux cas, il faut que l'opération soit
suivie d'un léger fouettage et d'un soutirage. (Voir nos 13 et 25.)

Les soutirages de mars, de la première et de la deuxième
année doivent être précédés d'un fouettage, c'est-à-dire qu'il
faut d'abord soutirer le vin, le fouetter et soutirer de nouveau
douze à quinze jours après. (Voir fouettage, no 29.)

Lorsqu'on expédie des vins fins en futailles, il faut toujours les soutirer dans des barriques ou autres fûts plus
petits, 1/2 barriques, quarteaux, (selon les quantités) bien
rincés, méchés convenablement selon l'âge et la qualité du
vin, mais surtout, on doit observer de les placer dans des
vases bien sains et ayant déjà contenu des vins fins.

Ces vins, en général, sont presque toujours destinés à

la mise en bouteilles; dans ce cas, on peut les laisser bonde de côté jusqu'à cette époque, à partir du soutirage de mars pour les vins d'année ordinaire, et seulement au soutirage de la deuxième année, pour les vins provenant d'une bonne année ou année supérieure; mais cela ne les dispense nullement, bien entendu, du soutirage de mars chaque année, jusqu'à l'époque de l'embouteillage.

Observations. — Lorsqu'il y a de grandes quantités de vins à soutirer, il ne faut pas attendre les beaux jours; car on pourrait ainsi atteindre l'époque des premières chaleurs et de la pousse. Il faut soutirer sans interruption, afin de terminer rigoureusement en mars; pour les grands vins seulement ou bien lorsqu'il y a de petites quantités, on doit choisir, comme nous l'avons dit, les plus belles journées d'hiver.

12. — OUILLAGE GÉNÉRAL DES VINS

L'ouillage des vins est l'opération la plus facile, mais aussi une des plus indispensables dans la manutention de ces liquides. Un maître de chai ne peut commettre une faute plus grossière, que celle de négliger les soutirages et l'ouillage; ainsi, ces deux opérations principales n'étant pas pratiquées de quelques mois, surtout de mars à septembre, nous pouvons affirmer que, à peu près, sinon, tout un chai serait transformé en une vinaigrerie. Nous ne saurions donc recommander assez d'attention à l'accomplissement de ces opérations, tel que nous l'avons indiqué pour les soutirages et tel que nous allons l'expliquer pour les ouillages.

L'ouillage des vins nouveaux doit être assez fréquent pendant les deux premiers mois environ, surtout si ce vin provient d'une année chaude et sèche; dans ce cas, une certaine quantité de sucre de raisin échappe presque

toujours à la fermentation principale et finit, par conséquent,
sa transformation en alcool et acide carbonique dans l'acte de
la fermentation ultérieure ou insensible; mais ce dégagement d'acide carbonique produit bientôt un vide qu'il faut
s'empresser de remplir à intervalles de trois à quatre jours;
et lorsque la diminution de volume devient moins sensible,
il faut alors s'en tenir à l'ouillage régulier qui doit avoir lieu
tous les huit jours. Chaque samedi, le maître de chai doit
distribuer le monde nécessaire pour effectuer cette opération
dans la même journée; il doit également leur indiquer les
vins qui doivent servir à l'ouillage des différents partis, ces
vins doivent être autant que possible de même âge et de
même crû que ceux qu'ils sont destinés à ouiller. Après
l'ouillage de chaque barrique, l'ouvrier doit placer légèrement dans le trou de bonde, non pas la bonde en bois garnie
de linge, mais une bonde en verre vert massif et de la même
dimension que les bondes en bois. On trouvera de ces bondes
chez M. Mitchell, breveté à cet effet. Le même moule sert
pour toutes, puisque toutes les barriques bordelaises ont le
même diamètre de bonde, ce qui est un véritable avantage
dans le cas qui nous occupe; ainsi, un chai peut avoir, selon
son importance, de cinq cents à cinq mille bondons en
verre pour l'usage des vins sur bonde qui, en conséquence,
exigent l'ouillage régulier. Chaque samedi, lorsque les bondons d'un rang sont enlevés pour effectuer l'ouillage, l'ouvrier
chargé de cette opération, doit les placer dans un seau
d'eau fraîche, les laver un par un, ou un dans chaque main au
moyen d'un frottement exécuté avec les doigts, puis il en
place un sur chaque barrique afin qu'ils s'égouttent, et
lorsque l'ouillage du rang est terminé, chaque trou de bonde
reçoit son bondon de verre qui doit être simplement appuyé
à la main.

On doit autant que possible, dans les chais considérables,
désigner des hommes jeunes ou adultes pour exécuter

l'ouillage qui est plutôt un travail de clown que d'ouvrier ; car il faut faire le grand écart, des soubresauts pour monter et descendre des traverses, et tordre le corps dans tous les sens ; un jeune homme fera souvent même ce travail avec un certain agrément, tandis qu'il ne peut que déplaire infiniment à un vieillard qui, se trouvant placé à une certaine hauteur, quelquefois sur une traverse où il y a justement la place des pieds, se trouve arrêté par l'esprit de conservation, il ne voit qu'une chute imminente, et dans cette position critique, il ouille à demi ou même quelquefois n'ouille pas du tout les étages supérieurs d'un rang de barriques ; on ne peut pourtant lui attribuer cette grave faute, car, s'il a peur de tomber, il est presque certain que cela lui arrivera, et que résultera-t-il de sa chute ? Hélas, le plus souvent pour le remercier d'avoir contribué pendant bien des années avec ses bras et sa sueur à la prospérité et au bien-être d'une maison, on profitera de cet accident ou bien d'un autre quelconque, pour lui donner sa récompense qui est..... la porte.

Nous devons avouer ici qu'il y a quelques maisons des plus honorables qui en agissent tout différemment, mais malheureusement leur nombre est bien réduit.

Le maître de chai doit donc respecter l'âge et protéger le plus possible les anciens, il doit surtout les favoriser en leur donnant les travaux les moins laborieux, il accomplira non-seulement une bonne action, mais il fera preuve d'intelligence pour la bonne administration d'un chai ; car les différents travaux qui s'accomplissent journellement dans les grands entrepôts de vins et spiritueux étant distribués convenablement, seront faits dans les meilleures conditions.

Dans certains chais on a l'habitude de former les rangs de barriques à cinq et quelquefois six étages ; lorsque c'est en vue de gagner du terrain, alors nécessité fait loi. Il faut dans ce cas ne gerber ou bien n'encarrasser à cinq ou six étages, que les partis de vins qui sont logés en bois d'épaisseur, et s'assurer parfaitement que les chevrons ou madriers sur lesquels doivent être établis ces rangs, ne soient pas atteints de pourriture, car il pourrait en résulter les plus graves accidents ; mais lorsque c'est par un simple caprice, on commet alors une grande faute, parce que le soutirage et l'ouillage dans ce cas, deviennent beaucoup plus pénibles et plus longs à effectuer ; ainsi un ouvrier aura plus tôt soutiré cent barriques dont les rangs seront composés de quatre étages, que quatre-vingts barriques qui auront les rangs de cinq ou six étages pour l'ouillage ; il résulte les mêmes avantages pour les rangs à quatre étages.

Nous parlions un peu plus haut des barriques en bois d'épaisseur ; eh bien, un fait que j'ai souvent constaté, c'est que, un vin ou un spiritueux quelconque de même crû et de même âge, mis une partie dans des barriques d'épaisseur, l'autre partie dans des barriques en bois refendu, et les deux logements placés dans un même local côté à côté, c'est-à-dire sous l'influence d'une même température, il résultera que le déchet du liquide placé dans le logement à bois refendu, sera plus considérable que celui du même liquide placé dans le logement de même bois, mais d'épaisseur ; ou bien le volume de vin nécessaire à l'ouillage du vin logé dans le bois refendu sera plus grand que celui nécessaire à l'ouillage du même vin logé dans le bois d'épaisseur et dans un temps donné.

Il se produirait donc plus d'évaporation dans le liquide logé dans le bois refendu ; pour les eaux-de-vie qu'on veut vieillir rapidement, cela pourrait présenter quelque avantage, mais pour les vins c'est le contraire qui a lieu. Il est donc préférable, pour les vins fins qui doivent rester longtemps en fûts, d'employer des barriques en bois d'épaisseur.

Nous venons de voir que le dégagement d'acide carbonique,

puis l'évaporation, produisent dans les futailles un vide qui, n'étant pas rempli régulièrement, laisse l'air en contact avec le vin ; ce dernier absorbe lentement l'oxygène de l'air qui transforme peu à peu l'alcool en acide acétique, et le résultat de cette transformation donne du vinaigre ; il faut donc bien se garder de négliger l'ouillage, car la plus faible portion d'alcool du vin, passée à l'état d'acide acétique, ne donne plus qu'un vin piqué, aigri, et par conséquent sans valeur que pour le vinaigrier. Il y a bien des remèdes pour les altérations des vins, mais qui ont tous peu d'efficacité. Il faut donc toujours prévenir les altérations, car le meilleur vin, malade et rétabli par un moyen quelconque, ne vaut pas le vin le plus commun en bonne santé ; enfin, lorsqu'un vin malade a été soi-disant rétabli, le mieux est de le consommer le plus vite possible, car il ne fera autrement que mauvaise fin.

13. — COUPAGES OU MÉLANGES DES VINS.

Les grands vins, les vins fins, ne se mélangent pas ; ils sont généralement consommés en nature, après s'être élaborés parfaitement pendant quelques années en barriques et avoir vieilli tranquillement plusieurs années en bouteilles placées dans de bonnes caves ; alors seulement ils sont expédiés dans le monde entier pour être consommés.

Les grands vins de la Gironde se divisent en trois classes, désignées sous les noms de : 1ers, 2mes et 3mes crûs ; suivant les circonstances et les années ; ces crûs sont quelquefois mélangés entre eux, ou un 2me crû avec un 3me crû afin de réduire le prix, mais ils ne sont pas mélangés aux vins inférieurs.

Les vins de mélanges sont les vins communs, les gros vins du Midi, toutefois, à la condition qu'ils seront parfaitement sains, bien secs, à peu près du même âge, et lorsque leur élaboration sera arrivée à un terme convenable, c'est-

à-dire après leur premier soutirage de mars, qui les aura
débarrassés de leur grosse lie et laissés très-limpides ; mais
il serait absurde de mélanger un vin altéré avec un vin en
bon état, dans l'intention de rétablir le premier, ce serait
une bien mauvaise spéculation, car, aux premiers jours qui
suivent le coupage, le vin semble à peu près rétabli, mais
sous peu de temps et surtout à l'époque des chaleurs, l'altération apparaît de nouveau et se développe avec une grande
intensité ; dans ce cas on n'a rien fait pour le vin altéré,
et l'on a opéré dans les meilleures conditions possibles pour
perdre le bon vin.

Les coupages ou mélanges des vins se font sous plusieurs
points de vue ; quelquefois, pour conserver jusqu'à sa vente
et pour trouver plus facilement le débit d'un vin commun
n'ayant plus d'arome, très-peu de couleur et 6 à 8 0/0 d'alcool pur, ce qui constitue un vin très-aqueux et qui se
garde difficilement, s'il ne provient pas de fins cépages ;
dans ce cas, le mieux est de le mélanger avec un vin faisant
plusieurs couleurs et plus alcoolique, par conséquent plus
vineux (mais dans des proportions convenables). Ce sont les
Cahors, les Narbonne et les Roussillon qui, généralement,
servent à cet usage.

D'autrefois, on se propose d'obtenir par un mélange de
plusieurs vins ayant des prix différents, un seul vin ayant
un prix désiré.

Mais pour avoir un tout homogène, un vin parfaitement
identique, il faut opérer les coupages ou mélanges dans une
grande cuve.

14. — USAGE DES TABLEAUX POUR LA CONSTRUCTION DES CUVES, FOUDRES, PIÈCES ET BARILS.

Nous allons donner ici deux tableaux indiquant les dimensions que doivent avoir les cuves, foudres, pièces et barils

pour une contenance déterminée, depuis cinq cents litres jusqu'à dix mille litres pour les cuves, et depuis dix litres jusqu'à six mille litres pour les barils, pièces et foudres.

Il faudra bien se souvenir que la longueur des peignes n'est pas comptée dans toutes les mesures portées sur les deux Tableaux, mais qu'elle est toujours à ajouter. Ces longueurs de peignes varient pour les cuves, de deux à six centimètres ; et pour les barils, pièces et foudres, de deux à huit centimètres. Ainsi, ces dimensions sont prises du jable ou bien de l'endroit où sera fait le jable pour la hauteur des cuves, de bois à bois intérieurement pour leur diamètre de tête, et de bois à bois intérieurement au jable pour leur diamètre du bas ou des fonds, c'est-à-dire que l'épaisseur du bois n'est pas comprise dans ces données ; enfin, pour être plus clairement compris, ces Tableaux donnent les dimensions ou l'espace qu'occupera le liquide ; donc, les peignes, l'épaisseur des fonds et des douves ne sont pas comprises et sont à ajouter.

Pour les barils, pièces et foudres, la longueur est prise de jable à jable, de bois à bois intérieurement et au jable pour le diamètre de tête, et de bois intérieurement au centre pour le diamètre de bouge. Armé simplement d'un mètre et d'une latte, il est facile de donner toutes les dimensions qu'on désire.

Donnons deux exemples : Supposons qu'on veuille construire une cuve de quatre-vingts hectolitres (8,000 litres), nous voyons d'après le Tableau des cuves, que la longueur ou hauteur doit être 1 mètre 78 centimètres ; mais si vous lui donnez six centimètres de peigne, la longueur deviendra $1.78 + 6 = 1.84$; le diamètre intérieur à la tête 2 mètres 258 millimètres, et le diamètre intérieur au jable du bas, 2 mètres 542 millimètres.

Si vous voulez construire un foudre de quarante hectolitres (4,000 litres), le Tableau des futailles indique pour longueur de jable à jable, 2 mètres 36 centimètres ; mais si vous donnez 6 centimètres de peigne y compris la largeur du jable, comme il y a deux peignes, vous aurez 12 + 2.36 = 2.48^c, longueur totale ; le diamètre intérieur de la tête au jable, 1 mètre 317 millimètres ; et le diamètre intérieur au bouge, 1 mètre 623 millimètres.

15. — TABLEAU *indiquant les dimensions à donner aux Cuves pour des contenances déterminées depuis 500 litres jusqu'à 10,000 litres.*

Contenances des Cuves	Hauteur ou longueur depuis le jable	Diamètre intérieur à la Tête	Diamètre intérieur en bas au Jablé	Contenances des Cuves	Hauteur ou longeur depuis le jable	Diamètre intérieur à la Tête	Diamètre intérieur en bas au Jable
Hect.	Mèt. Cent.	Mèt. Mill.	Mèt. Mill.	Hect.	Mèt. Cent.	Mèt. Mill.	Mèt. Mill.
5	0.71	0.893	1.007	52	1.54	1.957	2.203
6	0.76	0.950	1.070	54	1.55	1.986	2.234
7	0.79	1.007	1.133	56	1.58	2.004	2.256
8	0.82	1.055	1.185	58	1.59	2.033	2.287
9	0.85	1.102	1.238	60	1.62	2.052	2.308
10	0.89	1.140	1.280	62	1.63	2.080	2.340
12	0.95	1.205	1.355	64	1 65	2.098	2.362
14	1.00	1.270	1.430	66	1.67	2.117	2.383
16	1.04	1.327	1.493	68	1.68	2.146	2.414
18	1.08	1.384	1.556	70	1.69	2.165	2.435
20	1.12	1.430	1.610	72	1.71	2.184	2.456
22	1.15	1.478	1.662	74	1.73	2.202	2.478
24	1.19	1.515	1.705	76	1.74	2.222	2.498
26	1.23	1.552	1.748	78	1.76	2.240	2.520
28	1.26	1.590	1.790	80	1.78	2.258	2.542
30	1.29	1.627	1.833	82	1.79	2.277	2.563
32	1.31	1.665	1.875	84	1.80	2.296	2.584
34	1.33	1.704	1.916	86	1.82	2.315	2.605
36	1.35	1.742	1.958	88	1.83	2.334	2.626
38	1.38	1.770	1.990	90	1.84	2.353	2.647
40	1.41	1.798	2.022	92	1.86	2.362	2.658
42	1.43	1.826	2.054	94	1.88	2.380	2.680
44	1.45	1.854	2.086	96	1.89	2.400	2.700
46	1.47	1.882	2.118	98	1.90	2.418	2.722
48	1.49	1.912	2.148	100	1.91	2.438	2.742
50	1.52	1.930	2.170	»	»	»	»

16. — TABLEAU *indiquant les dimensions à donner aux Barils, Pièces et Foudres, pour des contenances déterminées depuis 10 litres jusqu'à 6,000 litres.*

Contenances des futailles	Longueur de Jable à Jable	Diamètre intérieur à la Tête	Diamètre intérieur au Bouge	Contenances des futailles	Longueur de Jable à Jable	Diamètre intérieur à la Tête	Diamètre intérieur au Bouge
Hect. Lit.	Mèt. Cent.	Mèt. Mill.	Mèt. Mill.	Hect. Lit.	Mèt. Cent.	Mèt. Mill.	Mèt. Mill.
0.10	0.32	0.179	0.221	11.00	1.53	0.860	1.060
0.20	0.40	0.234	0.286	12.00	1.58	0.887	1.093
0.25	0.44	0.242	0.298	13.00	1.63	0.904	1.116
0.30	0.46	0.260	0.320	14.00	1.66	0.932	1.148
0.40	0.51	0.287	0.353	15.00	1.71	0.950	1.170
0.50	0.54	0.315	0.385	16.00	1.74	0.977	1.203
0.60	0.58	0.322	0.398	17.00	1.77	0.995	1.225
0.70	0.61	0.340	0.420	18.00	1.81	1.012	1.248
0.80	0.64	0.359	0.442	19.00	1.84	1.030	1.270
0.90	0.67	0.376	0.464	20.00	1.87	1.048	1.292
1.00	0.69	0.385	0.475	21.00	1.90	1.066	1.314
1.50	0.78	0.450	0.550	22.00	1.93	1.085	1.335
2 00	0.86	0.494	0.606	23.00	1.95	1.103	1.357
2.50	0.94	0.529	0.651	24.00	1.99	1.110	1.370
3.00	1.00	0.555	0.685	25.00	2.01	1.130	1.390
3.50	1.04	0.592	0.728	26.00	2.03	1.148	1.412
4.00	1.08	0.620	0.760	27.00	2.07	1.155	1.425
4.50	1.14	0.636	0.784	28.00	2.09	1.174	1.446
5.00	1.17	0.664	0.816	29.00	2.12	1.182	1.458
5.50	1.22	0.680	0.838	30.00	2.14	200	1.480
6.00	1.24	0.710	0.870	31.00	2.17	1.210	1.490
6.50	1.27	0.727	0.893	32.00	2.18	1.228	1.512
7.00	1.30	0.745	0.915	33.00	2.21	1.236	1.524
8.00	1.38	0.770	0.950	34.00	2.23	1.255	1.545
9.00	1.44	0.806	0.994	35.00	2.25	1.264	1.556
10.00	1.48	0.834	1.026	36.00	2.28	1.272	1.568
37.00	2.29	1.290	1.588	45.00	2.45	1.370	1.690
38.00	2.31	1.300	1.600	46.00	2.46	1.390	1.710
39.00	2.34	1.308	1.612	47.00	2.48	1.400	1.720
40.00	2.36	1.317	1.625	48.00	2.50	1.408	1.733
41.00	2.37	1.336	1.644	49.00	2.51	1.417	1.743
42.00	2.39	1.345	1.655	50.00	2.53	1.425	1.755
43.00	2.41	1.353	1.667	55.00	2.61	1.470	1.810
44.00	2.43	1.362	1.678	60.00	2.69	1.515	1.865

Nous ferons observer encore ici pour les cuves, que lorsqu'on les veut fermées, c'est-à-dire foncées à la partie supérieure, alors il faut ajouter la longueur des deux peignes
comme nous l'avons indiqué pour les futailles.

Exemple : On veut construire une cuve fermée, c'est-à-dire
foncée des deux bouts, et de la contenance de soixante-dix
hectolitres, le Tableau 15 nous donne, pour hauteur ou
longueur, 1 mètre 69 centimètres ; mais il faut ajouter la
longueur des deux peignes, soit celle du bas 6 centimètres
et celle du haut cinq centimètres, y compris la largeur des
deux jables, ce qui donne $11 + 1.69 = 1.80$ pour longueur
totale ; 2 mètres 165 millimètres de diamètre intérieur à la
tête, et 2 mètres 435 millimètres de diamètre intérieur en
bas et au jable ; l'épaisseur du bois, quelle qu'elle soit, est
toujours comprise en sus des diamètres.

17. — CALCULS DES MÉLANGES OU COUPAGES DES VINS.

Nous avons vu au n° 3 les avantages qui résultent de l'emploi du petit appareil de M. Salleron dans les transactions
commerciales ; nous allons voir maintenant combien il
est facile, avec son aide, dans la manipulation des vins,
d'obtenir ces liquides à un titre alcoolique désiré ; de connaître le titre alcoolique du mélange de plusieurs vins ;
d'élever le titre alcoolique d'un vin faible en le mêlant à un
vin riche en alcool, afin de lui donner plus de garde, plus
de couleur et plus d'arome ; enfin, lorsqu'on veut abaisser
le titre alcoolique d'un vin en le mêlant à un vin plus faible
afin de l'obtenir moins capiteux et plus potable.

Nous ne parlerons pas de la réduction du titre alcoolique
d'un vin au moyen de l'eau, parce que ceci constitue non
seulement une fraude, mais un vin ainsi traité n'est plus
d'une garde facile et acquiert beaucoup de platitude ; ainsi
il est facile de s'en rendre compte ; prenez un vin riche en

alcool, soit son titre 15°, réduisez-le à 12° par addition d'eau, et après quelques jours de repos, comparez ce vin à un vin de même crû n'ayant que 12°, mais qui aura été réduit avec un vin faible et naturel ; faites-en une dégustation attentive et vous noterez que le vin qui a reçu une addition d'eau est plat et a un arome vineux moins prononcé que celui qui a été réduit avec un vin plus faible en titre ; ce qui doit nécessairement avoir lieu, puisque par une addition d'eau vous ne faites qu'augmenter la partie aqueuse du vin, vous détruisez donc l'équilibre des principes qui le constituent, ce qui n'a pas lieu lorsque vous le réduisez avec un autre vin plus faible en alcool, mais qui contient toujours diverses substances et acides qui contribuent avec l'alcool à donner ce corps, cette vinosité qu'on recherche toujours.

On ne doit pas non plus élever le titre alcoolique d'un vin faible au moyen d'une addition d'esprit-de-vin ; (on doit encore plus s'abstenir d'employer des esprits provenant des grains, betteraves ou pommes de terre, aussi bien rectifiés qu'ils soient, car ils ne pourraient que communiquer au vin une saveur et un arome des plus détestables.) Ce produit de la distillation ne s'assimile au vin que très-imparfaitement.

Dans la pratique, lorsqu'un vin faible n'est pas remonté avec un vin riche en alcool, et qu'il doit être expédié ; dans ce cas, on introduit quelquefois un litre de bonne eau-de-vie ou d'esprit-de-vin bien rectifié, par barrique de 228 litres. Une quantité plus élevée est presque toujours sensible à la dégustation. Le plus rationnel est donc d'élever ou d'abaisser la richesse alcoolique des vins, avec d'autres vins plus riches ou plus pauvres en alcool ; mais à la condition qu'ils soient parfaitement élaborés, comme nous l'avons indiqué au n° 13.

18. — CALCUL POUR DÉTERMINER LE TITRE ALCOOLIQUE D'UN MÉLANGE DE PLUSIEURS VINS DONT LE TITRE EST CONNU.

1ᵉʳ Exemple : Mélange de deux vins.

J'ai mélangé 1,500 litres de vin blanc pesant 7°, avec 2,000 litres de Narbonne pesant 14°; quel est le titre alcoolique de ce mélange?

Opération :		*Preuve :*	
$1.500 \times 7° = 10.500$		$1.500 \times 7° = 105,00$	
$2.000 \times 14° = 28.000$		$2.000 \times 14° = 280,00$	385 alc. pur.
3.500 lit.	$38.500 : 3.500 = 11°$	$3.500 \times 11° =$	385 alc. pur.

Donc, règle générale : Pour trouver le titre alcoolique d'un mélange de plusieurs vins ayant des titres différents : 1° Il faut multiplier chaque quantité de vin par son titre alcoolique; 2° additionner les quantités de vins d'un côté, et de l'autre les produits des multiplications; 3° et ensuite, diviser la somme des produits des multiplications par la somme des quantités de vins; le quotient donne le titre alcoolique du mélange.

Ainsi, nous avons multiplié la quantité de vin blanc 1,500 litres par son titre 7°, le produit a donné 10,500°, puis nous avons multiplié la quantité de Narbonne 2,000 litres par son titre 14°, le produit a donné 28,000°; ensuite nous avons additionné d'un côté les deux quantités de vin qui ont donné pour somme 3,500; et d'un autre côté, les produits des multiplications qui ont donné pour somme 38,500°; enfin nous avons divisé 38,500° par la somme des quantités de vins, 3,500 litres; et le quotient de cette division nous a donné 11° qui sont le titre de ce mélange, ou bien il signifie que le vin qui résulte de ce mélange contient 11 centièmes d'alcool pur; autrement, que 100 litres de ce vin contiennent 11 litres d'alcool pur.

2ᵐᵉ EXEMPLE : Mélange de trois vins ayant chacun un titre différent.

Ayant versé dans une cuve 1,800 litres vin blanc à 7°, 1,800 litres vin rouge à 9° et 1,600 litres vin de Cahors à 13°, quel sera le titre alcoolique de ce mélange?

Opération :

$$1.800 \times 7° = 12.600$$
$$1.800 \times 9° = 16.200$$
$$1.600 \times 13° = 20.800$$

5.200 lit.   49.600° : 5.200 = 9°5.
Titre alcoolique du mélange.

Il faut opérer comme nous l'avons indiqué pour le premier exemple.

3ᵐᵉ EXEMPLE : Mélange de quatre vins ayant chacun un titre différent,

On a mélangé 2,000 litres d'un vin pesant 8°, 2,400 litres d'un autre vin pesant 9°5, 1,824 litres d'un vin du Midi pesant 12° et 1,824 litres d'un autre vin du Midi pesant 13°, quel est le titre alcoolique de ce mélange?

Opération :

$$2.000 \times 8° = 16.000$$
$$2.400 \times 9°5 = 22.800$$
$$1.824 \times 12° = 21.888$$
$$1.824 \times 13° = 23.712$$

8.048 lit.   84.400° : 8.048 = 10°4
Titre alcoolique du mélange.

Qu'il y ait cinq ou six espèces de vins et même plus à mélanger, cas qui se présente fort rarement, il faut toujours opérer de la même manière que nous avons indiqué au premier exemple, voir la régle générale.

19. — CALCUL POUR DÉTERMINER LE PRIX D'UN MÉLANGE DE PLUSIEURS VINS A DES PRIX DIFFÉRENTS.

Il faut opérer comme précédemment ; ainsi c'est toujours la même règle générale.

Pour trouver le prix moyen d'un mélange de plusieurs vins, il faut : 1° multiplier chaque quantité de vin par son prix afin d'obtenir la valeur ; 2° additionner les quantités de vins d'un côté, et de l'autre les valeurs ; 3° puis diviser la somme des valeurs de chaque quantité de vin, par la somme de ces mêmes quantités, le quotient donne le prix cherché.

Nous ne donnerons ici qu'un exemple, car c'est toujours le même genre d'opération que les précédentes.

EXEMPLE : Prenons ici les quantités de vins énoncées dans le troisième exemple du n° 18.

J'ai mélangé 2,000 litres de vin à 15 fr. l'hectolitre, 2,400 litres de vin à 17 fr. l'hectolitre ; 1,824 litres de vin à 30 fr. l'hectolitre, et 1,824 litres de vin à 34 fr. l'hectolitre. Quel est le prix d'un hectolitre de ce mélange ?

Opération :

$$2.000 \times 15 = 300 \text{ »}$$
$$2.400 \times 17 = 408 \text{ »}$$
$$1.824 \times 30 = 547.20$$
$$1.824 \times 34 = 620.16$$

8.048 lit.   F. 1875.36 : 80 hect. 48 lit. = 23 fr. 30.

Prix d'un hectolitre du mélange.

Observations. — Lorsqu'on a le prix d'un hectolitre et qu'on veut connaître le prix du tonneau bordelais, qui se compose de 912 litres, ou bien 9 hect. 12, il suffit de multiplier cette quantité par le prix de l'hectolitre, ensuite diviser par 100, en portant la virgule de deux rangs vers la gauche. Ainsi, nous supposerons le prix d'un hectolitre du mélange précédent qui est 23 fr. 30 ; quel sera le prix du tonneau bordelais de ce même vin ?

Opération

$$\frac{912 \times 23.30}{100} = 212 \text{ fr. } 50, \text{ prix d'un tonneau.}$$

Et lorsqu'on a le prix du tonneau, si l'on veut connaître le prix d'une barrique, puisque le tonneau bordelais se compose de quatre barriques de 228 litres chacune, il suffit donc de prendre le quart du prix d'un tonneau, et l'on a immédiatement le prix d'une barrique, soit : 212 fr. 50 le prix du tonneau, le 1/4 = 53 fr. 12, prix d'une barrique.

Mais lorsqu'on a le prix du tonneau et qu'on veut connaître le prix d'un hectolitre, dans ce cas, il n'y a qu'à multiplier le prix du tonneau, soit 212 fr. 50 par 1 hectolitre, et diviser par 9 hectolitres 12 litres ; le quotient est le prix de l'hectolitre, ainsi :

$$\frac{912.50 \times 100}{912} = 23 \text{ fr. } 30, \text{ prix d'un hectolitre.}$$

20. — CALCUL POUR ABAISSER OU RÉDUIRE LE TITRE ALCOOLIQUE D'UN VIN PAR ADDITION D'UN AUTRE VIN PLUS FAIBLE EN TITRE.

Lorsqu'on veut réduire le titre alcoolique d'un vin trop capiteux dont la quantité et le titre sont connus, avec un vin blanc ou rouge plus faible en titre, pour obtenir un titre demandé, il faut suivre cette règle générale : Cette règle générale consiste : 1° A multiplier le volume du vin par la différence du titre moyen au titre supérieur ; 2° diviser le produit de la multiplication par la différence du titre inférieur au titre moyen, le quotient donne la quantité de vin faible à employer.

1er EXEMPLE : On a 3 muids de Roussillon, ensemble 1,530 litres au titre de 14º, on veut le réduire au titre de 10º avec du vin pesant 7º5 ; quelle quantité en faut-il ?

Opération :

$$14º - 10º = 4º \qquad \text{donc,} \qquad \frac{1.530 \times 4º}{2º5} = 2.448 \text{ lit. de vin, à } 7º5.$$
$$10º - 7º5 = 2º5$$

Il faut mélanger 2,448 lit. de vin pesant 7º5, à 1,530 lit. de Roussillon pesant 14º, pour obtenir un vin au titre alcoolique de 10º.

Nous avons soustrait immédiatement le titre moyen du titre supérieur et le titre inférieur du titre moyen ; ensuite, nous avons multiplié la différence du titre moyen au titre supérieur par la quantité de vin connue, et nous avons divisé le produit par la différence du titre inférieur au titre moyen, le quotient 2,448 est la quantité de vin cherchée.

Preuve :

$$
\begin{array}{lll}
1.530 \times 14º = 214.20 \\
2.448 \times 7º5 = 183.60
\end{array} \quad 397.8 \text{ d'alcool pur.}
$$

quantité totale. $3.978 \times 10º = \qquad 397.8$ d'alcool pur.

Ainsi, nous voyons que chaque quantité partielle multipliée par son titre alcoolique, donnent ensemble une quantité d'alcool pur semblable à celle donnée par le produit de la multiplication de la quantité totale de vin par son titre, ce qui prouve l'exactitude de l'opération.

2me EXEMPLE : On veut réduire 2,400 litres de vin pesant 15°, au titre de 12°, avec un vin pesant 8° ; combien en faudra-t-il ?

Opération :

$$15° - 12° = 3°$$
$$12° - 8° = 4°$$

donc, $\dfrac{3° \times 2.400}{4°} = 1.800$ litres de vin à 8°.

Preuve :

$$2.400 \times 15° = 360$$
$$1.800 \times 8° = 144$$
504 litres d'alcool pur.

Quant. totale. $4.200 \times 12° = \quad$ 504 litres d'alcool pur.

Il faut mélanger 1,800 litres de vin pesant 8°, aux 2,400 litres de vin pesant 15°, on obtiendra ainsi 4,200 litres de vin au titre de 12°.

3me EXEMPLE : On désire savoir la quantité de vin au titre de 9°, qui sera nécessaire pour réduire au titre de 11°, 912 litres de Narbonne pesant 14° ?

Opération :

$$14° - 11° = 3°$$
$$11° - 9° = 2°$$

$\dfrac{912 \times 3°}{2°} = 1.368$ lit. de vin pesant 9°.

En mélangeant 1,368 litres de vin au titre de 9°, avec 912 litres de Narbonne au titre de 14°, nous aurons 2,280 litres de vin au titre de 11°.

21. — CALCUL POUR AUGMENTER LA RICHESSE ALCOOLIQUE D'UN VIN FAIBLE
PAR ADDITION D'UN VIN PLUS ÉLEVÉ EN TITRE.

Lorsqu'on veut augmenter le titre alcoolique d'un vin faible dont la quantité et le titre sont connus, avec un vin riche en alcool pour obtenir un titre désiré, il faut opérer ainsi : 1° On multiplie le volume du vin par la différence du titre inférieur au titre moyen ; 2° ensuite, on divise le produit de cette multiplication par la différence qui existe entre le titre moyen et le titre supérieur, le quotient donne la quantité de vin alcoolique nécessaire.

1er EXEMPLE : Voulant élever au titre de 10°, un vin de mauvaise année, 1,250 litres pesant 7° avec un vin du midi pesant 14°5, on désire savoir la quantité qu'il faut prendre de ce dernier vin ?

$$\textit{Opération :}$$

$$10° - 7° = 3° \qquad \frac{1.250 \times 3°}{4°5} = 833 \text{ lit. } 33 \text{ de vin pesant } 14°5$$
$$14°5 - 10° = 4°5$$

Il faut prendre 833 litres de vin pesant 14°5 pour élever le vin faible au titre de 10°, dans la pratique on néglige toujours la fraction de litre.

Nous avons soustrait le titre inférieur 7° du titre moyen 10°, la différence égale 3° ; nous avons encore soustrait le titre moyen 10° du titre supérieur 14°5, la différence égale 4°5 ; puis nous avons multiplié la différence 3 par la quantité de vin faible 1,250 litres et divisé le produit par la différence du titre moyen au titre supérieur qui est 4°5, le quotient nous a donné la quantité de vin nécessaire pour obtenir le titre demandé.

$$\textit{Preuve :}$$

$$
\begin{array}{llll}
1.250 & \times \quad 7° & = & 87.5 \\
833.3 & \times \ 14°5 & = & 120.8
\end{array}
\quad \text{208 litres 3 d'alcool pur.}
$$

$$\text{quantité totale } 2.083.3 \ \times \ 10° = \qquad \text{208 litres 3 d'alcool pur.}$$

Il faut multiplier chaque quantité partielle de vin par son titre, la somme des produits donne la quantité totale d'alcool pur qu'ils contiennent ; ensuite on multiplie la quantité totale de vin par le titre obtenu, le produit doit donner exactement la même quantité d'alcool.

2me EXEMPLE : On désire savoir la quantité de vin pesant 13°, qui doit être employée pour élever au titre de 9°, 1,824 litres de vin pesant 7°5?

Opération :

$$9° — 7°5 = 1°5 \qquad \frac{1.824 \times 1°5}{4} = 684 \text{ litres de vin pesant 13°.}$$
$$13° — 9° = 4°$$

Preuve :

$$684 \times 13° = 88.92$$
$$1.824 \times 7°5 = 136.80 \quad \} \; 225.72 \text{ d'alcool pur.}$$

quantité totale $2.508 \times 9° = \qquad 225.72$ d'alcool pur.

Pour le calcul et la preuve, il faut opérer comme nous l'avons indiqué au premier exemple précédent.

22. — MÉLANGE OU COUPAGE DE DEUX ESPÈCES DE VINS A DIFFÉRENTS TITRES.

Lorsqu'on veut connaître les quantités de vins à différents titres qui doivent composer un mélange pour obtenir un vin ayant un titre donné, il faut disposer ainsi l'opération :

1er EXEMPLE : Ayant du vin de Narbonne qui pèse 14° et un autre vin au titre de 8° ; dans quelles proportions faut-il les mélanger pour obtenir un vin au titre de 10°?

Opération :		*Preuve :*
titre sup^r 14° 2 parties.		$2 \times 14° = 28$
tit. à obt. 10°		$4 \times 8° = 32$
titre inf^r. 8° 4 parties.		$6 \qquad 60 : 6 = 10°$ tit. demandé.

Il faut donc deux parties de vin de Narbonne au titre de 14°, et quatre parties de vin au titre de 8°, qui donnent 6 parties de vin au titre de 10°.

Nous avons soustrait le titre inférieur 8° du titre à obtenir 10°, et nous avons placé la différence 2 en regard du titre supérieur 14° ; cette différence est la quantité de vin à titre supérieur qui doit entrer dans le mélange. Ensuite, nous avons soustrait le titre à obtenir 10°, du titre supérieur 14°, et nous avons placé la différence 4 en regard du titre inférieur 8° ; cette différence exprime la quantité de vin au titre de 8° qui doit également entrer dans le mélange.

La preuve démontre l'exactitude de l'opération, ainsi, nous avons multiplié 2 qui représente la quantité de vin à titre supérieur par son titre 14°, le produit égale 28° ; nous avons encore multiplié 4 qui est la quantité de vin à titre inférieur par son titre 8°, le produit égale 32° ; nous avons ensuite divisé la somme des produits 60° par la somme des quantités de vin 6, le quotient 10° nous a donné la réponse.

Lorsque le mélange a une importance donnée, c'est-à-dire lorsque la quantité totale du mélange est déterminée, il faut dans ce cas, chercher des quantités proportionnelles qui produisent ensemble la quantité totale demandée.

Ainsi, nous allons prendre le premier exemple avec une importance donnée.

Une cuve contenant 3,700 litres doit être remplie avec du vin de Narbonne qui pèse 14°, et un autre vin qui pèse 8°, pour faire un vin au titre de 10° ; dans quelles proportions doivent-ils être mélangés ?

Opération :		*Proportion :*
14° 2 litres.		$6 : 3.700 :: 2 : x = 1.233,3$ de vin à 14°.
10°		
8° 4 litres.		$6 : 3.700 :: 4 : x = 2.466,7$ de vin à 8°.
6 litres.		3.700 de vin à 10°.

Nous voyons qu'avec 2 litres de Narbonne à 14° et 4 litres d'un autre vin à 8°, on compose un mélange de 6 litres de vin à 10° ; alors, pour composer un mélange de 3,700 litres de vin ayant 10°, il nous a falllu chercher de nouvelles quantités qui soient entre elles dans le même rapport que deux et quatre, et nous avons obtenu 1,233 litres pour le vin de Narbonne à 14° et 2,466 litres de vin pesant 8°.

Dans tous les cas d'un mélange de deux espèces de vins, celui qui a un peu l'habitude du calcul, ne cherche point les quantités proportionnelles comme nous l'indiquons, car il est facile d'abréger beaucoup ; ainsi, nous voyons qu'il faut 2 litres du vin de 14° et 4 litres du viu de 8°, qui donneront ensemble 6 litres de vin au titre demandé 10° ; mais nous voyons également d'un simple coup d'œil que 2 litres sont le 1/3 de 6 litres et qu'il suffit alors de prendre le 1/3 de la quantité totale déterminée 3,700 litres pour obtenir la quantité de vin à 14° qui doit entrer dans le mélange, et la différence de cette quantité partielle à la quantité totale déterminée, donne la 2ᵐᵉ quantité partielle du vin à 8° qui composera ce mélange : voici comment on opère :

quantité déterminée .... 3.700   litres de vin au titre de 10°.

prendre le 1/3 .... 1.233.3 litres du vin au titre de 14°.

la différence ou les 2/3 .... 2.466.7 litres du vin au titre de 8°.

et nous obtenons le même résultat qu'avec les proportions.

2ᵐᵉ EXEMPLE : Voulaut faire une cuvée de 7,500 litres de vin au titre de 9° avec un vin pesant 7°5 et un vin du midi pesant 12° ; dans quelles proportions dois-je les mélanger ?

Opération :		*Proportion :*
tit. sup, 12°	1.5 lit.	4.5 : 7,500 :: 1.5 : x = 2.500 l. de vin à 12°.
tit. à ob.	9°	
tit. inf.. 7°5	3 lit.	4.5 : 7.500 :: 3 : x = 5.000 l. de vin à 7°5
	4.5 lit.	7.500 l. de vin à 9°.

Nous voyons qu'il faut prendre 1 litre 1/2 du vin pesant 12° et 3 litres du vin faible à 7°5, ce qui donne un mélange de 4 litres 1/2 de vin au titre de 9°; mais comme la quantité totale du mélange est ici déterminée à 7,500 litres, nous avons cherché des quantités qui soient proportionnelles à 1,5 et à 3, et nous avons obtenu 2,500 litres pour le vin au titre de 12° et 5,000 litres du vin au titre de 7°5, ce qui nous donne bien la quantité et le titre demandés.

Preuve

$$2.500 \times 12° = 300$$
$$5.000 \times 7°.5 = 375 \qquad 675 \text{ litres d'alcool pur.}$$

quant. totale. $7.500 \times 9 = \qquad 675$ litres d'alcool pur.

En multipliant chaque quantité partielle par son titre alcoolique, on doit obtenir une somme d'alcool pur semblable à celle que fournit la quantité totale multipliée par le titre demandé.

3me EXEMPLE : Pour produire 5,400 litres de vin au titre de 10° avec un vin pesant 13° et un autre vin pesant 8°; on désire savoir la quantité qu'il faut prendre de chacun de ces vins ?

Opération :		*Proportion :*
lit. sup. 13°	2 lit.	$5 : 5.400 :: 2 : x = 2.160$ lit. du vin à 13°.
tit. à obt. 10°		
titre inf. 8°	3 lit.	$5 : 5.400 :: 3 : x = 3.240$ lit. du vin à 8°.
	5 lit.	5.400 lit. du vin à 10°.

Il faut prendre 2,160 litres du vin pesant 13° et 3,240 litres du vin pesant 8°.

Preuve :

$$2.160 \times 13^o = 280.80$$
$$3.240 \times 8^o = 259.20 \qquad 540 \text{ litres d'alcool pur.}$$
$$\text{quant. totale. } 5.400 \times 10^o = \qquad 540 \text{ litres d'alcool pur.}$$

Observations. — Il est toujours facile de faire l'échantillon avant d'effectuer le mélange que l'on se propose ; ainsi, nous supposerons qu'on veuille prendre l'échantillon du premier exemple n° 22, afin de se rendre compte de la couleur, de l'arome et de la saveur que produira ce mélange.

L'opération nous donne 2 parties à prendre du vin de 14° et 4 parties du vin de 8°, pour faire un vin de mélange ayant 10° ; dans ce cas, si le vin au titre de 8° est du vin blanc, il faut alors que le vin du midi de 14° fasse au moins 3 couleurs, la sienne propre plus deux, puisqu'il doit être mélangé à une quantité deux fois plus grande, c'est-à-dire 1/3 de vin rouge avec 2/3 de vin blanc et produire la couleur d'un vin rouge ordinaire de nos départements vinicoles du centre ou du nord. Mais si le vin au titre de 8° est un vin rouge, alors il ne pourra en résulter qu'une belle couleur.

Il faut donc avoir un verre ou litre gradué contenant cent divisions d'un centilitre chaque et dans lequel on introduit 2 parties ou centilitres multipliés par 10 égale 20 centilitres du vin de 14° et 4 parties ou centilitres multipliés par 10 égale 40 centilitres du vin de 8° ; les proportions existant, le vin sera toujours identique à celui que fournira le mélange définitif.

Ce vin introduit dans une bouteille parfaitement bouchée, dégusté et vérifié après vingt-quatre heures de repos au moins, fournira le type du mélange qu'on se propose.

Pour le deuxième exemple du n° 22, il faut opérer dans les mêmes conditions ; ainsi, vous vous proposez de faire un vin de mélange ayant 9°, avec des vins de 12° et 7°5, vous trouvez 1 litre 5 du vin de 12° et 3 litres du vin de 7°5 ; donc, 1,5 multiplié par 10 égale 15, nous mettrons alors 15 centilitres du vin de 12° dans le verre gradué, et 3 multiplié par 10 égale 30, nous ajouterons 30 centilitres du vin de 7°5, et après avoir mélangé, nous verserons les 45 centilitres dans une bouteille, ou mieux, nous remplirons exactement une demi-bouteille qui sera bien bouchée ; le lendemain, nous vérifierons et dégusterons attentivement ce petit mélange, qui est l'étalon de celui qu'on se propose.

On voit immédiatement le résultat tant qu'à la couleur ; mais pour l'arome et la saveur, il est toujours préférable d'attendre au lendemain, afin de savoir à quoi s'en tenir.

Dans tous les cas qui se présentent pour les mélanges, l'élévation ou la réduction de la force alcoolique des vins, on peut toujours fournir le type avant d'effectuer une opération en agissant d'une manière analogue.

23. — MÉLANGE OU COUPAGE DE TROIS ESPÈCES DE VINS A DIFFÉRENTS TITRES.

Pour connaître les quantités de vins à différents titres qui doivent composer un mélange afin d'obtenir un vin ayant un titre déterminé, il faut disposer l'opération de la manière suivante :

1er EXEMPLE : On veut remplir une cuve contenant 9,600 litres avec un vin du midi au titre de 14°5 un vin rouge au titre de 9° et un vin blanc au titre de 7°, pour faire un vin de mélange au titre de 10° ; quelle quantité doit-on prendre de chacun de ces vins ?

Opération :		*Proportion :*
t. sup. 14°5 $\quad$ 3 + 1 = 4°		13 : 9.600 :: 4 $\quad x = 2.954$ lit. de vin à 14°.5
t. à ob. $\quad$ 10°		
t. inf. $\begin{cases} 9° \\ 7° \end{cases}$ $\quad$ 4°5 $\quad$ 4°5		13 : 9.600 :: 4.5 $x = 3.323$ lit. de vin à 9°. 13 : 9.600 :: 4.5 $x = 3.323$ lit. de vin à 7°.
$\quad$ 13°		9.600 lit. de vin à 10°.

Les titres inférieurs au titre à obtenir sont placés au-dessous de ce titre, et le titre ou les titres supérieurs lorsqu'il y en a plusieurs, sont placés au-dessus du titre à obtenir ; lorsqu'on rencontre un nombre inégal de titres inférieurs et de titres supérieurs, ce n'est point pour cela un obstacle comme nous allons le voir.

Nous avons soustrait le titre inférieur 7° du titre à obtenir 10°, et nous avons posé la différence 3 en regard du titre 14°5 ; nous avons encore soustrait le titre inférieur 9° du titre à obtenir 10°, et nous avons posé la différence 1 en regard du titre supérieur 14°5 et à la suite de la différence 3, en plaçant entre les deux différences 3 et 1, le signe plus qui indique l'addition, la somme 4 devient la quantité de vin à titre supérieur qui doit entrer dans le mélange.

Nous avons ensuite soustrait le titre à obtenir 10° du titre supérieur 14°5 et posé la différence 4°5 en regard du titre inférieur 7° ; enfin, nous avons posé la même différence 4°5 en regard du titre inférieur 9°, et cette même différence indique les quantités de vin aux titres de 7° et de 9° qui doivent faire partie du mélange.

La quantité totale du mélange étant ici déterminée à 9,600 litres, nous avons cherché des quantités proportionnelles dont la somme reproduise la quantité totale demandée ; ainsi, pour trouver le quatrième terme ou la quantité inconnue de vin au titre de 14°5 qui doit entrer dans le mélange, nous voyons que pour 13 litres de vin à 10° il faut prendre 4 litres de vin au titre de 14°5 ; donc, pour trouver la quantité proportionnelle de ce même vin qui doit entrer dans un mélange déterminé à 9,600 litres, il faut multiplier cette quantité totale par 4 litres qui est le troisième terme de cette première proportion, puis, diviser le produit par le premier terme 13, le quotient donne le quatrième terme cherché ou bien la quantité de vin au titre de 14°5 qui doit être employée, et nous trouvons 2,954 litres.

Dans la deuxième proportion, pour trouver la quantité de vin au titre de 9° qui doit entrer dans le mélange, il faut également multiplier le troisième terme 4 litres 5 par le deuxième terme 9,600 litres et diviser le produit par le premier terme 13 litres; le quotient donne la quantité de vin 3,323 litres au titre de 9° qui doit entrer dans le mélange.

La troisième proportion dont les trois termes connus sont semblables aux trois termes de la deuxième proportion, il est évident que le quatrième terme ou bien la quantité de vin au titre de 7° doit être aussi 3,323 litres.

Preuve :

$$2.954 \times 14°.5 = 428.33$$
$$3.323 \times 9°.\text{»} = 299.07 \quad 960 \text{ litres alcool pur.}$$
$$3.323 \times 7°.\text{»} = 232.60$$

quant. tot. $9.600 \times 10°.\text{»} = \qquad 960$ litres alcool pur.

2ᵐᵉ EXEMPLE : Nous avons dn vin qui pèse 13°, un autre vin qui pèse 11°5, et un troisième vin qui pèse 7°5; nous voulons faire une cuvée de 8,700 litres d'un vin au titre de 9°; combien nous faut-il de chacun de ces vins ?

Opération :   *Proportion :*

t. s. {	13°	1.5	9.5 : 8.700 :: 1.5 : $x = 1.373,7$ de vin à 13°.
	11°.5	1.5	9.5 : 8.700 :: 1.5 : $x = 1.373,7$ de vin à 11°.5
t. à o.	9°		
t. inf.	7°.5	4 + 2.5 = 6.5	9.5 : 8.700 :: 6.5 : $x = 5.952,6$ de vin à 7°.5
		9.5	8.700 » de vin à 9°.

Nous avons placé le titre inférieur au titre à obtenir au-dessous de ce titre et au-dessus, les titres qui lui sont supérieurs; ensuite, on a soustrait le titre inférieur 7°5 du titre à obtenir 9° et posé la différence 1°5 en regard du titre supérieur 13°; on a encore posé la même différence 1°5 en regard du deuxième titre supérieur 11°5, ces différences indiquent les quantités de vins qu'il faut prendre au titre de 13° et de 11°5; puis on a soustrait le titre à obtenir 9° du titre supérieur 13°, et placé la différence 4 en regard du titre inférieur 7°5; enfin, on a soustrait le titre à obtenir 9° du deuxième titre supérieur 11°5, et placé la différence 2,5 en regard du même titre inférieur à la suite de la différence 4 et précédé du signe plus (+) qui indique que la somme de ces deux nombres 6,5 est la quantité de vin qu'il faut prendre au titre de 7°5.

La somme de ces trois quantités partielles 1,5 + 1,5 + 6,5 = 9 litres 5 ; mais la quantité du mélange étant déterminée à 8,700 litres, alors, on a cherché des quantités proportionnelles qui produisent ensemble cette quantité demandée, ainsi :

1re proportion. — 9 lit. 5 est à 8,700 lit., comme 1 lit. 5 est à x quatrième terme inconnu, égale lit.   1.373 7 de vin au titre de 13°.

2me proportion. — 9 lit. 5 est à 8,700 lit., comme 1 lit 5 est à x quatrième terme inconnu, égale.....   1.373 7 de vin au titre de 11°5.

3me proportion. — 9 lit. 5 est à 8,700 lit., comme 6 lit. 5 est à x quatrième terme inconnu, égale 5.952 6

de vin au titre de 7°5. Quantité demandée...........   8.700 »

Nous voyons ici que les deux premiers termes de chaque proportion, 9 litres 5 et 8,700 litres sont de même nature, c'est-à-dire deux vins identiques au titre de 9° et chaque troisième terme de même nature que l'inconnu, qui est la quantité proportionnelle de chaque vin qui doit entrer dans le mélange total.

Pour trouver ce quatrième terme inconnu, il faut multiplier le troisième terme par le deuxième, et diviser le produit par le premier terme comme nous l'avons déjà indiqué ; le quotient donne la réponse.

Preuve :

$$1.373,7 \times 13^\circ = 178.58$$
$$1.373,7 \times 11^\circ.5 = 157.98 \quad 783 \text{ lit. alcool pur.}$$
$$5.952,6 \times 7^\circ.5 = 446.44$$

quantité totale $8.700 \text{ »} \times 9^\circ = \qquad 783 \text{ lit. alcool pur.}$

Observations. — Pour obtenir le type du mélange avant de l'effectuer, il faut multiplier par 10 chaque quantité partielle que donne l'opération 1.5, 1.5 et 6.5 ; nous obtenons quinze parties du vin de 13°, quinze parties du vin de 11°5 et soixante-cinq parties du vin de 7° 5 ; nous transformerons ces parties en centilitres et nous verserons dans le litre en verre gradué 15 centilitres du vin de 13°, 15 centilitres du vin de 11°5 et 65 centilitres du vin de 7°5, nous aurons alors 95 centilitres de vin au titre de 9° comme nous nous proposons de le faire et nous aurons l'avantage de vérifier la couleur, l'arome et la saveur que produira le coupage.

3me EXEMPLE : On désire savoir les quantités de vins au titre de 14°, de 12° et de 8° qui doivent être employées pour composer un mélange de 5,900 litres au titre de 10° ?

Opération :   *Proportion :*

```
t. sup. ( 14°              2 | 10 : 5.900 :: 2 ; x = 1.180 lit. de vin à 14°
        ( 12°              2 | 10 : 5.900 :: 2 : x = 1.180 lit. de vin à 12°
t. à obt.    10°             |
lit. inf.  8°      4 + 2 = 6 | 10 : 5.900 :: 6 : x = 3.540 lit. de vin à 8°
                        ——   |
                        10   |            5.900 lit. de vin à 10°
```

Nous avons comme précédemment, fait la somme des quantités proportionnelles 2, 2 et 6, égale 10 ; puis, nous avons posé autant de proportions qu'il y a de quantités à trouver et qui doivent être entre elles dans les rapports de 2, 2 et 6.

Preuve :

$$1.180 \times 14^o = 165.20$$
$$1.180 \times 12^o = 141.60 \quad 590 \text{ litres alcool pur.}$$
$$3.540 \times 8^o = 283.20$$

quantité totale $5.900 \times 10^o = \qquad 590$ litres alcool pur.

Ce qui démontre l'exactitude du calcul.

Observations. — Pour ne pas faire autant de divisions qu'il y a de proportions, on peut encore opérer ainsi, ce qui abrége beaucoup le calcul. Nous trouvons dans l'exemple précédent, qu'il faut prendre deux parties du vin de 14°, deux parties du vin de 12° et six parties du vin de 8°, ce qui nous donne un total de dix parties de vin au titre de 10°; et comme la quantité du mélange est déterminée à 5,900 litres au titre de 10°, il suffit donc de diviser 5,900 par dix parties, pour obtenir une de ces parties qui est 590, ensuite :

$$590 \times 2 = 1.180 \text{ lit. pour la quantité de vin au titre de } 14^o.$$
$$590 \times 2 = 1.180 \quad — \quad — \quad — \quad 12^o.$$
$$590 \times 6 = 3.540 \quad — \quad — \quad — \quad 8^o.$$

Nous obtenons... 5.900 litres de vin au titre de 10° et d'une manière plus abrégée.

Ainsi, pour le deuxème exemple du n° 23, on divise la quantité déterminée 8,700 litres par la somme 9,5 et l'on obtient pour quotient 915,78 ; mais comme cette quantité de vin 8,700 litres doit être partagée en parties qui aient entre elles les mêmes rapports que les quantités 1.5, 1.5 et 6.5 ; donc, en multipliant 915,78 par 1.5, on obtient la quantité proportionnelle de vin au titre de 13° qui doit entrer dans le mélange déterminé; en multipliant encore 915,78 par 1.5, on obtient la même quantité proportionnelle de vin au titre de 11^o5 qui doit entrer dans le mélange déterminé; enfin, en multipliant une troisième fois 915,78 par 6,5 on obtient la quantité proportionnelle de vin au titre de 7^o5 qui doit compléter la quantité déterminée du mélange.

915,78 $\times$ 1.5 = 1.373,7 pour la quantité de vin au titre de 13°,
915,78 $\times$ 1.5 = 1.373,7   —   —   —   11°.5
915,78 $\times$ 6.5 = 5.952,6   —   —   —   7°.5

Nous obtenons..... 8.700 » litres de vin au titre de 9° comme dans
le deuxième exemple précédent.

24. — MÉLANGE OU COUPAGE DE QUATRE ESPÈCES DE VINS A DIFFÉRENTS TITRES.

Ce cas se présente très-rarement, mais néanmoins nous allons donner quelques exemples.

1er EXEMPLE : Soit donné quatre espèces de vins au titre alcoolique de 15°, 12°, 9° et 7°, dans quelle proportion faut-il les mélanger pour faire une cuvée de 95 hectolitres au titre de 10° ?

Opération :   *Proportion :*

titres sup. $\begin{cases} 15° \\ 12° \end{cases}$ 3 | 11 : 9.500 :: 3 : x = 2.590.9 de vin à 15°

              1 | 11 : 9.500 :: 1 : x =   863.6 de vin à 12°

tit. à obt..   10°

titres inf. $\begin{cases} 9° \\ 7° \end{cases}$ 2 | 11 : 9.500 :: 2 : x = 1.727.3 de vin à 9°

              5 | 11 : 9.500 :: 5 : x = 4.318.2 de vin à 7°

             11 | 9.500 » de vin à 10°

Nous avons placé les titres inférieurs au titre à obtenir, au-dessous de ce titre et les titres supérieurs au-dessus ; puis, nous avons posé la différence de 7° à 10°, égale 3 en face du titre 15°, la différence de 9° à 10° égale 1 en face du titre 12°, la différence de 10° à 15° égale 5 en face du titre 7° et la différence de 10° à 12° égale 2 en face du titre 9° et ces différences échangées sont les quantités de vins à titres supérieurs et titres inférieurs qu'il faut mélanger pour obtenir le titre demandé ; mais comme l'importance du mélange est déterminée à 95 hectolitres, il faut alors partager cette quantité en parties qui aient entre elles les mêmes rapports que 3, 1, 2 et 5, ce que nous avons opéré comme l'indique la note précédente, afin d'abréger le calcul.

Preuve :

$$
\begin{array}{rclcl}
2.590,9 & \times & 15^{\circ} & = & 388.64 \\
863,6 & \times & 12^{\circ} & = & 103.63 \\
1.727,3 & \times & 9^{\circ} & = & 155.46 \\
4.318,2 & \times & 7^{\circ} & = & 302.27
\end{array}
$$

950 litres alcool pur.

quant. totale.. 9.500 » $\times$ 10° = 950 litres alcool pur.

2me EXEMPLE : On désire faire un mélange de 45 hectolitres de vin au titre de 12° avec des vins pesant 15°, 10°, 9° et 7°; quelle quantité faut-il prendre de chacun de ces vins ?

Opération :		*Proportion :*
t. s. 15° 5 + 3 + 2 = 10	19 : 4.500 :: 10 : x = 2.368.5 l. de vin à 15°
t. à o. 12°	
10° 3	19 : 4.500 :: 3 : x = 710.5 l. de vin à 10°
t. i. 9° 3	19 : 4.500 :: 3 : x = 710.5 l. de vin à 9°
7° 3	19 : 4.500 :: 3 : x = 710.5 l. de vin à 7°
19	4.500 » l. de vin à 12°

Nous avons placé la différence de 7° à 12° égale 5, en face de 15°, la différence de 9° à 12° égale 3, en face de 15° et à la suite de la première différence 5; puis, la différence de 10° à 12° égale 2, en face de 15° et à la suite de la différence 3; nous avons placé le signe plus (+) entre chacun de ces nombres et leur somme égale 10, qui est la quantité de vin au titre de 15°, qui doit entrer dans le mélange.

Ensuite, nous avons placé la différence de 12° à 15° égale 3, en face de 7°, la même différence 3 en face de 9° et de 10°, parce que dans ce cas, un seul titre supérieur peut correspondre avec tous les titres inférieurs, et cette même différence indique la quantité de vin à titre inférieur qui doit faire partie du mélange.

La somme de ces différences nous donne un mélange de dix-neuf parties de vin au titre de 12°; mais dans cette question le mélange est déterminé à 45 hectolitres, alors il faut chercher les parties ou quantités proportionnelles qui aient entre elles les mêmes rapports que les différences 10, 3, 3 et 3, et nous avons opéré les proportions comme il a été indiqué précédemment.

Preuve :

$$2.368.5 \times 15° = 355.27$$
$$710.5 \times 10° = 71.05$$
$$710.5 \times 9° = 63.94$$
$$710.5 \times 7° = 49.74$$

540 litres alcool pur.

quantité totale. 4.500 » $\times$ 12° = 540 litres alcool pur.

3ᵐᵉ EXEMPLE : Voulant faire une cuvée de 78 hectolitres de vin au titre de 9° avec des vins pesant 15°, 12°, 10° et 7°; quelle quantité dois-je prendre de chacun de ces vins, pour obtenir le mélange au titre désiré?

Opération :   Proportion :

t. s.	15°	2	16 : 7.800 :: 2 : x = 975 L. de vin à 15°.
	12°	2	16 : 7.800 :: 2 : x = 975 L. de vin à 12°.
	10°	2	16 : 7.800 :: 2 : x = 975 L. de vin à 10°.
t. à o.	9°		
t. inf. 7°	6 + 3 + 1 = 10	16 : 7.800 :: 10 : x = 4.875 L. de vin à 7°.
	16		7.800 L. de vin à 9°

Il faut placer la différence de 7° à 9° égale 2, en face de 15°; la même différence 2 en face de 12° et de 10°, parce que dans ce cas, un seul titre inférieur peut correspondre avec tous les titres supérieurs et cette même différence indique les quantités de vins à titres supérieurs qui doivent faire partie du mélange.

Ensuite, il faut placer la différence de 9° à 15° égale 6, en face de 7°, la différence de 9° à 12° égale 3 en face de 7° et à la suite de la première différence 6 ; enfin la différence de 9° à 10° égale 1, placé en face de 7, et à la suite des deux différences 6 et 3 ; la somme de ces trois nombres 6, 3 et 1 égale 10, qui est la quantité de vin au titre de 7° qui doit entrer dans le mélange.

La somme de ces différences nous donne un mélange total de seize parties de vin au titre de 9° ; mais le mélange étant déterminé à 78 hectos, il faut alors chercher des quantités proportionnelles qui aient entre elles les mêmes rapports que les nombres 2, 2, 2, et 10, ce qu'on opère de la manière déjà indiquée à la note précédente du n° 23, afin d'abréger le calcul.

$$\textit{Preuve} :$$

$$
\begin{array}{rcl}
975 \times 15° &=& 146.25 \\
975 \times 12° &=& 117 \\
975 \times 10° &=& 97.05 \\
4.875 \times 7° &=& 341.25
\end{array}
\Bigg\} \ 702 \text{ litres alcool pur.}
$$

quantité totale. 7.800 $\times$ 9° = 702 litres alcool pur.

25. — CIRCONSTANCES DANS LESQUELLES ON MÉLANGE QUELQUEFOIS LES VINS FINS.

Lorsqu'un vin fin provient d'une année froide et humide, pour en tirer meilleur parti, le mieux est de le mélanger avec un autre vin fin ou un bon vin de même crû et récolté dans une bonne année ; mais il faut bien observer ce que nous avons déjà dit au n° 13, à l'article *Coupages ou Mélanges*, que ces vins doivent être à peu près du même âge, à une ou deux années près, et que le plus nouveau de ces deux vins aura complètement terminé sa fermentation ultérieure ; qu'il aura subi un fouettage et le soutirage de mars, alors seulement il peut être mélangé.

Dans ce cas, on ne tient pas compte de la richesse alcoolique, on cherche seulement dans le mélange de deux vins de même crû, mais d'une bonne et d'une mauvaise année, à reproduire le même type de vin d'une année ordinaire, c'est-à-dire à obtenir la même saveur et le même bouquet produits par une année ordinaire ; pour cela, on emploie le litre gradué, et on cherche par une dégustation très-attentive, les quantités les plus convenables de chacun de ces vins pour atteindre le but qu'on se propose, ainsi :

1er EXEMPLE : Supposons que 25 centilitres du vin de mauvaise année mélangés dans le litre gradué avec 20 centilitres du vin de bonne année donne le résultat désiré ; alors pour un mélange dont la quantité serait déterminée à 37 hectolitres, combien faudrait-il prendre de chacun de ces vins?

Proportion :

Mauvaise année.... 25	45 : 3.700 :: 25 : x = 2.056 litres
Bonne année 20	45 : 3.700 :: 20 : x = 1.644 »
Total 45	3.700

Nous voyons que la somme des deux quantités partielles des vins de mauvaise et de bonne année, donne un mélange de quarante-cinq parties ou centilitres de vin ayant autant que possible l'arome et la saveur qu'on désire ; mais comme l'importance du mélange est fixé à 37 hectolitres, il faut donc chercher des quantités proportionnelles qui aient entre elles les mêmes rapports que les nombres 25 et 20, ce qu'on exécute de la manière déjà indiquée.

Un autre cas qui oblige quelquefois à mélanger les vins fins, c'est lorsque leurs prix étant très-élevés, rend leur vente fort difficile, il faut alors les associer avec un vin de moindre valeur mais provenant toujours de bons cépages et de bonne exposition. Il est très-important pour le négociant de connaître autant que possible les localités d'où il tire ses vins, surtout ceux qu'il se propose de mélanger avec des vins fins, la qualité de plants, le mode de vivification et la manutention que le propriétaire emploie d'habitude et selon les années, ce sont autant de renseignements positifs sur la qualité du vin.

Nous répéterons encore ici que les vins qu'on se propose de mélanger, doivent être du même âge ou à peu près, parfaitement élaborés, et avoir à peu près la même force alcoolique 9° à 10°, car les meilleurs vins, Bordeaux, Bourgogne et Champagne, ne sont point les plus alcooliques, et ont pourtant une valeur incontestable sur des vins qui ont 5° et 6° d'alcool en plus; le mérite d'un vin réside uniquement dans la qualité du terrain et du cépage qui l'ont produit, et dans les traitements dont il est l'objet, mais non pas dans sa force alcoolique. Dans le cas qui nous occupe, il faut un vin franc de goût et ne pouvant ni détruire ni masquer l'arome ou bouquet spécial du vin fin auquel on veut le mélanger.

1er EXEMPLE : J'ai du vin de Médoc qui me coûte 2,500 fr. le tonneau bordelais (912 litres), je voudrais le réduire au prix de 1,800 fr. le tonneau, avec un vin du prix de 800 fr· le tonneau ; dans quelles proportions dois-je les mélanger?

Proportion

$$\text{prix s. : } 2500 \qquad 1000 \quad | \quad 1700 : 912 :: 1000 : x = 536.5 \text{ L. du pr. de } 2500^{\text{f}}$$
$$\text{pr. à o. : } 1800$$
$$\text{pr. inf. : } 800 \qquad 700 \quad | \quad 1700 : 912 :: 700 : x = 375.5 \text{ L. du pr. de } 800^{\text{f}}$$
$$\overline{1700} \qquad\qquad\qquad\qquad \overline{912} \text{ » L. au pr. de } 1800^{\text{f}}$$

Il faut, comme nous l'avons déjà indiqué au n° 22, soustraire le prix inférieur du prix à obtenir et placer la différence en face du prix supérieur; cette différence 1000, est la quantité de vin à prix supérieur qui doit entrer dans le mélange. Et réciproquement, il faut soustraire le prix à obtenir du prix supérieur, et placer la différence en face du prix inférieur; cette différence 700 est la quantité de vin à prix inférieur qui doit entrer dans le mélange.

Ces deux différences produisent un mélange de 1,700 litres, mais ici, l'importance du mélange étant déterminée à 912 litres au prix moyen de 1,800 francs, nous avons cherché à l'aide des proportions, les quantités proportionnelles qui aient entre elles les mêmes rapports que les nombres 1,000 et 700; nous avons obtenu 536,5 lit. pour le vin du prix de 2,500 fr., et 375,5 lit. de vin au prix de 800 fr.; ce qui nous donne bien le résultat cherché.

Preuve.

912 litres : 536 lit. 5 :: 2,500ᶠ : x = 1470ᶠ.6
912 litres : 375 lit. 5 :: 800ᶠ : x = 329ᶠ.4
912 litres au prix de ... 1800ᶠ

Nous voyons que 536,5 lit. de vin au prix de 2,500 fr. le tonneau (912 litres) reviennent à 1,470 fr. 60, et 375,5 lit. de vin au prix de 800 fr. le tonneau, reviennent à 329 fr. 40 et produisent un tonneau bordelais au prix de 1,800 fr.

2ᵐᵉ EXEMPLE : On désire réduire au prix de 1,200 fr. le tonneau, avec un bon vin du prix de 750 fr. le tonneau, dix tonneaux ou bien 9,120 litres de vin fin du prix de 2,000 fr. le tonneau; quelle quantité faut-il prendre du premier vin ?

Opération ;   *Proportion* :

prix sup.. 2000   450
prix à obt.   1200   450 : 800 :: 9.120 : x = 16.213 litres
prix infér.   750   800

En opérant comme il a été indiqué, nous trouvons qu'il faut prendre 450 parties ou litres de vin du prix de 2,000 fr. le tonneau et 800 litres de vin du prix de 750 fr. le tonneau qui font un total de 1,250 litres de vin au prix de 1,200 fr. le tonneau ou bien les 912 litres; mais ici, il s'agit de trouver la quantité de vin du prix de 750 fr. qui est nécessaire pour réduire au prix moyen de 1,200 fr., dix tonneaux ou bien 91 hᵒˢ 20 lit. de vin fin au prix de 2000 fr.; il est évident que cette quantité inconnue de vin à prix inférieur sera à 9,120 litres de vin à prix supérieur, comme 800 litres de vin à prix inférieur est à 450 litres de vin à prix supérieur, et nous trouvons 16,213 litres ou bien 17 tonneaux 7/9 pour le volume de vin à bas prix qui doit être mélangé aux dix tonneaux de vin à prix supérieur, ce qui donne un total de 27 tonneaux 777 millièmes ou bien 253 hect. 33 lit. de vin au prix de 1,200 fr. le tonneau, comme nous allons le vérifier.

Preuve :

9.120 litres ou bien 10 tonneaux	×	2000ᶠ	=	20.000ᶠ	
16.213 litres ou bien 17 tonn. 777	×	750ᶠ	=	13.332ᶠ	33.332ᶠ.
25.333 litres =	27 tonn. 777	×	1200ᶠ	=	33.332ᶠ.

Il faut multiplier le nombre de tonneaux à prix supérieur par le prix d'un tonneau, le produit donne la valeur du vin fin ; puis on multiplie le nombre de tonneaux à prix inférieur par le prix d'un tonneau, le produit donne la valeur du vin ordinaire et la somme de ces deux produits donne la valeur de la quantité totale des tonneaux.

Enfin, cette quantité totale 27 tonneaux 777 millièmes multipliés par le prix moyen qu'on veut obtenir doit également produire la même valeur comme nous le voyons plus haut.

3ᵐᵉ EXEMPLE : Je désire faire 30 hectolitres de bon vin au prix de 80 fr. l'héctolitre, avec du vin supérieur qui me coûte 110 fr. l'hectolitre et du bon vin ordinaire du prix de 65 fr. l'hectolttre ; dans quelles proportions faut-il mélanger ces vins ?

Opération :			*Proportion :*	
prix supér.. 110	15		:: 15 : x =	1000 litres.
prix à obt.. 80		45 : 3000		
prix infér.. 65	30		:: 30 : x =	2000 litres.
	45			3000 litres.

Il faut prendre 1,000 litres du vin supérieur au prix de 110 fr. l'hectolitre et 2,000 litres du vin ordinaire au prix de

65 fr. l'hectolitre ; ce qui nous donne la quantité désirée 30 hectolitres au prix moyen de 80 fr. l'un.

Preuve :

$$\left. \begin{array}{l} 10 \text{ hect.} \times 110^{\text{f}} = 1100^{\text{f}} \\ 20 \quad \text{d}^{\text{o}} \times 65^{\text{f}} = 1300^{\text{f}} \end{array} \right\} 2400^{\text{f}}.$$

Total... 30 d^{o} × 80^{f} = 2400^{f}.

Ce qui démontre l'exactitude du calcul.

Observations : Chaque fois que le premier rapport de plusieurs proportions sera le même, nous le poserons une seule fois afin d'abréger le calcul, et nous renfermerons dans une accolade comme ci-dessus, autant de deuxièmes rapports qui pourront exister.

Lorsqu'on a le prix du tonneau ou d'une barrique et qu'on veut connaître le prix d'un hectolitre, et réciproquement, lorsqu'on a le prix d'un hectolitre et que l'on veut connaître le prix d'une barrique ou du tonneau, il faut opérer comme nous avons déjà indiqué au n° 19. Observations.

26. — MÉLANGE DE DEUX ESPÈCES DE VINS A DIFFÉRENTS PRIX, POUR OBTENIR UN PRIX MOYEN DÉSIRÉ.

La manière d'opérer est la même que précédemment n°s 22 et 25, pour cette raison nous ne donnerons qu'un exemple.

EXEMPLE : Un débitant par 25 litres ayant du Narbonne au prix de 50 fr. l'hectolitre et un autre vin du prix de 19 fr. l'hectolitre, désire faire un vin de mélange au prix de 30 fr. l'hectolitre ou bien 30 centimes le litre ; dans quelles proportions doit-il les mélanger ?

Opération :   *Proportion :*

```
prix sup...  50        11                                  :: 11 ; x = 35.5
prix à obt.        30
prix infér..  19        20    31 litres : 100 litres  ::  :: 20 ; x = 64.5
                       ——                                             ————
                       31                                             100
```

Il doit donc prendre 11 parties du vin à prix supérieur et
20 parties du vin à prix inférieur, ce qui donne 31 parties
de vin au prix moyen de 30 fr. l'hectolitre ou à 0.30 centimes
le litre.

Pour trouver les quantités qui doivent composer un hectolitre, il faut chercher les quantités proportionnelles qui
aient entre elles les mêmes rapports que les nombres
11 et 20, et nous avons trouvé 35 litres 5 pour la quantité
de vin au prix de 50 fr. l'hectolitre, et 64 litres 5 pour la
quantité de vin au prix de 19 fr. l'hectolitre.

Preuve :

```
      35 lit. 5 × 0 fr. 50 = 17f.75
      64 lit. 5 × 0 fr. 19 = 12f.25    30 fr.
      ——————————————————————
Total...  100 litres × 0 fr. 30 =       30 fr.
```

Observation : Les titres sont ici remplacés par les prix,
autrement la manière d'opérer reste toujours la même
que précédemment, (voir nᵒˢ 22 et 25).

S'il s'agissait de trouver la quantité de vin à prix inférieur
qui serait nécessaire pour réduire à un prix désiré, une
quantité déterminée de vin à prix supérieur, il faudrait
opérer comme au 2ᵐᵉ exemple du nᵒ 25.

Ainsi, ayant dans mon chai 1,850 litres de Narbonne qui
me revient à 40 fr. l'hectolitre, je désire le mélanger à un
petit vin entre-deux-mers qu'on me propose au prix de
164 fr. le tonneau ou bien 18 fr. l'hectolitre ; combien me
faut-il de ce dernier vin pour réduire mon Narbonne au prix
de 28 fr. l'hectolitre.

Opération :   *Proportion :*

    prix sup.   40   10
    prix à obt.   28 | 10 : 12 :: 1850 : x = 2.220 litres.
    prix infér.. 18   12

Nous trouvons qu'il doit entrer dans le mélange 10 parties ou litres de vin au prix de 40 fr. et 12 parties ou litres de vin au prix de 18 fr. l'hect., ce qui forme bien un mélange de 22 litres de vin au prix moyen de 28 fr. l'hect. ; mais dans cette question on désire trouver la quantité de vin au prix de 18 fr. l'hect. qui est nécessaire pour réduire au prix moyen de 28 fr. l'hect., 1.850 litres de Narbonne ou autre vin quelconque au prix de 40 fr. l'hect.; donc, cette quantité inconnue de vin à prix inférieur doit se trouver en rapport avec la quantité déterminée de vin à prix supérieur, comme 12 parties de vin à prix inférieur avec 10 parties de vin à prix supérieur et nous avons trouvé 22 hect. 20 litres de vin entre-deux-mers qui, mélangés aux 18 hect. 50 litres de vin de Narbonne donnent un volume de 4,070 litres de vin au prix moyen de 28 fr. l'hect.

Preuve :

    18 hect. 50 lit. × 40ᶠ =   740ᶠ.   )
    22 hect. 20 lit. × 18ᶠ =   399ᶠ.60 } 1.139ᶠ.60
    ————————————————————————————————
    Total.. 40 hect. 70 lit. × 28ᶠ =   1.139ᶠ.60

Observation : Si on désire prendre un échantillon du mélange avant de l'effectuer, il faut, comme nous l'avons déjà indiqué, mélanger dans un verre gradué 10 centilitres ou parties du vin de Narbonne et 12 centilitres du vin entre-deux-mers, on obtient 22 centilitres ; mais si on trouvait cette quantité trop petite et qu'on voulut faire une bouteille, il suffirait de multiplier chaque quantité partielle 10 et 12 par un même nombre, supposons par 3, et nous obtiendrons le même résultat.

3 × 10 = 30 centilit. de Narbonne au prix de 40ᶠ l'hectolitre.

3 × 12 = 36 dᵒ d'entre-deux-mers au prix de 18ᶠ l'hect.

Total..... 66 dᵒ de vin de mélange dᵒ 28ᶠ dᵒ

Cette quantité versée dans une bouteille, bien bouchée et mise de côté n'est dégustée que le lendemain.

27. — MÉLANGE DE TROIS ESPÈCES DE VINS A DIFFÉRENTS PRIX POUR OBTENIR UN PRIX MOYEN DÉSIRÉ.

La manière d'opérer est la même qu'au nᵒ 23 avec la seule différence qu'ici les titres seront remplacés par les prix, comme aux nᵒˢ 25 et 26.

1ᵉʳ EXEMPLE : Ayant des vins à 43 fr., à 32 fr. et à 18 fr. l'hectolitre, je désire savoir la quantité qu'il me faut prendre de chacun d'eux pour obtenir un vin de mélange au prix de 26 fr. l'hectolitre ?

Opération :   *Preuve :*

$$\text{prix sup} \begin{cases} 43 \\ 32 \end{cases} \quad \begin{aligned} 8 \text{ lit. à } 43^f \text{ l'hect.} &= \frac{8 \times 43}{100} = 3^f.44 \\ 8 \text{ » à } 32^f \text{ »} &= \frac{8 \times 32}{100} = 2^f.56 \end{aligned}$$

prix à ob. 26

prix inf.. 18 $17 + 6 = 23$ » à 18ᶠ » $= \dfrac{23 \times 18}{100} = 4^f.14$

Total............ 39 lit. à 26ᶠ l'hect. $= \dfrac{39 \times 26}{100} = 10^f.14$

Dans cet exemple il n'est pas question de quantité déterminée, et nous trouvons que, pour obtenir un vin au prix moyen de 26 fr. il faut prendre 8 parties de vin au prix de 43 fr., 8 parties de vin au prix de 32 fr. et 23 parties de vin au prix de 18 fr. l'hectolitre, ce qui compose un mélange de 39 parties de vin au prix désiré de 26 fr. l'hectolitre, comme la preuve le démontre.

Mais, connaissant les quantités nécessaires de vins à différents prix pour obtenir un vin de mélange à un prix donné comme ci-dessus, si on voulait faire une quantité déterminée, soit 39 hectolitres, il faudrait opérer comme il a déjà été indiqué, ainsi :

Proportion :

$$
\begin{array}{llll}
& :: 8 : x = & 800 \text{ litres de vin à 43 fr. l'hectolitre.} \\
39 : 3.900 \quad & :: 8 : x = & 800 & \text{»} & 32 & \text{»} \\
& :: 23 : x = & 2.300 & \text{»} & 18 & \text{»} \\
\hline
\text{Total} \ldots\ldots\ldots & 3.900 & \text{»} & 26 & \text{»}
\end{array}
$$

Il suffit donc de chercher des quantités proportionnelles dont la somme reproduise la quantité totale demandée.

Preuve :

$$
\begin{array}{lllll}
8 \text{ hect.} & \times & 43^{f} & = & 344^{f}. \\
8 \quad \text{»} & \times & 32^{f} & = & 256^{f}. \\
23 \quad \text{»} & \times & 18^{f} & = & 414^{f}. \\
\hline
39 \quad \text{»} & \times & 26^{f} & = & \quad 1.014 \text{ fr.}
\end{array} \Bigg\} \; 1.014 \text{ fr.}
$$

2me EXEMPLE : Je désire faire 26 hectolitres de vin de mélange au prix de 32 fr. l'hectolitre, avec des vins qui me coûtent 43 fr., 26 fr. et 18 fr. l'hectolitre ; dans quelles proportions dois-je les mélanger ?

Opération :   *Proportion :*

$$
\begin{array}{ll}
\text{prix sup. } 43 \quad 14 + 6 = 20 & \\
\text{pr. à obt. } \quad 32 & \\
\text{prix inf.} \begin{cases} 26 \\ 18 \end{cases} \quad \begin{array}{l} 11' \\ 11 \end{array} & 42 : 2.600
\end{array}
\left\{
\begin{array}{ll}
:: 20 : x = & 1.238 \text{ lit. } 10 \\
:: 11 : x = & 680 \text{ lit. } 95 \\
:: 11 : x = & 680 \text{ lit. } 95 \\
\hline
& 2.600 \text{ litres.}
\end{array}
\right.
$$

$$42$$

Nous faisons observer encore ici, que dans la pratique on néglige toujours les fractions de titre.

Il faut donc mélanger 1,238 lit. 10 de vin au prix de 43 fr.
l'hectolitre, 680 lit. 95 de vin au prix de 26 fr. l'hectolitre et
680 lit. 95 de vin au prix de 18 fr. l'hectolitre, ce qui produit
bien 26 hectolitres de vin au prix demandé de 32 fr. l'hect.

Preuve :

$$
\begin{array}{rcll}
1.238 \text{ lit. } 10 & \times & 43^{\text{f}} = & 532^{\text{f}}.38 \\
680 \text{ lit. } 95 & \times & 26^{\text{f}} = & 177^{\text{f}}.05 \\
680 \text{ lit. } 95 & \times & 18^{\text{f}} = & 122^{\text{f}}.57
\end{array}
\left.\right\} 832 \text{ fr.}
$$

Total..... 2.600 lit. » $\times$ 32^{f} .... 832 fr.

28. — MÉLANGE DE QUATRE ESPÈCES DE VINS A DIFFÉRENTS
PRIX POUR OBTENIR UN PRIX MOYEN DÉSIRÉ.

Il faut opérer comme il a été indiqué au n° 24 et remplacer
les titres par les prix, comme précédemment.

1er EXEMPLE : On désire faire 50 hectolitres de vin de
mélange au prix moyen de 30 fr. l'hectolitre, avec des vins
qui ont coûté 45 fr., 36 fr., 22 fr. et 17 fr. l'hectolitre ; dans
quelles proportions faut-il les mélanger ?

<table>
<tr><td colspan="3">Opération :</td><td>Proportion</td></tr>
<tr><td>prix sup.</td><td>{ 45
{ 36</td><td>13
8</td><td>:: 13 : x = 1.547 lit. 6 à 45^{f}.
:: 8 : x = 952 lit. 4 à 36^{f}.</td></tr>
<tr><td>prix à ob.</td><td>30</td><td></td><td></td></tr>
<tr><td>prix inf.</td><td>{ 22
{ 17</td><td>6
15</td><td>:: 6 : x = 714 lit. 3 à 22^{f}.
:: 15 : x = 1.785 lit. 7 à 17^{f}.</td></tr>
<tr><td></td><td></td><td>——
42</td><td>————
5.000 litres à 30^{f}.</td></tr>
</table>

42 : 5000

Il faut partager 50 hectolitres en parties qui aient entre
elles les mêmes rapports que 13, 8, 6 et 15, et nous trouvons
15 hect. 47 lit. de vin à 45 fr. l'hectolitre, 9 hect. 52 lit. de
vin à 36 fr. l'hectolitre, 7 hect. 14 lit. de vin à 22 fr. l'hect.,
et 17 hect. 85 litres de vin à 17 fr. l'hectolitre. Ces quantités
proportionnelles produisent 5000 litres de vin au prix de
30 fr. l'hectolitre.

Preuve :

$$
\begin{array}{lcl}
1.547 \text{ lit. } 6 \times 45 &=& 696^f.42 \\
952 \text{ lit. } 4 \times 36 &=& 342^f.86 \\
714 \text{ lit. } 3 \times 22 &=& 157^f.15 \\
1.785 \text{ lit. } 7 \times 17 &=& 303^f.57
\end{array}
\Big\} \; 1.500 \text{ fr.}
$$

$$\overline{5.000 \text{ litres} \times 30 = \qquad 1.500 \text{ fr.}}$$

2me EXEMPLE : Je voudrais faire 65 hectolitres de vin au prix de 36 fr. l'hectolitre, en mélangeant des vins du prix de 45 fr., 30 fr., 22 fr. et 17 fr. l'hectolitre ; quelle quantité me faut-il prendre de chacun de ces vins ?

<table>
<tr><td colspan="2">Operation :</td><td>Proportion :</td></tr>
<tr><td>pr. s. 45</td><td>19 + 14 + 6 = 39</td><td>:: 39 : x = 3.840 lit. 9</td></tr>
<tr><td>p. à o. 36</td><td></td><td></td></tr>
<tr><td rowspan="3">pr. i.</td><td>30</td><td>:: 9 : x = 886 lit. 3</td></tr>
<tr><td>22</td><td>:: 9 : x = 886 lit. 4</td></tr>
<tr><td>17</td><td>:: 9 : x = 886 lit. 4</td></tr>
</table>

66 : 6.500

$$\overline{66} \qquad\qquad \overline{6.500 \text{ lit »}}$$

Il faut donc prendre 38 hect. 40 de vin au prix de 45 fr., 8 hect. 86 de vin à 30 fr., 8 hect. 86 de vin à 22 fr., et 8 hect. 86 de vin à 17 fr. l'hectolitre ; ces quantités proportionnelles produisent effectivement 65 hectolitres de vin au prix de 36 fr. l'hectolitre.

Preuve

$$
\begin{array}{lcl}
3.840 \text{ lit. } 9 \times 45 &=& 1.728^f.4 \\
886 \text{ lit. } 3 \times 30 &=& 265^f.9 \\
886 \text{ lit. } 4 \times 22 &=& 195^f.\text{A} \\
886 \text{ lit. } 4 \times 17 &=& 150^f.7
\end{array}
\Big\} \; 2.340 \text{ fr.}
$$

$$\overline{6.500 \text{ lit. » } \times 36 = \qquad 2.340 \text{ fr.}}$$

3me EXEMPLE : Pour produire un volume de 87 hectolitres de vin au prix de 22 fr. l'hectolitre, avec des vins de 45 fr., 36 fr., 30 fr., et 17 fr. l'hectolitre ; quelle quantité doit-on prendre de chacun de ces vins ?

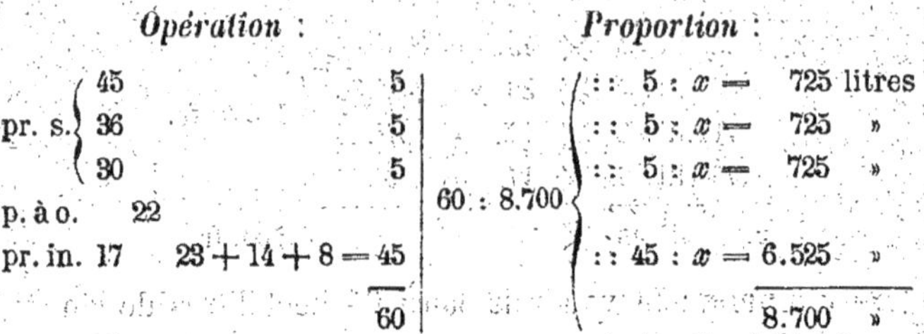

En prenant 7 hect. 25 de vin à 45 fr., 7 hect. 25 de vin à 36 fr., 7 hect. 25 de vin à 30 fr., et 65 hect. 25 de vin à 17 fr. l'hectolitre, on obtient le volume demandé 87 hetcolitres au prix désiré de 22 fr.

Preuve :

.725	litres	×	45	=	326ᶠ.2
725	»	×	36	=	261ᶠ »
.725	»	×	30	=	217ᶠ.5
6.525	«	×	17	=	1.109ᶠ.3
8.700	»	×	22	=	1.914 fr.

1.914 fr.

Observation : Dans tous les mélanges de vins soit à différents titres ou différents prix, pour obtenir un titre ou un prix moyen désiré, il faut bien se rappeler que pour obtenir un bon résultat, ces vins de mélange doivent être dans les conditions que nous avons indiquées au n° 13.

29. — COLLAGE OU FOUETTAGE DES VINS ROUGES
AVEC LES ŒUFS.

Il y a une foule de substances employées à la clarification des vins; dans cet ouvrage, il ne sera question que des œufs et de la colle de poisson; ce sont les plus pures et n'ont ni saveur, ni odeur désagréable.

On peut, en outre, se procurer les œufs bien frais et la colle de poisson de bonne qualité.

Il y a plusieurs manières de reconnaître la fraîcheur des œufs : la première, celle qui est la plus en usage dans les chais où il est quelquefois employé jusqu'à mille et deux mille œufs dans une journée, consiste à placer un œuf entre deux doigts et le présenter devant une lumière artificielle ; si le blanc paraît très-clair, et le jaune bien rond, on peut être convaincu de sa fraîcheur, le casser, laisser tomber le blanc dans un petit vase en bois ou en terre vernie qui sert à cet usage et mettre le jaune à part dans un autre vase, car on sait qu'il n'y a que les blancs qui s'emploient pour la clarification du vin, les jaunes ont beaucoup moins d'action clarifiante et ne se déposent pas aussi rapidement ni aussi complètement ; ensuite on opère de même pour chaque œuf.

On reconnaît encore la fraîcheur d'un œuf, lorsqu'après l'avoir un peu cassé au milieu et pressé légèrement l'ouverture avec le bout du pouce, il s'échappe et apparaît au-dessus de la coquille un peu de blanc bien transparant ; dans le cas contraire, il faut l'ouvrir avec précaution, afin de s'assurer s'il est bien sain.

Enfin, un moyen qui offre assez de rapidité dans la pratique pour examiner l'état de fraîcheur des œufs, consiste à porter le gros bout à la pointe de la langue ; si vous y éprouvez une légère sensation de chaleur, c'est que l'œuf est sain, et cette chaleur est d'autant plus prononcée, que l'œuf est plus nouveau ; ceux qui sont froids, sont vieux ; pour cette raison, il faut les ouvrir avec précaution, afin de s'assurer s'ils ne sont pas gâtés.

L'ouvrier qui casse les œufs ne doit jamais se placer au-dessus du vase qui doit recevoir l'albumine ou blanc, parce que si par négligence il ne les examine à tous soigneusement, il peut rencontrer un œuf gâté qui, moitié ouvert, laisse échapper le liquide pourri et infecte qu'il contient, dans le vase où il a quelquefois déjà déposé six ou sept blancs et souvent plus, si c'est pour fouetter du vin en muids ou en pipes ; dans ce cas, le contenu du vase est perdu, il faut s'empresser de le jeter dehors ; donc, en se mettant hors du vase jusqu'à ce qu'on ait aperçu le blanc d'œuf bien transparent, comme nous l'avons indiqué, on évitera cette perte. Le vase doit être ensuite lavé à plusieurs eaux, et s'il est en bois, la première eau doit être passée avec la brosse qui sert d'habitude au lavage des ustensiles du chai.

Lorsque le maître de chai ne peut lui-même faire cette opération, il doit la confier à un homme sérieux, car il suffit d'un œuf gâté introduit dans une barrique, pour que le vin soit entièrement perdu pour la vente ; et si le vin est du prix de 500 fr. à 1500 fr. la barrique, ce chiffre est assez éloquent pour en dire beaucoup plus que tout ce que nous pourrions recommander à cet égard.

La quantité de blancs d'œufs à employer est relative à la quantité, à la qualité et à l'âge du vin qu'on veut fouetter ; ainsi, pour la quantité, si on emploie trois blancs d'œufs pour un hectolitre de vin, pour deux hectolitres du même vin on devra en employer six, pour trois hectolitres neuf, et successivement.

Tant qu'à la qualité du liquide, il est évident qu'il ne faut pas employer autant de blancs d'œufs pour fouetter un vin fin provenant de bon crû et de bons cépages, comme pour fouetter un vin commun qui provient d'un terrain bas, argileux et de gros cépages, puisque le premier ne contient qu'une quantité de ferment assez faible, tandis que le vin commun contient toujours un excès de ferment et d'acides dont on doit le débarrasser au moyen d'un collage énergique quelquefois répété, selon l'année qu'il a été récolté.

Donc, pour les vins fins, il est d'usage d'employer la première année six blancs d'œufs et la deuxième année cinq, pour chaque barrique de 228 litres.

Pour les vins communs logés en barriques, le premier fouettage doit se faire avec sept blancs d'œufs ; et le fouettage ultérieur, que le vin soit mélangé ou non, six blancs d'œufs suffisent.

Pour les vins communs mélangés, ou les gros vins du midi logés en muids, douze blancs d'œufs donnent un bon résultat (le muïd de 400 à 450 litres) ; pour les mêmes vins logés en pipes (600 litres environ), l'on emploie d'habitude, et l'on obtient une bonne clarification avec seize blancs d'œufs.

L'âge du vin doit être pris en considération dans l'opéra- du fouettage ; ici, il n'est pas question des vins communs qui sont presque toujours consommés avant leur troisième printemps. Les vins fins qui ont déjà quatre ans ou plus, et qui sont mélangés à un bon vin ordinaire à peu près du même âge dans le but de réduire leur valeur, doivent après le mélange, être fouettés légèrement ; daus ce cas, quatre blancs d'œufs suffisent.

30. — OPÉRATION DU FOUETTAGE.

Le maître de chai doit, avant de faire fouetter un parti de vin, s'assurer si les rouleurs ou les gens qui doivent l'en- carrasser (mettre en gerbe), sont à sa disposition pour cette journée, parce qu'un vin fouetté ne doit jamais attendre au lendemain pour être mis sur rang, car le réseau formé par l'albumine pendant ces vingt-quatre heures de repos, a déjà produit à la superficie du liquide un commencement de clarification, et si au bout de ce temps les barriques sont roulées pour être mises en place, alors on mélange de nouveau dans le liquide déjà clair, toutes les impuretés et matières en suspension qui étaient entraînées.

Le vin étant reçu ou soutiré, ou la cuve d'opération sou- tirée, les barriques sont alors roulées dans le chai et placées bonde dessus dans la grande allée ; trois ouvriers sont désignés pour cette opératiou, l'un pour casser et battre les œufs, l'autre pour dégarnir et regarnir les barriques, et le troisième pour fouetter le vin ; les trois ou quatre premières barriques sont dégarnies à l'aide du siphon, d'environ dix litres chacune ; le vin de chaque barrique est reçu dans un broc en bois (nommé canne dans les chais). Ce dégarnissage a lieu afin d'éviter que par les mouvements brusques du fouet, le liquide soit projeté au dehors ; puis la quantité d'œufs nécessaire pour une barrique, soit six ou sept, sont cassés et les blancs reçus dans un petit vase en bois ; les jaunes sont mis à part dans un autre vase ; on ajoute aux blancs d'œufs un verre d'eau de fontaine, (deux verres d'eau pour les muids et les pipés) et l'on fouette le tout avec un petit balai composé de quelques brins de brande ou d'osier.

Cette substance bien délayée, est versée dans la première barrique qui est aussitôt fouettée, tandis que l'on casse un même nombre d'œufs pour la barrique qui suit.

La barrique étant fouettée, ce qui demande deux minutes environ (avec un fouet comme on les emploie dans la Gironde), le vin qu'on lui a ôté lui est restitué, et avec ce broc vide, on dégarnit la cinquième barrique suivante.

Les œufs étant cassés, sont délayés et versés dans la deuxième barrique qui est fouettée et regarnie de la quantité de vin qu'on lui a ôtée précédemment ; et successivement on continue de la même manière jusqu'à la dernière barrique ; ensuite le vin est ouillé et bondé, les rouleurs s'en emparent et l'ont bientôt encarrasé ou bien mis en gerbe.

C'est ainsi que dans certains chais du Bordelais il est souvent fouetté, ouillé, bondé et encarrassé dans la même journée, cent cinquante à trois cents barriques de vin.

Quelquefois on fait usage du sel marin (chlorure de sodium), pour donner plus de puissance clarifiante à l'albumine ; ce procédé est bon pour les vins communs et les gros vins du midi, mais les vins fins n'en ont pas besoin à cause de leur délicatesse et du peu de matières à précipiter qu'ils contiennent toujours, même dans les années les moins favorables.

Généralement, on emploie cette substance sans discernement, j'ai souvent vu mélanger à six blancs d'œufs pour une barrique comme à quinze blancs d'œufs pour une pipe de six cents litres, une poignée de sel et encore sans le faire dissoudre préalablement ; dans ce dernier cas, son effet est presque nul. Voici comment il faut opérer :

Pour une barrique bordelaise (228 litres), prenez 15 gr. de sel bien blanc que vous faites dissoudre dans 25 centilitres (1/4 de litre) d'eau de fontaine ; si c'est pour un muid ou une pipe, prenez 30 grammes de sel qui est dissout dans 50 centilitres d'eau (1/2 litre) ; puis vous décantez soigneusement cette eau salée dans un autre vase afin de la séparer des impuretés que contient toujours le sel et qui se sont déposées ; ensuite, il ne reste plus qu'à verser cette eau dans les blancs d'œufs, bien délayer et opérer comme nous l'avons dit précédemment.

S'il y avait, supposons, 50 barriques à fouetter avec addition de cette substance, alors il faudrait 50 $\times$ 15 gr. de sel $=$ 750 grammes de sel, et pour l'eau on prendrait 50 $\times$ 25 centilitres $=$ 12 litres 5 d'eau de fontaine dans laquelle on ferait dissoudre la quantité de sel, puis on décanterait pour séparer les impuretés et l'on prendrait pour chaque barrique 25 centilitres de cette eau qui serait mélangée aux blancs d'œufs comme il a été indiqué.

Pour les muids et pipes, il faut opérer d'une manière analogue. L'augmentation de volume causée par l'addition du sel est très-peu de chose ; ainsi, les 750 grammes dissouts dans 12 litres 5 d'eau augmentent ce volume d'environ 39 centilitres qui sont à peu près réduits par la perte qu'occasionne le décantage.

Le vin mis en place, le maître de chai doit noter sur un journal et sur les fonds d'une barrique placée au bout du rang l'époque du fouettage ; ainsi, supposons que le vin ait été fouetté le dix du mois de mars, alors on met au blanc d'Espagne, sur le fond d'une barrique du rang $\frac{10}{3}$ ce qui signifie que ce parti de vin a été fouetté le dixième jour du troisième mois de l'année ; car il est de bonne pratique de ne jamais laisser le vin sur colle ou sur fouet au-delà de quinze jours surtout en été, lorsqu'on est obligé de fouetter à cette époque de l'année, il faut dix ou douze jours après, par un temps clair et sec si c'est possible, opérer le soutirage afin d'enlever le vin clair de dessus la lie qui, par l'élévation de température, tend constamment à fermenter et à s'élever en partie dans le liquide.

En hiver, au contraire, la température basse s'oppose à tout mouvement fermentatif, mais il n'en est pas moins nécessaire d'enlever le vin clair de dessus ce dépôt qui ne peut que lui être préjudiciable.

Donc, règle générale : Le vin qui est fouetté, mais qui doit rester en chai, ou qui doit être expédié en fûts ou en bouteilles, ou encore, qui doit être mis en bouteilles pour vieillir en cave, doit toujours être soutiré de dix à quinze jours après le fouettage. Mais pour la mise en bouteilles, le vin ne doit pas être soutiré directement dans ces vases comme beaucoup le pratiquent, il doit être soutiré dans son même logement (nettoyé et méché), ouillé, bondé, et remis en place, et ce n'est qu'après vingt-quatre ou quarante-huit heures de repos au moins que doit s'effectuer la mise en bouteilles.

31. — COLLAGE OU FOUETTAGE DES VINS BLANCS AVEC LA COLLE DE POISSON.

La colle de poisson est souvent employée pour les vins blancs et surtout pour les vins de liqueur, nous allons donner ici la manière de la préparer et d'en faire usage. On reconnaît qu'elle est de bonne qualité, lorsque les feuilles sont blanches minces, souples et transparentes, c'est celle qu'il faut,

employer pour les vins de qualité. Pour une barrique bordelaise, on prend quinze grammes de cette colle, on la bat bien
avec un maillet, on la divise en petits morceaux avec un couteau ou des ciseaux, puis on la met à tremper dans de l'eau
fraîche pendant quatorze ou quinze heures, quelquefois un
peu plus ou un peu moins; on reconnaît qu'elle a assez trempé,
lorsqu'on peut la diviser facilement avec les doigts, alors on
vide l'eau qui la contient sur un tamis de crin afin d'en recevoir tousles fragments qu'on place dans le creux de la main
gauche et que l'on malaxe avec le pouce de la main droite afin
d'en former une pâte. Pendant que la colle trempait, on a fait
dissoudre dix grammes d'acide tartrique à cristaux bien
blancs et transparents dans 1/2 litre d'eau froide, on passe
cette dissolution à travers un linge fin pour retenir les impuretés s'il y en a; et on la verse sur la pâte dans un vase en
bois ou en terre vernie ou en porcelaine, mais pas en métal
(ces derniers vases ne devraient jamais s'employer pour ce
qui a rapport à la manutention des vins et eaux-de-vie). La
pâte est alors battue dans le liquide acidulé avec une spatule
en bois ou un petit balai d'osier, elle se gonfle et se
délaie peu à peu, mais ce n'est qu'à force de la fouetter
souvent qu'on finit par la délayer tout à fait en y ajoutant
peu à peu un litre d'eau fraîche pour former 1 litre 1/2 de
colle qui ressemble à une gelée transparente.

Ensuite, il faut dégarnir la barrique d'un décalitre environ,
mélanger à cette gelée deux verres de vin blanc du dégarnissage, verser ce mélange dans la futaille, fouetter et enfin
opérer pour le reste comme pour le fouettage aux œufs.

On peut remplacer l'eau et l'acide tartrique par 1 litre 1/2
de vin blanc, mais alors la dissolution de la colle devient
beaucoup plus longue, d'ailleurs cette faible quantité d'acide
tartrique qui est déjà un des éléments qui constituent le
vin, ne saurait lui être préjudiciable.

Il n'en est pas de même de la colle de poisson que

préparent certaines personnes avec du vinaigre (acide acétique). On peut dire à ceux qui opèrent ainsi, qu'ils perdent
volontairement le vin.

Si l'on avait plusieurs barriques à fouetter avec la colle de
poisson, supposons dix barriques; dans ce cas, il faudrait
prendre $10 \times 15 = 150$ grammes de colle de poisson et
$10 \times 10 = 100$ grammes d'acide tartrique qu'il faudrait
faire dissoudre dans 10×50 centilitres $= 5$ litres d'eau
fraîche. Lorsque la colle aurait trempé convenablement,
elle serait réduite en pâte par la trituration, on lui ajouterait
les 5 litres d'eau acidulée, et ensuite, chaque fois du fouettage
qui doit se renouveler toutes les demi-heures, jusqu'à
complète dissoluiion de la pâte, on ajouterait par petites
portions 10 litres d'eau fraîche, afin de produire 15 litres de
colle; ou bien, si l'on employait du vin blanc, il en faudrait
15 litres, quantité qu'on ajouterait à la pâte de la même
manière que l'eau acidulée et l'eau pure, c'est-à-dire peu à
peu, jusqu'à complète dissolution.

32. — ÉTAT DES VINS POUR LA MISE EN BOUTEILLES.

Lorsqu'un vin provient d'une année chaude et sèche, il
sera toujours un peu plus long à se faire pour la bouteille,
qu'un vin de même crû récolté dans une année froide et
humide, en considérant que ces deux vins soient soumis à
la même manutention; car, tandis que le vin de mauvaise
année serait conduit rationnellement, si le vin d'année favorable était soumis à une manutention vicieuse, c'est-à-dire
à des fouettages et soutirages exagérés, il est évident que
quoique ayant une meilleure organisation, il serait usé que
l'autre aurait eu justement le temps convenable pour arriver
au point nécessaire de perfection.

La dégustation est le meilleur indice sur ce point là : Il
faut que le vin ait une limpidité parfaite, une couleur franche, un bouquet délicat mais nettement prononcé; car les

premières années, les grands vins, les vins fins qui proviennent surtout d'une bonne année ont toujours un arôme vineux très-fort, c'est un signe de jeunesse ; mais peu à peu cet arôme disparaît pour faire place à ce bouquet qui distingue si bien nos grands crûs de France; la saveur doit être franche et agréable, c'est un signe de la complète fusion des éléments qui constituent ce liquide.

Dans cet état le vin est arrivé à l'âge viril, mais ceci demande de trois à cinq années, c'est le moment de le mettre en bouteilles, qui sont ensuite placées dans de bonnes caves où il vieillit tranquillement et y conserve ses qualités, et son bouquet beaucoup plus long-temps que s'il restait placé dans les barriques où il se produit toujours une évaporation constante.

Lorsqu'on a laissé passer l'époque de la mise en bouteille et qu'un vin fin s'est un peu usé en barrique, il faut alors le mélanger à un vin de même crû un peu plus jeune afin de lui donner plus de corps et plus de bouquet, le fouetter légèrement, le soutirer ensuite et le mettre en bouteilles.

Les vins blancs sont généralement plutôt faits pour la bouteille, que les vins rouges, c'est encore par une dégustation attentive que l'on reconnaît le moment ou l'époque la plus favorable pour cette opération.

33. — ÉPOQUE LA PLUS FAVORABLE POUR LES TIRAGES EN BOUTEILLES.

Lorsqu'on opère les grands tirages en bouteilles, soit pour pour garnir des caveaux neufs, soit pour remplacer dans les caveaux les vins en bouteilles expédiés dans le courant de l'année, on doit toujours choisir l'hiver, ou bien, de commencement de décembre à fin de mars, parceque à cette époque de l'année les vins sont très-calmes, la basse température de l'atmosphère s'oppose à tout mouvement fermenatif quand bien même le vin contiendrait le moindre petit dépôt ; toutefois si on lui a fait subir la manutention que nous avons indiquée.

A cette époque disons-nous, le moindre petit atome de lie interposé entre les molécules du vin est parfaitement précipité par l'action même du froid ; on doit aussi choisir toutes les fois que c'est possible les journées que souffle le vent du nord, et que le temps est sec et clair.

En suivant les indications que nous venons de donner, on peut être assuré d'avoir des vins qui ne déposeront pas en bouteilles, comme cela arrive généralement si souvent ; et s'il arrive aussi quelquefois que sans avoir observé les indications que nous donnons ici, on obtient un vin qui ne dépose pas dans les bouteilles, c'est parce qu'on l'a laissé trop vieillir en barriques, il est un peu usé pour la bouteille (*car il faut bien se rappeler que la bouteille ne donne pas des qualités aux vins s'ils n'en ont pas, seulement elle conserve beaucoup plus longtemps que la barrique les qualités que le vin possède lorsqu'on le loge dans ces petits vases*) donc, il a perdu une partie de son corps et de son bouquet, et il lui en reste justement assez pour montrer ses titres de noblesse qu'une mauvaise manutention lui a presque effacés.

Les vins fins, les grands vins en bouteilles sont mis en caveaux d'où ils ne sortent que deux à cinq ans plus tard et quelquefois davantage pour être ensuite expédiés dans le monde entier.

34. — MISE EN BOUTEILLES DES VINS ORDINAIRES ET DES VINS COMMUNS.

Beaucoup de vins de qualité moyenne sont expédiés en bouteilles ; mais bien peu de vins communs, si ce n'est à l'intérieur ; car pour l'exportation ils ne peuvent supporter la mer et font généralement triste fin ; le mieux pour ces derniers vins, c'est de les vendre sur place ou les expédier seulement à l'intérieur.

Généralement ces vins sont mis en bouteilles au moment de la vente lorsqu'on les demande en verre, et les tirages se font à toutes les époques de l'année ; alors, en été pour opérer le plus rationnellement possible, il faut soutirer et fouetter le vin, puis, huit à douze jours après profiter d'une belle journée, temps calme, sec, clair et vent du nord pour soutirer encore le vin de dessus la colle ou le fouet, comme il a déjà été indiqué, et le remettre sur rang ; alors ce n'est que deux ou trois jours après qu'on opère le tirage en bouteilles, par un beau temps comme il vient d'être dit.

35. — OPÉRATION DE LA MISE EN BOUTEILLES POUR GARNIR OU POUR ALIMENTER LES GRANDES CAVES.

Un chantier de tireurs se compose : d'un tireur en bouteilles, deux boucheurs si c'est une machine à compression qui nécessite l'usage de la palette ; un boucheur suffit avec une machine à piston et un homme pour arimer les bouteilles sur lattis dans les caveaux ; s'il y a une grande quantité de vin à mettre en bouteilles et que l'on veuille profiter du temps le plus convenable à cette opération, on peut en ce cas établir plusieurs chantiers de tireurs : Les outils de tirage sont rincés, égouttés et placés à proximité du rang de barriques ainsi qu'une partie des manequins de bouteilles que le verrier envoie journellement parfaitement propres afin d'entretenir les tireurs.

Si le rang se compose de quatre étages de barriques, l'ouvrier chargé du robinet ou de la mise en verre met immédiatement en perce la première barrique du quatrième étage avec le gros robinet de soutirages, y adapte le cuir de tirages de quatrième, fixe les crochets du cuir aux barres des barriques du deuxième étage afin de le tenir dans la

plus grande immobilité; puis, il adapte le robinet à bouteilles à son extrémité, place au-dessous un baril de grandeur
convenable afin qu'une bassine en bois étant placée au-
dessus, les bouteilles puissent se mettre au robinet tout en
reposant sur le fond de la bassine et s'enlever aisément; car
une fois le robinet ouvert, il ne se ferme plus que lorsqu'un
manequin de bouteilles étant vide, il faut le remplacer par
un autre. Un bon tireur laissera tout au plus échapper dans
la bassine deux ou trois verres par chaque barrique, ce vin
sert ensuite à l'ouillage.

Une bouteille étant placée au robinet, la barrique est débon-
dée le gros robinet ouvert aux deux tiers, puis, le petit à moitié
ou un peu moins si l'on le juge nécessaire afin que le vin qui
coule le long du verre fasse le moins d'écume possible,
(tout le talent du tireur consiste à remettre aux boucheurs
les bouteilles ni trop pleines ni trop dégarnies afin que ceux-ci
n'aient à s'occuper ni de les dégarnir ni d'y ajouter du vin,
travail qui fait perdre un temps énorme, ils ne doivent
s'occuper que du bouchage et pour cela les bouteilles doivent être remplies à très-peu près à quatre pointes de doigts
du bord) la bouteille est bientôt pleine, elle est enlevée
adroitement et remplacée par une vide; la bouteille pleine
est vivement placée dans un casier en bois ayant la forme
d'un parallélogramme et contenant cinquante petites cases
ou compartiments pour y placer un même nombre de bouteilles, ce cazier est placé au côté opposé du manequin de
bouteilles vides dans lequel l'ouvrier prend aussitôt une
troisième bouteille pour remplacer la deuxième qui se
remplit et successivement jusqu'à ce que la barrique soit
vide, ce qui demande pour le tirage, le bouchage et l'arri-
mage une heure et demie à deux heures, selon que les
ouvriers sont à leur pièce ou à la journée et si la cave est à
portée des tireurs, car s'il faut transporter le vin très-loin,
il est évident qu'il faut plus de temps.

Un casier de bouteilles étant rempli, est porté près de la machine à boucher et remplacé par un casier vide qui se remplit de nouveau, tandis que les bouteilles pleines sont bouchées et portées à la cave où elles sont immédiatement mises en tas : la même opération continue jusqu'à ce que le parti de vin destiné à la mise en bouteilles soit complètement épuisé.

Un chai doit toujours avoir de dix à vingt casiers de cinquante bouteilles chacun et un même nombre de petits casiers à main de huit à douze bouteilles chacun ayant au centre une poignée ; ces casiers servent pour le transport des petites quantités, par ce moyen on gagne du temps et on évite la casse des bouteilles.

Lorsqu'un maître de chai reçoit ordre du comptoir de mettre en bouteilles soit de 65, 70 où 75 centilitres, tel parti de vin qui lui est désigné ; alors, il doit calculer le nombre de bouteilles qui lui est nécessaire, sur une contenance de 226 litres seulement par chaque barrique.

Ainsi, supposons ce parti de 30 barriques bordelaises, alors 30 $\times$ 226 litres $=$ 6780 litres :

Et si les bouteilles doivent être de 70 centilitres, il faut :

$$\frac{6.780 \times 100}{70} = 9.685 \text{ bouteilles de 70 centilitres.}$$

Mais il doit toujours prévoir pour la casse qui existe plus ou moins selon la qualité du verre et qui s'élève à moins de 1 p. 0/0 lorsque celui-ci est de bonne qualité ; mais comme il est préférable aussi d'avoir un petit excédent en bouteilles que le verrier reprend lorsque le tirage est terminé, il vaut mieux prendre un 2 p. 0/0, ce qui nous donne pour la qnantité totale de bouteilles :

$$\frac{9.685 \times 2}{100} = 193 + 9.685 = 9.878 \text{ bouteilles de 70 centilitres.}$$

Cette quantité est immédiatement commandée au verrier qui en commence le plutôt possible la livraison.

36. — CHOIX DE BOUTEILLES ET VÉRIFICATION DE LEUR CAPACITÉ.

C'est ici le cas de dire que le bon marché revient souvent très-cher, en voici la preuve : Supposons qne le vin mis en bouteilles revienne seulement à 2 fr. l'une, car il y a des vins fins qui reviennent au négociant de 3 à 5 fr. la bouteille, quelquefois plus, selon les années et le temps qu'ils sont restés en cave parce qu'il faut aussi tenir compte de l'intérêt du capital qu'ils représentent.

Les bouteilles dites frontignan ordinaire valent généralement 15 fr. le 100 y compris l'escompte, et les bouteilles frontignan premier choix de même capacité vont à 19 fr. le 100, également avec l'escompte ; donc, la différence entre ces deux qualités est de 4 fr. qui sont quelquefois l'objet d'une triste spéculation, car le verre du frontignan ordinaire est toujours trés-mince et le plus souvent de mauvaise qualité pendant le bouchage et à la suite de cette opération, j'ai souvent vu essuyer des pertes de 4 a 6 p. 0/0; prenons seulement une casse de 4 p. 0/0 avec notre vin a 2 fr., la perte s'élève à 8 fr., et en supposant que sur les quatre bouteilles cassées, le vin de deux seulement soit reçu dans le baquet qui se trouve sous la machine à boucher, pour cette quantité on peut déduire 50 c., car ce vin n'a plus de valeur que pour l'ouillage *des vins communs* et encore faut-il que l'ouvrier ait le soin de vider ce baquet dans un petit baril bien mèché et bien propre le plus souvent possible et ne pas y laisser séjourner le vin toute une journée comme cela arrive souvent.

La perte se trouve ainsi réduite à 7 fr. 50, mais maintenant il nous reste à compter la perte de temps occasionnée par la casse.

Une bouteille cassée équivaut pour le temps au moins à quatre bouteilles bouchées, car il faut le temps de ramasser les morceaux, les porter au manequin qui reçoit la casse, égoutter la machine dans le baquet et souvent vider ce dernier ; donc, si les bouteilles ont une capacité de 75 centilitres, dans ce cas, une barrique de vin fin qui généralement n'a presque pas de lie, produit environ trois cents bouteilles sur lesquelles douze se sont cassées et qui équivalent en perte de temps à quarante-huit bouteilles bouchées, c'est-à-dire à peu près 1/6me du temps nécessaire à la mise en bouteille d'une barrique. Cette perte ajoutée à la précédente augmente énormément comme on le voit la valeur du verre ou des bouteilles sur lesquelles on croit avoir économisé 4 fr. par cent, tandis qu'elles reviennent presque toujours de 3 à 6 fr. par cent plus cher que le frontignan du nord premier choix.

Le maître de chai doit vérifier minutieusement la capacité des bouteilles, afin que plus tard, lors des chargements ou des expéditions, il ne survienne aucune difficulté avec l'administration des contributions indirectes : Pour cela il prend deux bouteilles vides dans chaque manequin, les remplit d'eau et les dégarnit également comme si elles étaient pleines de vin, puis il les verse une par une dans le litre en verre gradué par centilitres de 1 à 100 :

Si les bouteilles ont été demandées de la capacité de 75 centilitres, alors elles ne doivent présenter au verre gradué, ni moins de 74 centilitres ni plus de 76 centilitres, ce qui fait une différence de 2 centilitres des plus petites aux plus grandes bouteilles dont le terme moyen donne toujours la capacité demandée.

De même, si l'on voulait des bouteilles de la capacité de 72 centilitres, elles ne devraient offrir au verre gradué ni moins de 71 centilitres ni plus de 73 centilitres parce que la moyenne de la capacité serait 72 centilitres ; il faudrait opérer d'une manière analogue pour toutes les capacités demandées.

Enfin les bouteilles doivent être très-propres, d'un beau vert ni trop clair ni trop foncé afin de ne pas nuire à la couleur du vin, elles doivent avoir une épaisseur uniforme, une embouchure parfaitement cylindrique et du même diamètre pour une même capacité et avoir à très-peu près le même poids; le beau frontignan pèse environ 655 grammes la bouteille de 75 centilitres.

37. — CHOIX DES BOUCHONS.

Egalement que pour les bouteilles, il n'y a point économie d'acheter des bouchons de qualité inférieure et même moyenne pour boucher des vins fins qui doivent rester des années en caves; il faut choisir un liège de la meilleure qualité, qu'il ne soit ni trop mou ni trop dur mais d'une élasticité parfaite et avoir un diamètre plus petit d'un bout que de l'autre c'est-à-dire très-légèrement aminci sur le bout qui devra pénétrer le premier dans le col de la bouteille :

Pour obtenir un bon bouchage et ne pas avoir de bouteilles qui coulent plus tard, il faut que le bout le plus effilé des bouchons, ait toujours un diamètre un peu plus grand que celui de l'embouchure des bouteilles; l'ouvrier n'a pófnt besoin de mesurer pour connaître ce diamètre; en prenant par la bague avec la main gauche la bouteille qu'il va boucher, il introduit en même temps le bout de l'index dans le goulot tandis que sa vue se porte sur le bouchon qui peut lui être convenable et que l'autre main le saisit, le trempe dans un petit vase contenant du vin, le place dans le tube conique de la machine et le refoule a l'aide du piston dans le goulot de la bouteille qui se trouve placée au-dessous sur une pédale qui la presse contre la partie inférieure du tube qui contient le bouchon.

38. — DES CAVEAUX A BOUTEILLÉS AVEC CASIERS EN FER, EN PIERRE ET EN BOIS.

Les caveaux en fer sont les plus convenables pour l'arimage ou mise en tas des bouteilles, tant sous le rapport de la solidité et de la durée comme sous celui du terrain que l'on gagne, c'est-à-dire du peu d'espace qu'occupent les compartiments qui forment les cases en fer.

Les caveaux dont les cases sont construites en pierre ont une grande solidité, mais cette construction revient peut-être aussi cher que celle des cases en fer et a toujours le désavantage d'occuper beaucoup plus de terrain : Enfin, pour être mieux compris, tandis que dans un caveau dont les cases sont construites en fer on peut loger dix mille bouteilles, dans ce même caveau dont les cases seraient construites en pierre on en logerait à peu près huit mille cinq cents, donc dans les grandes caves qui contiennent deux à trois cent mille bouteilles et quelquefois plus, cet avantage est considérable.

Aussi peu considérable que soit un caveau à bouteilles, les cases ne devraient jamais être construites en bois parce que plus tard, lorsque la pourriture commence à s'en emparer elles exigent des réparations continuelles, des mutations de vins en bouteilles d'une case qui menace ruine dans une case qui vient d'être réparée, tous ces frais occasionnés par les réparations et perte de temps ajoutés aux frais de construction finissent par s'élever à une dépense quelquefois plus grande que celle des cases en fer; mais si l'on observe encore les graves accidents qui peuvent survenir malgré la surveillance la plus intelligente, l'écroulement d'une partie ou de la totalité d'une case pleine de vins fins, ce qui est arrivé quelquefois; dans ce cas, il est facile d'entrevoir jusqu'où peut aller la dépense.

Chaque case contient généralement une barrique de vin en bouteilles, c'est-à-dire trois cents bouteilles grand frontignan placées en deux tas de cent cinquante bouteilles chacun, le premier tas est monté dans la moitié la plus reculée de la case et le deuxième tas dans la moitié la plus avancée.

Mais dans les grandes caves, les cases sont le plus souvent de quatre cent quatre-vingt à cinq cents bouteilles, on y place également deux tas, un à l'arrière l'autre au devant; chaque tas se compose de deux cent quarante à deux cent cinquante bouteilles, et ces cases ont une dimension de environ quatre-vingt-dix-huit centimètres de largeur, quatre-vingt-cinq à quatre-vingt-huit centimètres de hauteur selon l'épaisseur des lattes interposées entre chaque rangées de bouteilles, et quatre-vingt-dix centimètres de profondeur.

Les bonnes caves ne doivent être ni trop sèches ni trop humides; dans le premier cas si elles contiennent des vins en barriques, alors l'évaporation du liquide est assez sensible; et dans le deuxième cas, les bouchons du vin en bouteilles et les tonneaux se moisissent : La température doit s'y maintenir constamment de dix à douzes degrès centigrades et elles sont toujours placées dans des lieux paisibles, loin des vibrations du marteau de l'atelier de tonnellerie et des rues.

39. — ALTÉRATIONS ET MALADIES DES VINS.

Les vins qui proviennent de fins et de bons cépages, de bons terrains et de côteaux bien exposés; qui sont bien faits, c'est-à-dire lorsque la vinification a été conduite rationnellement ainsi que leur manutention ultérieure; ces vins là, disons-nous, ne sont jamais malades que de caducité; pour cela, il faut :

1° Vendanger aussitôt que le raisin est parfaitement mûr;

2° Trier soigneusement les grappes et les grains verts et

pourris ; (on en fait un vin à part, qui peut ensuite être mélangé au vin provenant des dernières presses.)

3° Écraser légèrement ou bien fouler parfaitement le raisin afin de mettre en contact intime toutes les parties qui le constituent ;

4° Maintenir constamment de quinze à vingt degrés centigrades la température du local occupé par les cuves ou bien des cuveries, selon la capacité des cuves et pendant toute la durée de la fermentation principale ou tumultueuse, afin que cette fermentation s'établisse promptement et se conduise jusqu'à la fin le plus régulièrement possible ;

5° La vendange étant bien froissée, doit être mise en cuves à la même température que celle du local c'est-à-dire de quinze à dix-huit degrés centigrades pour les cuveries donc la capacité des cuves va de 60 hectolitres au-dessus, et de dix-huit à vingt degrés centigrades pour les cuves dont la capacité va de 60 hectolitres au-dessous ;

6° Aussi grande que soit la capacité d'une cuve, il faut la charger en un jour en laissant toujours un espace vide convenable pour le jeu de la fermentation ;

7° Après la charge de chaque cuve, il faut fouler énergiquement la vendange qu'elle contient afin de mettre toutes les parties du raisin en contact et disposer ainsi le tout à une fermentation plus complète ; puis couvrir simplement les cuves avec des couvercles mobiles pour conserver autant que possible la chaleur produite, et ces couvercles peuvent s'ôter facilement lorsqu'un nouveau foulage devient nécessaire, c'est-à-dire lorsque la fermentation tend à se ralentir ;

8° Décuver rigoureusement aussitôt que la fermentation tumultueuse ou apparente est terminée et que la température du mar cet du liquide contenu dans la cuve, diminuant de plus en plus, tend à se mettre en équilibre avec la température du local ; il faut alors ôter immédiatement le vin du contact de cet amas de substances végétales (rafle, pellicules et pepins) qui ne peuvent désormais que lui être préjudiciables.

Ces principes de vinification, (pour le vin rouge), établis depuis longtemps par nos savants œnologues, ne sont pourtant pas toujours mis en pratique, ceux-là assurément n'obtiennent pas la meilleure qualité de vin que soit susceptible de produire leur vignoble : pour ma part, je les ai toujours suivis religieusement et je m'en suis toujours bien trouvé.

C'est ici je crois le moment de parler des observations que j'ai faites relativement au cuvage en cuves fermées hermétiquement :

A Morales del Vino près de Zamora (Espagne), pour les vendanges de 1867, chez M. Dionisio Martin de la Puente au service duquel j'étais, je voulus cette année me rendre compte s'il y avait avantage de cuver en cuves fermées hermétiquement. L'année fut chaude et sèche, pauvre en quantité, mais le vin, riche en qualités; au vingt septembre le raisin était en pleine maturité; alternativement coupé, porté au vendangeoir, trié et foulé complètement, ces diverses opérations durèrent neuf jours et chaque jour une cuve était chargée, elles avaient une contenance d'environ 50 hectolitres chacune : Le moût à la température de 15° centigrades accusait 11° au densimètre ou bien 1.110 grammes au litre, ce qui donné par le calcul, (déduction faite de la moyenne des sels et autres matières qu'ils contiennent toujours) environ 23 kilos de sucre de raisin par hectolitre de moût et dont la transformation dans l'acte de la fermentation devrait produire 15° d'alcool pur ; l'expérience a bien donné à peu près le même résultat mais sans avantage pour les cuves hermétiquement fermées comme nous allons le voir.

Les cinq premières cuves reçurent chacune successivement et au moment que la fermentation s'y établissait un petit tube, long d'un mètre, formant une courbe dont l'extrémité plongeait à trois ou quatre centimètres environ dans l'eau d'un petit baquet.

Aussitôt les tubes placés et fixés aux couvercles, le gaz acide carbonique s'échappant par ces conduits mettait l'eau des baquets en agitation, puis ce bouillonnement devenant les quelques premiers jours de plus en plus tumultueux, et diminuant ensuite d'intensité, indiquait parfaitement la marche de la fermentation dans chaque cuve.

Les quatre dernières cuves ne reçurent point d'appareil, elles étaient simplement couvertes avec des couvercles en bois afin d'éviter autant que possible la déperdition de la chaleur.

La fermentation tumultueuse dans chacune des cinq cuves fermées a duré de onze à douze jours, tandis qu'elle s'est accomplie dans l'espace de sept à huit jours pour chacune des quatre cuves qui n'étaient que couvertes. Quinze jours après le décuvage accompli, le vin des cinq cuves fermées avait un arôme vineux peu prononcé et une saveur légèrement sucrée, pesé avec l'appareil Salleron, il me donna 10°.5 d'alcool pur, ce à quoi je m'attendais vu son goût sucré. Le vin des quatre cuves couvertes avait un arôme mieux développé et une saveur bien moins sucrée, plus franche et plus agréable ; pesé comme le précédent il me donna 13° d'alcool pur.

Après le soutirage de mars 1868, alors que la fermentation ultérieure ou insensible est complètement terminée et que le sucre de raisin se trouve le plus possible transformé, (car en Espagne, après le décuvage le vin est remis dans des grandes cuves de 50 à 80 hectolitres ce qui est bien loin d'être un avantage parce que dans ces grands tonneaux le vin s'y fait vite, y prend bientôt toutes les qualités dont il est susceptible, mais ensuite il les conserve peu de temps et dégénère avec une égale rapidité.) j'examinai définitivement la richesse alcoolique de ce vin : Celui qui avait fermenté en cuves fermées me donna alors 14° d'alcool pur, et le vin des quatre cuves couvertes 14°.2 ; la couleur, l'arôme et la saveur, à cette époque, n'offraient aucune différence.

Je conclus de cette expérience que le cuvage en vases clos n'est nullement avantageux si ce n'est pour ceux qui laissent cuver indéfiniment, alors une fermeture hermétique peut conserver un peu mieux un aussi triste amalgame qui au décuvage donne un vin d'un bleu violâtre, d'une extrême platitude, d'une saveur et d'une odeur désagréable ; et tous ces vices sont d'autant plus prononcés que le vin est resté davantage en contact avec le marc à partir du moment que la fermentation tumultueuse est terminée.

Ces vins là ne sont pas de garde, ils se perdent promptement, le marc leur ayant absorbé une partie de leur alcool, leur cédant en échange les sels organiques et minéraux, substances grasses, huile essentielle de la pellicule etc., etc., qui dénaturent complètement la constitution si délicate de ce liquide ; aussi leur destination est elle le plus souvent la chaudière ou le vinaigrier.

Ce sont assurément les vins communs que produisent les mauvais cépages presque toujours plantés dans des terrains profonds et argileux qui sont le plus susceptibles de subir ces nombreuses altérations que l'on nomme la poussé, l'aigre, l'évent etc., etc. : la cause de ces maladies réside dans l'excès de matières fermentables que contiennent toujours ces vins de mauvaise constitution.

40. — Dans les années froides et humides le sucrage au moyen du sucre de canne ou du (sirop de raisin pour les bons vins) est toujours employé avec succès lors de la mise en fermentation ou en cuves, le propriétaire peut ainsi élever le moût faible à la densité que donne le moût de même crû et de même cépage dans une année favorable, et rétablir par une addition convenable de sucre, celui qui lui manque par défaut de maturité, afin de le ramener autant que possible à son état normal, c'est-à-dire semblable au

moût d'une bonne année : par la suite, le vin qui en résulte étant plus alcoolique, se dépouille beaucoup mieux; l'excès de ferment toujours si préjudiciable à sa bonne organisation se précipite mieux dans la lie que de bons soutirages et des collages faits comme nous l'avons indiqué finissent par débarrasser entièrement.

Lorsqu'on fait le sucrage d'un moût de mauvaise année, il est convenable de ne pas dépasser la densité que le cépage est susceptible de donner dans une bonne année afin de conserver au vin l'équilibre des éléments qui constituent sa qualité naturelle; un excès de sucre le rendrait plus alcoolique, plus capiteux qu'il ne l'est naturellement dans une bonne année et serait dans ce cas bien moins agréable à boire.

Cette addition de sucre faite avec discernement s'assimile au vin par la fermentation, se convertit en alcool et lui donne de la solidité en élevant sa richesse alcoolique au même titre que si l'année eût été favorable.

Ce procédé indiqué depuis longtemps par la science, est pourtant quelquefois mis en pratique d'une manière tout à fait irrationnelle; ainsi, il y a des propriétaires qui, sans se rendre compte de la quantité nécessaire de sucre, en ajoutent à la cuve un volume quelconque et se contentent de le fouler avec la vendange sans le faire dissoudre préalablement. Cette méthode est très-vicieuse, car s'il n'y a pas assez de sucre, alors on n'a pas fait grand chose pour la bonne tenue et la conservabilité du vin; et si l'on en ajoute trop, dans ce cas, le propriétaire fait non-seulement une dépense inutile, mais il donne à son vin un excès d'alcool qui lui ôte tout son agrément; enfin, le sucre n'étant pas dissous avant d'être introduit dans la cuve, il en résulte une fermentation irrégulière et qui devient d'autant plus longue que les morceaux de cette substance sont plus volumineux et plus abondants.

Je donne plus bas un tableau (tableau n° 41), qui pourra rendre quelque service aux propriétaires qui ont le bon goût d'améliorer leur vin dans les années malheureuses; il est établi d'après une série d'expériences que j'ai faites plusieurs années de suite sur le rendement alcoolique des moûts à diverses densités et après complète fermentation; puis, sachant que 100 kilos de sucre de raisin produisent après complète fermentation 51 kilos 11 d'alcool pur, il m'a été facile d'en déduire pour chaque richesse alcoolique la quantité de sucre de raisin qui l'a produite.

Pour trouver la quantité de litres que représentent 51 kilos 11 d'alcool pur, puisque 795 grammes d'alcool pur à la température de 15° centigrades représentent un décimètre cube ou un litre, alors en divisant ce poids par 795, on obtient au quotient le volume ou le nombre de litres.

$$51.110 : 795 = 64 \text{ litres } 29 \text{ centilitres.}$$

Donc, il faut 100 kilos de sucre de raisin pur et sec, pour produire 64 litres 29 d'alcool pur.

Ainsi, un moût dont la densité est 1.071 ou bien qui présente ce poids au litre, donne un vin qui contient 9 litres 08 d'alcool pur; quelle est la quantité de sucre de raisin qui a prodnit ce volume d'alcool?

Il suffit de poser cette proportion :

$$64 \text{ lit. } 29 : 100 \text{ kilog} :: 9 \text{ lit. } 08 : x = 14 \text{ kilos } 120.$$

Donc, en multipliant 9.08 par 100 et divisant le produit par 64.29, nous obtenons au quotient 14 k^os 120 qui est la quantité de sucre transformée par la fermentation.

On nomme densité d'un liquide, le rapport du poids d'un décimètre cube ou 1 litre de ce liquide au poids d'un décimètre cube ou 1 litre d'eau distillée qui égale 1,000 grammes à la température de 15 degrés centigrades.

L'eau distillée est très-pure, la distillation la débarasse des matières étrangères que l'eau tient toujours en dissolution : (telles que sulfate de chaux, fer; etc., etc.) Un litre ou décimètre cube de cette eau pèse juste 1.000 grammes à la température de 4 degrès centigrades au-dessus de zéro ; à la température de 15 degrès centigrades, il y a dilatation, elle pèse alors un peu moins, mais la différence est si peu sensible que nous n'en tiendrons pas compte dans ce qui va suivre.

Le densimètre est un instrument en verre comme l'alcoomètre qui indique la densité des liquides ; plongé dans un tube cylindrique en verre ou en fer-blanc contenant de l'eau distillée à la température de 15 degrès centigrades, il indique zéro, il s'enfonce moins dans les liquides plus pesant que l'eau ; ainsi, plougé dans du moût de raisin, il marque desutte 5, 6, 6.5 7, etc., etc., selon la concentration de ce liquide : Ces degrès du densimètre indiquent qu'un litre de moût pèse, soit 1.050, 1.060, 1.065 ou 1.070, etc. etc. toujours en observant la température de 15 degrès centigrades, autrement, les indications de l'instrument ne seraient pas exactes.

Avant de mesurer la densite du moût, il taut toujours passer ce liquide (soit 1 litre) daus une petite chausse en flanelle afin de le débarasser des impuretés qu'il tient en suspension et qui pourraient fausser les indications du densimétre, puis, on examin sa température avec un petit thermomètre centigrade ; si elle était au-dessus de 15 degrès, il faudrait le ramener à cette température en mettant un instant le vase qui le contient dans de l'eau de puits jusqu'aux trois quarts de sa hauteur.

Nous allons donner maintenant quelques exemples pour le sucrage des moûts de mauvaises années.

41. — TABLEAU pour le Sucrage des Moûts de mauvaises années.

Degrés du Densimètre	Densités Poids de 1 litre de Moût	Alcool pur produit par 100 litres	Sucre pur de raisin converti par 100 litres	Degrés du Densimètre	Densités Poids de 1 litre de Moût	Alcool pur produit par 100 litres	Sucre pur de raisin converti par 100 litres
	grammes.	lit. centil.	kilogrammes		grammes	lit. centil.	kilogrammes
5.0	1050	5.92	9.200	8.1	1081	10.49	16.320
5.1	1051	6.07	9.440	8.2	1082	10.63	16.540
5.2	1052	6.23	9.680	8.3	1083	10.77	16.760
5.3	1053	6.38	9.920	8.4	1084	10.91	16.980
5.4	1054	6.54	10.160	8.5	1085	11.05	17.200
5.5	1055	6.69	10.400	8.6	1086	11.20	17.420
5.6	1056	6.84	10.640	8.7	1087	11.34	17.640
5.7	1057	7.00	10.880	8.8	1088	11.48	17.860
5.8	1058	7.15	11.120	8.9	1089	11.62	18.080
5.9	1059	7.30	11.360	9.0	1090	11.76	18.300
6.0	1060	7.46	11.600	9.1	1091	11.90	18.530
6.1	1061	7.61	11.830	9.2	1092	12.05	18.760
6.2	1062	7.75	12.060	9.3	1093	12.20	18.990
6.3	1063	7.90	12.290	9.4	1094	12.35	19.220
6.4	1064	8.05	12.520	9.5	1095	12.50	19.450
6.5	1065	8.20	12.750	9.6	1096	12.65	19.680
6.6	1066	8.35	12.980	9.7	1097	12.80	19.910
6.7	1067	8.50	13.210	9.8	1098	12.94	20.140
6.8	1068	8.64	13.440	9.9	1099	13.09	20.370
6.9	1069	8.79	13.670	10.0	1100	13.24	20.600
7.0	1070	8.94	13.900	10.1	1101	13.40	20.840
7.1	1071	9.08	14.120	10.2	1102	13.55	21.080
7.2	1072	9.22	14.340	10.3	1103	13.70	21.320
7.3	1073	9.36	14.560	10.4	1104	13.86	21.560
7.4	1074	9.50	14.780	10.5	1105	14.02	21.800
7.5	1075	9.64	15.000	10.6	1106	14.17	22.040
7.6	1076	9.78	15.220	10.7	1107	14.33	22.280
7.7	1077	9.92	15.440	10.8	1108	14.48	22.520
7.8	1078	10.07	15.660	10.9	1109	14.64	22.760
7.9	1079	10.21	15.880	11.0	1110	14.80	23.000
8.0	1080	10.35	16.100	» »	» » »	» » » »	» » » »

42. — USAGE DE CE TABLEAU POUR LE SUCRAGE.

La densité du moût des années favorables étant bien connue dans un vignoble, ainsi nous la supposerons 8° du densimètre ou bien 1.080 grammes au litre; la richesse alcoolique du vin de ce vignoble sera donc en bonnes années, d'après le tableau, environ 10° 35 d'alcool pur; mais, survient une année froide et humide, et le moût de ce même cépage marque seulement 6°.5 au densimètre ou 1.065 grammes au litre : On désire savoir la quantité de sucre de canne qu'il faut ajouter pour avoir un vin de la même richesse alcoolique que celui des bonnes années?

Le tableau doit nous fournir la réponse : ainsi, la densité 1.080 nous donne 16 k°ˢ 100 de sucre de raisin; à la densité 1.065, il en existe 12 k°ˢ 750 : donc, la différence de ces deux poids est la quantité de sucre qui manque par défaut de maturité et qu'on doit remplacer par une égale quantité de sucre de canne . 16.100 — 12.750 = 3 k°ˢ. 350.

Ainsi, il faut ajouter par hectolitre de moût 3 k°ˢ 350 de sucre, et si la cuvée était de, supposons, 50 hectolitres de moût faible, alors il faudrait 3 k°ˢ. 350 $\times$ 50 = 167 k°ˢ. 5 de sucre pour donner au vin la même teneur alcoolique que celui des bonnes années.

AUTRE EXEMPLE : Le cépage d'une propriété donne au moût des bonnes années une densité de 1.068 grammes au litre; survient une année froide et pluvieuse, le moût du même cépage contient alors beaucoup d'eau de végétation mais peu de sucre de raisin, sa densité s'élève seulement à 1.050 : On désire savoir la quantité de sucre de canne qu'il faut lui additionner pour que le vin ait le même titre alcoolique que celui des bonnes années?

Nous voyons dans le tableau, qu'au degré 6.8 du densimètre ou 1,068 grammes au litre, la quantité de sucre s'élève à 13 k°ˢ. 440, tandis qu'à la densité 1,050 ou 5 du densimètre nous ne trouvons que 9 k°ˢ. 200 de sucre ; donc, la différence de ces deux poids est la quantité de sucre qu'il faut ajouter par hectolitre de moût faible pour obtenir le résultat désiré.

Ainsi : 13 k°ˢ. 440 — 9 k°ˢ. 200, = 4 k°ˢ. 240.

Il faut 4 k°ˢ. 240 de sucre par hectolitre de moût faible, et si la cuvée contenait, supposons 40 hectolitres de ce moût, par conséquent, il faudrait $4.240 \times 40 = 169$ k°ˢ. 6 de sucre de canne qui parfaitement dissous et mélangé à la vendange avant tout commencement de fermentation donnera un vin dont la richesse alcoolique sera semblable à celle des années favorables.

Si l'emploi du densimètre offrait quelque difficulté à certaines personnes, voici un moyen que j'ai souvent mis en pratique et qui donne des résultats d'une grande exactitude ; pour cela, il faut être muni d'un petit thermomètre centigrade ; une pipette en verre comme celle employée pour l'alambic de M. Salleron ; un litre gradué en verre et une balance à plateau pouvant peser jusqu'à 2 kilogrammes : Armé de ces instruments, il faut après avoir passé le moût dans une manche en flanelle comme nous l'avons indiqué, s'assurer de sa température afin de la ramener à 15 degrés centigrades si elle n'y était pas ; puis, s'étant assuré du poids du litre gradué en verre, soit 860 grammes, on le remplit immédiatement jusqu'à la 99ᵐᵉ division avec le moût à mesurer et l'on achève de le remplir jusqu'à la 100ᵐᵉ division ou au litre avec la pipette en verre qui ne laisse tomber le liquide que goutte à goutte : ceci fait, on place le verre gradué contenant juste 1 litre de moût à la température de 15 degrès centigrades sur l'un des plateaux, l'autre contenant déjà les 860 grammes en poids qui font équilibre au verre gradué ; il ne reste plus qu'à ajouter les poids nécessaires pour faire équilibre au moût et au verre ou bien au tout : supposons que la totalité des poids s'élève à 1.910 grammes, donc, si l'on retranche le poids du verre gradué du poids total, reste celui du moût. Ainsi : 1.910 — 860 = 1.050 gr.

La différence 1.050 grammes est bien la densité qu'offre 1 litre de ce moût, et si celle des bonnes années était 1.068 alors il faudrait opérer comme l'indique l'exemple précédent.

Il faut avoir soin de placer la balance sur une table bien nivelée, ensuite remplir le verre gradué jusqu'à la 99me division au moyen d'un petit entonnoir en fer-blanc afin de ne pas humecter de liquide l'extérieur du verre qui doit toujours être bien sec ; et enfin, se servir de la pipette pour arriver exactement à la 100me division ou au litre et ne pas le dépasser.

43. — DISSOLUTION DU SUCRE DE CANNE POUR LE SUCRAGE DES MOUTS FAIBLES.

La dissolution doit se faire autant que possible à froid dans une petite cuve conique ayant le diamètre de l'ouverture un peu plus grand que celui du fond afin de faciliter le travail ; voici comment il faut opérer à la température ordinaire 10 à 20 degrés centigrades :

100 lit. de moût à 1050 de densité peuv^{nt} dissoudre envir^n 78 k^{os} de sucre
à 1.060 de densité 100 lit. de moût peuv^{nt} dissoudre id. 74   id.
à 1.070 id.   100   id.   id.   id. 69   id.
à 1.080 id.   100   id.   id.   id. 65   id.
à 1.090 id.   100   id.   id.   id. 61   id.
à 1.100 id.   100   id.   id.   id. 56   id.
à 1.110 id.   100   id.   id.   id. 52   id.

Ainsi, avec 100 litres de moût dont la densité est comprise entre 1.050 et 1.060, il ne faut dissoudre au maximum que 74 kilos de sucre ; avec 100 litres de moût dont la densité varie de 1·060 à 1.670, il faut dissoudre toujours au maximum 69 k^os de sucre; enfin, 100 litres de moût dont la densité varie de 1.070 à 1.080 peuvent dissoudre 65 k^os de sucre et successivement jusqu'à la densité 1.110.

Lorsqu'ou a pris la quantité de sucre nécessaire pour une cuvée, soit celle du premier exemple n° 42 qui s'élève à 167 k^os 5, et que le moût faible ne donne que 1.065 : cette densité étant comprise entre 1.060 et 1.070, il faut donc prendre 100 litres de moût pour chaque 69 kilos contenu dans la totalité du sucre. Ainsi :

$$\frac{167.5 \times 100}{69} = 242 \text{ litres}$$

de moût nécessaire pour dissoudre parfaitement cette quantité. Cette opération se commence le matin au vendangeoir ; si le sucre est raffiné en pains, très-blanc, cristallisé, dur et brillant, à cet état on peut employer indifféremment le sucre de canne ou de betterave, alors il faut casser les pains à l'aide d'un marteau et faire des morceaux de la grosseur d'un œuf qui sont déposés au fond d'un bac ou petite cuve en bois comme je l'ai indiqué en observant que le fond soit bien uni : les 167 k^os. 5 de sucre étant déposés en morceaux dans le baquet, on mesure 240 à 250 litres de moût que l'on verse sur cette substance et à l'aide d'une grande spatule en bois on remue le tout dans tous les sens afin d'en opérer la complète dissolution : Si l'on emploi du sucre brut, dans ce cas, il faut choisir une belle troisième ou belle quatrième des colonies jaune-clair ou blonde ayant le grain bien sec et bien cristallisé, puis on opère la fonte comme précédemment.

L'après-midi, la cuve étant chargée des 50 hectolitres (moins 250 hectolitres retenus pour la fonte), et le sucre étant complètement dissous, on ajoute ce sirop à la vendange en trois ou quatre fois en ayant soin à chaque addition de bien fouler la cuve qui est ensuite couverte et ne tarde pas à fermenter.

Si dans la même cuverie il y avait à faire le sucrage de cinq, six, huit, dix cuves ou plus de la même capacité, il faudrait procéder de même pour chacune d'elles afin que chaque journée une cuve soit chargée et reçoive sa dose de sucre fondu.

Le deuxième exemple du n° 42 donne 169 kilos 6 de sucre nécessaire pour une cuvée de 40 hectolitres dont la densité du moût faible est de 1.050. Un hectolitre de moût à cette densité pouvant dissoudre 78 kilos de sucre, il faudra donc autant d'hectolitres de ce moût que de fois 78 est contenu dans 169 kilos 6 ; ainsi :

$$\frac{169.6 \times 100}{78} = 217$$ litres de moût nécessaire à la fonte de la totalité du sucre.

Qu'il y ait une ou plusieurs cuves de la même capacité, il faut faire la dissolution du sucre, la charge de chaque cuve et le mélange du sucre fondu comme nous l'indiquons précédemment, et quelle que soit la densité du moût faible et la capacité des cuves, il faut opérer d'une manière analogue.

La dissolution du sucre à feu direct dans une chaudière en cuivre est un mauvais procédé, parce que les acides du moût attaquent ce métal avec énergie, principalement l'acide taitrique, et que le chauffage à feu direct altère les principaux éléments de ce liquide.

Pour opérer convenablement il faut faire dissoudre le sucre au moyen de la vapeur dans une chaudière en cuivre à double fond et glacée d'argent à l'intérieur ; dans ce cas on pourrait faire fondre le sncre avec beaucoup moins de liquide et en bien moins de temps ; ainsi, avec 100 litres de moût on pourrait dissoudre à l'aide de la chaleur les 169 kil. 5 de sucre dont il est parlé plus haut et l'on pourrait utiliser cette chaudière pour mettre en ébullition l'eau nécessaire au rinçage des cuves, barriques et de tous les ustensiles du vendangeur, ainsi que pour la fabrication du sirop de raisin dont nous allons parler.

44. — SUCRAGE AVEC LE SUCRE DE RAISIN.

Pour se rendre compte de la quantité de sirop de raisin nécessaire pour une ou plusieurs cuvées de moût faible afin de le ramener à la densité du moût des bonnes années, voici comment on peut opérer :

Prenez une petite bassine en cuivre, bien propre, dans laquelle vous mettez un kilogramme de sucre en pain cassé bien menu, et 0.60 centilitres d'eau de fontaine ; posez le tout sur un feu vif et faites dissoudre vivement en remuant avec une petite spatule en bois jusqu'à complète dissolution et aussitôt que le sirop se met en ébullition, on enlève la bassine de dessus le feu ; on remplit de suite de sirop bouillant un petit tube en fer blanc dans lequel on plonge un pèse-sirop, en ayant soin de le maintenir dans une position verticale et de l'accompagner jusqu'à ce qu'il s'arrête au point qui accuse la concentration du liquide. Si ce point de l'instrument indique 31°, on peut verser le sirop dans un vase bien propre et bien sec en porcelaine ou en verre, le couvrir et le laisser refroidir. Lorsqu'il sera descendu à la température ordinaire il accusera alors au pèse-sirop 35° qui correspondent à la densité 1.320. Si au contraire le sirop avait moins de 31° bouillant, on laisserait évaporer un peu plus en ayant soin d'examiner souvent, afin d'enlever la bassine du feu aussitôt qu'on aurait atteint ce degré au pèse-sirop, on le transvaserait et l'on le laisserait refroidir.

Ce point obtenu, il faut passer un peu de moût faible dans la chausse en flanelle, et l'on examine sa densité comme il a été dit précédemment, soit à l'aide du densimètre ou de la balance ; si on la trouve, supposons 1,065 et que la densité du même cépage soit de 1.080 dans une bonne année, il faut donc ajouter la quantité de sirop nécessaire pour élever le moût faible à la densité de celui des années favorables.

Pour cela on mesure exactement 1 litre de moût faible dans le verre gradué et on le verse avec précaution dans un autre vase en verre en ayant soin de bien égoutter ; ensuite le sirop de sucre étant refroidi à 15° environ, on en mesure exactement un ou deux centilitres (pour opérer exactement il faut avoir un litre en verre gradué par millilitres ou bien un demi-litre en verre gradué également) dans le verre gradué et on l'ajoute au moût faible que l'on transvase plusieurs fois d'un vase dans l'autre, afin de bien mélanger le sirop de sucre au moût ; il faut faire le transvasement avec beaucoup de précaution, afin de ne pas perdre une goutte de liquide ; puis on mesure la densité obtenue par l'addition du sirop ; si elle n'était pas 1.080, il faudrait ajouter de nouveau du sirop en ayant soin de bien noter les centilitres ou millilitres employés, jusqu'à ce qu'on obtienne cette densité au litre ou bien 8° du densimètre.

Si l'on a employé, supposons 0.039 millilitres de sirop pour élever à la densité 1.080, un litre de jus de raisin n'ayant que 1.065, il nous sera maintenant facile de trouver le volume de sirop nécessaire pour élever à la même densité un volume quelconque de moût n'ayant que 1.065 : Ainsi, puisqu'il faut 3 centilitres 9 millilitres de sirop pour un litre de moût faible, pour 100 litres de ce moût il en faudra cent fois plus ou bien 3 litres 90 centilitres, et si la cuvée était comme au premier exemple (n° 42) de 50 hectolitres, alors il faudrait fabriquer 50 $\times$ 3.90 = 195 litres de sirop de raisin. (Il serait bon de prendre 200 litres de sirop de raisin ayant au pèse-sirop 32 degrès bouillant ou bien 36 degérs lorsqu'il serait froid.)

1er EXEMPLE : Voici encore un moyen beaucoup plus simple de se rendre compte de la quantité de sirop nécessaire pour élever un moût de mauvaise année à la même densité que celui d'un même crû dans une année favorable.

Nous supposerons encore ici le moût faible ayant 1.065 ; celui des bonnes années 1.080 et la cuvée de 50 hectolitres (comme au n° 42 :) d'après le tableau n° 41, la quantité de sucre nécessaire pour élever la cuvée à la densité des bonnes années est 167 k^{os}. 5 ; donc, sachant que 100 kilos de sucre représentent un volume de 116 litres-sirop à 35 degrés de l'aréomètre ou pèse-sirop, environ 1.320 de densité, température de 15 centigrades, il devient alors facile de trouver dans tous les cas à l'aide du tableau n° 41, la quantité de sirop qu'il faut fabriquer. Ainsi, puisque 100 k^{os} sucre produisent 116 litres-sirop à 35° de l'aréomètre, alors 167 k^{os}. 5

de sucre doivent donner : $\dfrac{167.5 \times 116}{100} = 194.3$ litres de

sirop nécessaire, ce qui s'éloigne bien peu comme on le voit de l'expérience précédente.

Prenons un autre exemple :

2me EXEMPLE : Le cépage d'une propriété donne au moût des bonnes années une densité de 1.074 ; survient une année froide et pluvieuse, le moût n'a que 1.059 de densité : On désire savoir quelle est la quantité de sirop nécessaire pour donner au vin la même richesse alcoolique que possède celui des années favorables ?

Il faut chercher dans le tableau n° 41, la quantité de sucre nécessaire pour un hectolitre : à la densité 1.074, un hectolitre de moût donne 14 k^{os}. 780 de sucre réductible ; à la densité 1.059, un hectolitre de moût n'en contient que 11 k^{os}. 360 ; donc, la différence de ces deux poids est la quantité de sucre qui manque par hectolitre, ainsi : 14.780 — 11.360 = 3 k^{os}. 420 de sucre.

Mais si la cuvée était, supposons 60 hectolitres ; alors, il faudrait prendre 60 × 3.420 = 205 k⁰ˢ. 2 de sucre où l'équivalent en sirop. Ainsi : 100 kilos donnent 116 litres de sirop à 35° de l'aréomètre ; alors, 205 k⁰ˢ. 2 devront produire :

$$\frac{205.2 \times 116}{100} = 238 \text{ litres de sirop à } 35° \text{ de l'aréomètre,}$$

température de 15° centigrades.

(On devrait dans ce cas, fabriquer 240 litres de sirop de raisin marquant au pèse-sirop 32 degrés bouillant, qui donneraient 36 degrés lorsque le liquide serait descendu à la température ordinaire.)

Si la cuverie contenait un nombre quelconque de cuves de la même capacité, soit 60 hectolitres ; alors il faudrait fabriquer pour chaque cuve la même quantité de sirop de raisin. (Nous entendons par 60 hectolitres de capacité, le volume de moût que contient la cuve, car la capacité réelle du vaisseau doit être plus grande afin de laisser un espace convenable pour le jeu de la fermentation ; et éviter que le chapeau de la vendange n'atteigne le bord supérieur afin de conserver une couche de gaz acide carbonique qui étant 1/3 environ plus pesant que l'air le préserve de son contact et par suite de l'acétification toujours si dangereuse pour la qualité et la conservabilité du vin.)

Si la cuverie contenait au contraire un nombre quelconque de cuves ayant une capacité différente, il faudrait alors chercher pour chacune d'elles, selon le volume du moût, la quantité de sirop de raisin nécessaire, toujours en opérant d'une manière analogue.

Le pèse-sirop est un instrument en verre comme l'alcoomètre avec cette différence pour le pèse-sirop et le densimètre que leur échelle est descendante ; c'est-à-dire que le zéro au lieu d'être placé en bas près de la partie renflée de l'instrument comme à l'alcoomètre, il se trouve placé en haut de la tige, et moins ils s'enfoncent dans un liquide, plus ils indiquent sa concentration, leur marche est donc inversé de celle de l'alcoomètre.

Il nous reste maintenant à indiquer la quantité de moût nécessaire pour fabriquer une quantité déterminée de sirop de raisin ; nous ne pouvons fournir des données exactes ; mais nous allons indiquer approximativement les quantités de jus de raisin à diverses densités qui sont nécessaires pour fabriquer un hectolitre de sirop de raisin ayant, à la température de 15° centigrades, 36 degrés du pèse-sirop.

45. — MOUT NÉCESSAIRE SELON SA DENSITÉ POUR FABRIQUER 100 LITRES DE SIROP DE RAISIN.

A la densité 1.050 il faut environ 870 lit. de moût pour 100 lit. sirop à 36°
»	1.055	»	»	820	»	»	100	»	»
»	1.060	»	»	770	»	»	100	»	»
»	1.065	»	»	720	»	»	100	»	»
»	1.070	»	»	670	»	»	100	»	»
»	1.075	»	»	620	»	»	100	»	»
»	1.080	»	»	570	»	»	100	»	»
»	1.085	»	»	530	»	»	100	»	»
»	1.090	»	»	480	»	»	100	»	»
»	1.095	»	»	430	»	»	100	»	»

Ainsi, pour fabriquer 100 litres de sirop à 36 degrés de l'aréomètre, (pèse-sirop) température de 15° centigrades ; avec du moût dont la densité varie de 1.050 à 1.055, il faudrait prendre 870 litres de ce liquide ; de la densité 1.055 à 1.060, il en faudrait 820 litres ; de 1.060 à 1.065, 770 litres ; de 1.065 à 1.070, 720 litres et successivement jusqu'à la densité 1.095.

46. — FABRICATION DU SIROP DE RAISIN POUR LE SUCRAGE DES MOUTS DE BONS CÉPAGES DANS LES MAUVAISES ANNÉES.

Le moût de mauvaise année ayant, supposons 1.065 de densité ; nous voyons d'après le tableau n° 45, qu'à cette densité il faut prendre 720 litres de ce moût pour obtenir 100 litres de sirop ; et si nous prenons comme au n° 44, une cuvée de 50 hectos, nous trouvons que la quantité de sirop nécessaire pour élever le moût de cette cuve à 1.080, densité des bonnes années, est 195 litres, nous prendrons 200 litres de sirop, ce petit excédent ne pouvant que produire bon effet ; alors le moût nécessaire pour la fabrication devient 2 hect. $\times$ 720 = 1.440 litres de moût à 1.065 de densité.

Nous prendrons 14 hect. 4 que l'on divise dans deux bacs ou petites cuves en les versant doucement dans de grands tamis en crin qui retiennent les pepins, pellicules et enfin tous les corps solides que ce liquide tient en suspension ; puis, on ajoute peu à peu du marbre blanc en poudre bien fine, ou à défaut, de la craie bien pure et bien tamisée pour neutraliser les acides du jus de raisin : (Il est convenable de faire cette opération avant de fabriquer le sirop ; puisque le sucrage ne se faisant que dans les mauvaises années, le raisin contient alors les substances acides en proportion inverse de la matière sucrée qui, dans ce cas, est peu abondante. Lorsqu'on veut concentrer du moût par évaporation lente jusqu'à la densité 1.160, température de 15° centigrades, dans le but de fabriquer du vin de liqueur, c'est alors qu'il faut bien se garder de neutraliser les acides car on n'obtiendrait qu'un vin plat et sans qualité : Mais, dans la question qui nous occupe, les acides sont en excès dans le jus de raisin ; il faut donc lui ajouter seulement le sucre qui lui manque par défaut de maturité.) Chaque fois que l'on ajoute de la poudre il faut agiter vivement le liquide avec une longue spatule en bois, et continuer à ajouter par petites portions, toujours en agitant jusqu'à ce que l'effervescence qui s'est produite soit complètement calmée ; ensuite, on soutire le moût désacidifié et on le passe dans une grande chausse en flanelle. Une partie de ce liquide est alors portée dans la chaudière d'évaporation en laissant un espace vide pour le jeu d'ébullition; et l'autre partie est placée dans un bac en bois ayant un robinet placé en bas près du fond ; ce bac doit être solidement établi à proximité de la chaudière d'évaporation de manière que le robinet soit situé au-dessus du bord supérieur de cette dernière, afin qu'étant ouvert convenablement il puisse l'alimenter d'une manière continue, remplacer ainsi avec le moût désacidifié l'eau de de végétation qui s'évapore, et maintenir le liquide toujours à la même hauteur jusqu'à ce que celui du bac soit épuisé; enfin, il faut avoir soin de bien enlever avec un écumoire l'écume épaisse qui se forme lorsque le sirop commence à prendre consistance.

Aussitôt que la concentration du sirop bouillant est arrivée au degré 32 de l'aréomètre ou pèse-sirop, on ferme immédiatement le robinet d'arrivée de la vapeur pour arrêter l'ébullition ; puis, on le fait écouler par le tuyau de vidange de la chaudière dans un bac bien propre, et lorsque sa température est descendue de 15 à 20° centigrades, alors on mesure la quantité nécessaire de ce sirop que l'on mélange à une égale quantité de moût soutiré de la cuve dans laquelle on verse le tout peu à peu en ayant soin de bien fouler.

Comme nous l'avons indiqué au n° 43, la charge d'une cuve, la fabrication du sirop qui lui est nécessaire, ainsi que le dosage et le mélange à la vendange que contient cette cuvée, toutes ces opérations peuvent et doivent se faire dans la même journée.

Par ce procédé, la chaudière d'évaporation n'a pas besoin d'avoir une contenance égale au volume de moût nécessaire pour fabriquer une quantité déterminée de sirop de raisin, plus l'espace convenable pour le jeu d'ébullition; ainsi, avec une chaudière de trois à quatre hectolitres, on pourrait dans tous les cas fabriquer journellement pendant la durée de la vendange, la quantité de sirop nécessaire pour une cuverie dont la capacité des cuves de fermentation serait de 40 à 70 hectolitres, et une chaudière de 7 à 8 hectolitres pour une cuverie dont la capacité des cuves serait de 70 à 100 hectolitres.

Il est évident que l'on aurait plus d'avantage à employer une chaudière d'évaporation ayant assez de capacité pour contenir tout le liquide à concentrer; la première dépense serait plus grande; mais ensuite dans la fabrication, il y aurait économie de temps et probablement de vapeur, par conséquent de combustible.

La chaudière d'évaporation doit avoir un diamètre plus grand que sa hauteur, ou bien, en d'autres termes, elle doit être beaucoup plus large que profonde, afin de présenter une plus grande surface de chauffe et donner au liquide moins d'épaisseur; elle est contenue dans une double enveloppe ou un double fond où arrive la vapeur, et munie d'un tuyau de vapeur, d'un tube à air, d'un tuyau pour le retour de l'eau condensée et un tuyau d'écoulement pour vider complètement la chaudière.

Si l'on ne pouvait employer la vapeur avec chaudière glacée d'argent, il serait alors préférable de s'en tenir au sucrage avec le sucre de canne dont la dissolution, comme nous l'avons indiqué plus haut, se fait très-bien à froid.

47. — TRAITEMENT DE LA POUSSE.

Les vins qui seraient traités dans les années malheureuses comme nous venons de l'indiquer précédemment à l'article sucrage et qui seraient soumis ensuite à une manutention rationnelle, ne contracteraient jamais cette dangereuse altération qui, si on ne l'arrête à temps, désorganise complètement ce liquide.

Cette altération se manifeste par une vive fermentation due à l'excès de ferment que contiennent toujours les vins de mauvaise qualité, c'est-à-dire provenant de cépages grossiers et de mauvaises années; il n'est pas rare, à la suite d'une année malheureuse, de la voir se développer sur une grande échelle dans les chais qui contiennent de grandes quantités de ces vins, dont le soutirage a été négligé, fait sans soins ou fait trop tard; dans ce dernier cas, aux premières chaleurs du printemps la lie remonte dans ce liquide si bien constitué pour faire d'excellent vinaigre, alors il est troublé et ne tarde pas à fermenter. Si dans ce cas on le soutire et que l'on ait la négligence de ne pas le fouetter énergiquement comme nous l'avons indiqué, après être mis en place, il ne tarde pas à fermenter avec beauconp d'énergie, tandis qu'on le croit très-calme.

Aussitôt que l'on aperçoit les symptômes de cette grave altération, il faut pratiquer le soutirage de tout le parti comme nous l'indiquons au n° 10, avec cette différence, que dans ce cas, il faut employer six centimètres de mèche soufrée pour chaque barrique, dans laquelle on introduit, après qu'elle a bien égoutté, un litre de bonne eau-de-vie de vin. Lorsque le parti est soutiré, il faut faire le fouettage avec sept ou huit blancs d'œufs pour chaque barrique, faire encarrasser ou mettre sur rang, et huit ou dix jours après, par une belle journée, soutirer de nouveau tout le parti afin d'ôter le vin de dessus la colle; pour ce deuxième soutirage, on réduit l'emploi de la mèche soufrée à cinq centimètres environ.

Lorsqu'on s'y prend trop tard et que le vin est entièrement détérioré, on emploie quelquefois un moyen qui doit donner de bons résultats; ce procédé consiste à passer le vin malade sur le marc d'une cuve aussitôt après le décuvage, il doit nécessairement s'y reconstituer d'une manière avantageuse; mais il n'y a guère que le propriéiaire d'un vignoble qui puisse mettre ce procédé à profit lorsqu'il se trouve dans ce cas, tandis qu'un négociant qui n'a point de vignoble doit s'empresser, lorsqu'il a un semblable vin, de le vendre pour la distillerie ; mais s'il a contracté un goût d'aigre, c'est-à-dire si une partie du peu d'alcool qu'il contient déjà s'est transformée en acide acétique ; alors, sa véritable destination doit être le vinaigrier.

48. — TRAITEMENT DU VIN ACIDE OU A L'AIGRE.

Cette altération ne manque pas de se manifester surtout dans les vins faibles, chaque fois que l'ouillage est négligé ; il faut y porter un prompt remède dès son début, car si l'acidification était tant soit peu avancée, alors, quoique l'on fasse, le vin serait entièrement perdu, et nous le répétons, sa destination ne saurait être que le vinaigrier, comme pour le vin du n° 47.

On conseille plusieurs moyens pour combattre cette altération (à son début bien entendu), nous allons en indiquer quelques-uns brièvement.

On soutire le vin dans des barriques fortement méchées (voir soutirages) avec 7 centimètres de mèche soufrée au moins et on le fouette avec 1 litre de bon lait et quatre blancs d'œufs par chaque barrique (228 litres), ensuite le vin est remis en place et soutiré de nouveau huit à dix jours après ; alors on réduit l'emploi de la mèche à 5 centimètres. (Si le vin à peu de couleur, trois blancs d'œufs suffisent.)

Un autre moyen mis en pratique, c'est l'emploi du tartrate neutre de potasse et du carbonate de chaux ou marbre blanc en poudre très-fine. Voici comment on doit opérer pour n'employer que la dose nécessaire de l'une ou de l'autre de ces substances. Prenez 10 litres de vin aigre que vous placez dans un petit baril très-propre et bien méché, ensuite vous ajoutez cinq ou six grammes de laquelle de ces drogues que vous désirez employer et vous agitez fortement avec un petit bâton bien propre ; le lendemain vous dégustez le vin, et s'il conservait encore une acidité marquée, vous en ajouteriez un peu plus, mais toujours en ayant soin de peser exactement les grammes employés jusqu'à ce que, par la dégustation, on trouve le vin suffisamment désacidifié. S'il a été nécessaire de neuf grammes de l'une ou de l'autre de ces poudres pour obtenir un résultat convenable avec un décalitre du vin altéré ; pour une barrique bordelaise qui se compose d'environ 23 décalitres, il faudra donc prendre $9 \times 23 = 207$ grammes de la même poudre qui a servi à faire l'expérience ; et si le parti de vin altéré se compose de, supposons vingt barriques, alors la totalité de poudre à employer sera $20 \times 207 = 4$ k°s 140 grammes.

Lorsqu'on a trouvé la quantité de poudre nécessaire pour le parti de vin altéré, alors il faut soutirer dans des barriques fortement méchées, comme nous l'avons dit plus haut ; ensuite on ajoute dans chacune d'elles la dose de poudre et l'on agite le vin à l'aide du fouet plusieurs fois dans la journée ; le lendemain on l'agite encore deux ou trois fois ; le troisième jour on le fouette avec six blancs d'œufs, et on le met en place pour le soutirer de nouveau huit à dix jours plus tard, en ayant soin d'employer un peu moins de mèche soufrée pour ce deuxième soutirage.

Lorsqu'on fait l'essai de la poudre sur un décalitre de vin afin de trouver par tâtonnement la quantité qui est justement nécessaire et ne pas la dépasser, il faut avoir soin de ne faire la dégustation que quelques heures après chaque addition de cette substance et lorsque le vin a été agité deux ou trois fois.

49. — TRAITEMENT DU VIN VERT.

Si l'on a eu soin lors de la vendange d'ajouter au moût de mauvaise année le sucre qui lui manque par défaut de maturité afin d'obtenir un vin de la même richesse alcoolique

que si l'année eût été favorable; ensuite, si ce vin avait à la dégustation une verdeur encore prononcée; ce défaut étant dû à l'excès d'acide tartrique, il devient alors très-facile d'en modifier les effets au moyen du carbonate de chaux ou marbre blanc; il faut dans ce cas faire l'essai sur un décalitre de vin vert, d'une manière analogue à celle indiquée précédemment, et lorsqu'on le trouve convenablement corrigé, il est facile d'après la quantité de poudre employée pourcette expérience, de trouver la quantité totale qui serait nécessaire pour un parti quelconque de vin vert; puis on soutire en février-mars en employant peu de mèche, on mélange la dose de poudre de marbre à chaque barrique en ayant soin d'agiter plusieurs fois; enfin, le vin est fouetté avec six blancs d'œufs, mis en place et soutiré à nouveau douze à quinze jours plus tard en employant cinq centimètres de mèche par barrique.

Mais, lorsqu'on a négligé le sucrage et qu'ensuite on sature l'excès d'acide du tartre au moyen du carbonate de chaux, le vin acquiert alors une extrême platitude; il faut dans ce cas le mélanger avec un vin de même âge et riche en alcool (voyez nº 13, melanges des vins), car autrement il serait difficile de le conserver.

L'âpreté ou astringence des vins se corrige d'une manière analogue.

50. — TRAITEMENT DES VINS GRAS.

Ce sont généralement les vins blancs de cépages grossiers plantés dans des terrains argileux et des mauvaises années, qui contractent cette maladie produite par l'inaction du ferment.

Le meilleur préservatif est d'additionner à la cuve (voyez sucrage des moûts de mauvaises années) la quantité de sucre qui manque relativement à une année favorable et de faire toujours cuver avec la grappe les vins rouges ou blancs qui ont cette fâcheuse disposition.

Lorsque le vin est affecté de cette maladie, il suffit quelquefois de deux ou trois soutirages et fouettages répétés pour le guérir (mais dans ce cas, il faut bien se garder de soufrer les futailles). Comme nous l'avons dit au n° 9, il n'y a que les vins gras et filants et le traitement des vins de liqueur qui n'admettent pas l'emploi de la mèche soufrée.

Un bon moyen mis souvent en pratique, consiste à laisser séjourner le vin gras huit à douze jours sur le marc d'une cuve en ayant soin de fouler souvent : mais il ne faudrait employer de vin gras qu'environ la moitié de la quantité du vin décuvé; et verser aussitôt après, le vin malade sur le marc frais; ensuite, le vin de presse peut être réuni au vin même avec avantage dans ce cas. Ici, il n'y a encore que le propriétaire qui puisse mettre ce procédé en pratique.

Le négociant qui ne possède pas de vignoble pour repasser sur les marcs pourra s'en tenir au procédé suivant qui produit de bons résultats : Il suffit, comme le conseille M. Fauré, d'introduire 10 kilogrammes de pepins de raisin dans une barrique de vin et laisser infuser pendant un mois afin d'en extraire le tannin qu'ils contiennent; ensuite, filtrer à la chausse en flanelle et employer cette infusion pour guérir les vins gras.

Pour trouver la quantité nécessaire de ce liquide pour chaque barrique de vin malade, on pourrait faire l'essai sur une barrique ou bien sur un litre auquel on ajouterait quelques centilitres d'infusion de tannin, on agiterait et laisserait reposer trois ou quatre jours afin de voir l'effet produit; et lorsqu'on aurait obtenu la précipitation de la matière visqueuse produite par le ferment, au moyen d'une quantité connue de cette infusion, il deviendrait alors facile d'en déduire la quantité nécessaire pour un nombre quelconque de barriques.

Le tannin du raisin doit seul être employé ; les autres tannins, de la noix de Galle, du cachou etc. etc., sont reconnus préjudiciables pour la santé.

51. — TRAITEMENT DES VINS AUX GOUTS DE FUT ET DE MOISI.

Cette altération n'est pas produite par la mauvaise organisatiou du vin mais bien par la malpropreté des futailles qui le reçoivent ; ainsi, le vin le mieux portant placé dans une barrique ou autre futaille au goût de fût et de moisi, aura bientôt contracté ce mauvais goût et deviendra impotable dans peu de jours ; on ne saurait donc prendre assez de précautions pour conserver les futailles vides dans le plus grand état de propreté (voyez n° 8, entretien des futailles vides.)

Lorsqu'un vin se trouve ainsi infecté, il faut s'empresser de le soutirer du fût qui a produit cette altération dans un fût bien sain et méché ; puis, on le fouette, et dix à douze jours plus tard on le soutire de nouveau dans un fût très-propre, méché et dans lequel on a introduit cinq cents grammes d'huile d'olive première qualité (on conseille cette dose pour une barrique de 228 litres). Si la futaille était plus petite ou plus grande, on mettrait une quantité proportiönnelle ; ensuite, on agite vivement le liquide deux deux ou trois fois par jour afin de mettre l'huile le plus souvent possible en contact avec la masse du vin qui se trouve ainsi bientôt affranchi de son mauvais goût.

L'huile dont la densité est environ 1/10me moins que celle du vin, reste sur ce liquide et le préserve du contact de l'air ; ensuite, lorsqu'on le transvase ou qu'on le met en bouteilles, cette huile est reçue dans la dernière portion du vin qui peut être mis avec les lies.

Le rôle que joue l'huile d'olive ou l'huile fixe dans ce cas, c'est de dissoudre et de retenir la matière odorante contenue dans le vin altéré, comme elle le fait lorsqu'on la mélange à une eau aromatique quelconque.

52. — CALCULS A L'USAGE DU DISTILLATEUR OU
BOUILLEUR DE CRU.

Dans les départements où les vins communs abondent, et principalement dans les années de grande récolte, le maître de chai remplit quelquefois les fonctions de distillateur de crû ; (celui qui distille exclusivement des vins) nous croyons à propos de parler ici brièvement des opérations qui s'y rattachent.

53. — APPAREILS A DISTILLATION CONTINUE.

Parmi les appareils à distillation continue, l'un des plus en réputation est celui de M. Derosne, il est généralement employé dans les grandes distilleries agricoles et industrielles.

Le nouvel appareil à distillation continue de M. Egrot (constructeur breveté s. g. d. g. faubourg St-Martin 272, Paris), offre de grands avantages sous tous les rapports : j'ai employé pendant plusieurs années un de ces appareils pour la distillation des eaux-de-vie de vin, des trois-six de vin, de mélasses de raffineries de sucre de cannes et d'orge, il m'a toujours donné de bons résultats.

54. — AVANTAGES DE L'APPAREIL A DISTILLATION CONTINUE
DE M. EGROT.

1º *Facilité de montage.* — *Economie d'emplacement et de transport.*

Le petit volume et la grande simplicité de construction que comporte cet appareil en rendent le montage très-facile.

L'assujettissement des deux pièces principales, la chaudière et le condensateur chauffe-vin, en étant très-commode, tous les deux étant placés verticalement sur des massifs faciles à élever, les tuyaux de raccordement étant surtout peu nombreux, offrent moins de difficultés pour le montage.

Son petit volume l'admet dans des locaux exigus, et par cela même un emballage relativement moins coûteux, et aussi moins de frais de transport s'il y a exportation.

2° *Économie notable de combustible.*

Par son peu de dimension, il donne moins de surface à l'air et ne lui cède pas en pure perte son calorique précèdemment absorbé pour la distillation. Il est un fait, que plus un appareil est grand, plus il coûte de combustible pour y opérer la distillation ; voir par exemple : les poêles calorifiques, qui ne chauffent qu'en raison de leur surface et usent d'autant plus de combustible qu'ils sont plus volumineux ; l'économie de combustible gît également dans la construction toute particulière des plateaux ; ainsi, pendant le cours de la distillation, la vapeur étant fortement divisée est mise en contact direct avec le vin en circulation, qu'elle agite fortement, d'où il résulte une ébullition forcée, mettant en liberté tout l'alcool contenu dans le liquide.

3° *Marche facile de l'appareil.*

N'étant composé que de trois à cinq plateaux, suivant la richesse alcoolique des vins, la distillation s'opère sans pression, par conséquent sans soulèvement, sans craindre que l'appareil vinasse, c'est-à-dire que les vins soulevés par une agglomération de vapeur où la fermentation des mousses, ne sortent au lieu de l'alcool. Cette pierre d'achoppement de bien des appareils, cet effet est complètement évité dans celui-ci, il n'existe jamais une assez grande quantité de vin en distillation, et ce dernier est trop vite épuisé pour que la mousse vienne à se former et à en obstruer les conduits.

4° *Richesse du degré*.

En raison de la colonne de rectification placée sur la colonne à distiller et de la rétrogradation existante, le degré peut acquérir une force notable, et l'alcool sortir de 70 à 90°, surtout lorsque l'on opère sur des vins. Du reste, le degré alcoolique est facultatif et s'acquiert à la volonté du distillatenr.

5° *Modicité du prix*.

S'il est une question intéressante, c'est le prix d'achat, qui est considérablement diminué, et la différence est plus grande sur les appareils de forte dimension. Cette différence de prix tient tout naturellement au peu de volume, qui nécessite moins de matière, sans cependant altérer en rien la solidité de toutes les pièces.

6° *Simplicité du nettoyage*,

Pour qu'un appareil soit bien appliqué en pratique, il faut qu'il soit d'un nettoyage facile. Dans celui-ci, il suffit de démonter les trois ou cinq plateaux, d'en rincer parfaittement l'intérieur et de les remonter; ce nettoyage s'effectuant tous les deux mois, on se trouve dans les meilleures conditions pour obtenir d'excellents produits. Le chauffe-vin porte à sa partie inférieure une boîte à vis qui facilite l'enlèvement du dépôt qui se forme à sa base. La chaudière porte une ouverture pour faciliter également son nettoyage; tous les serpentins sont également montés dans leur enveloppe à l'aide de raccords, de sorte qu'en cas de nettoyage complet de ces serpentins, voulant ôter la croûte tartreuse qui les entoure et empêche l'action réfrigérante, on peut retirer les dits serpentins de leur enveloppe, sans avoir à faire des soudures d'étain.

Nota : Lors de la livraison de ses appareils, M. Egrot fait suivre tous les plans sur échelle qui peuvent être nécessaires à l'installation, ainsi qu'une instruction détaillée pour la mache. Toules les pièces de l'appareil sont marquées d'une lettre correspondant à celle écrite sur le plan ; les joints sont repérés à l'aide de chiffres correspondants.

55. — DISTILLATION DES EAUX-DE-VIE DE VINS.

Nous avons dit au n° 39 combien un long cuvage était préjudiciable à la qualité du vin, parce que l'alcool formé pendant la fermentation dissout l'huile essentielle de la pellicule et beaucoup d'autres matières étrangères au jus de raisin : Ce vin de macération produit toujours des eaux-de-vie très-communes qui ont toujours un goût âcre et un arôme fort désagréable qui se rapproche beaucoup de celui de l'eau-de-vie de marc, et qui est d'autant plus prononcé que le vin est resté plus longtemps en contact avec le marc. Cet arôme et ce goût désagréables proviennent principalement de cette huile volatile ou essentielle qui existe dans les pellicules des raisins ; elle a été découverte par M. Aubergier en rectifiant de l'eau-de-vie de marc. Voici comment s'exprime ce savant dans son ouvrage intitulé : *Nouvelle Méthode de Vinification* (page 248 et suivantes, l'ouvrage remonte à 1825).

« En rectifiant de l'eau-de-vie de marc au bain-marie à une chaleur très-douce en commençant l'opération, et graduée, afin d'obtenir de l'esprit de vin à 36° (de Cartier), je m'aperçus un jour que les premières portions d'alcool étaient en partie dégagées du principe âcre dont l'eau-de-vie que je rectifiais était fortement imprégnée.

» Je m'empressai de répéter l'opération, et divisai ses produits en trois parties : la première, formée de toute la liqueur rectifiée jusqu'au moment où je reconnus qu'en la mêlant avec un peu d'eau elle devenait imperceptiblement laiteuse. Je changeai de vase, et ce qui vint jusqu'à l'instant où il me fallut augmenter le feu, pour que la liqueur pût passer au filet, forma mon second produit. Je n'obtins pour la troisième partie, après avoir continué la chaleur pour retirer tout le principe alcoolique, qu'une liqueur épaisse et toute laiteuse.

» Je repris le premier produit, et le redistillant plusieurs fois à une douce chaleur, j'en obtins un alcool presque entièrement dégagé de l'odeur des eaux-de-vie de marc. J'en conçus l'espérance qu'en récidivant la rectification, je pourrais obtenir un esprit privé de ce mauvais goût; mais je tentai vainement trois autres opérations, mon alcool n'en eut point une saveur plus agréable, et je pensai qu'il est impossible de le débarrasser tout à fait d'un principe aussi tenace.

» Je redistillai le second produit plusieurs fois à une très-douce chaleur, de manière à en tirer les trois quarts à peu près d'un alcool assez pur, et le reste très-chargé de parties huileuses. Rectifiant enfin le troisième produit, je ne pus en obtenir qu'un tiers d'alcool semblable au précédent. Alors je joignis à ces deux tiers chargés d'huile qui me restaient le dernier quart du deuxième produit mis de côté, et soumettant ces restes à une nouvelle distillation, la première portion obtenue ne se troublait presque pas étant mêlée avec de l'eau, signe évident qu'elle contenait peu d'huile. La seconde, que je laissai passer tant qu'elle me parut limpide, contenait une plus grande quantité d'huile, dont la présence était facilement reconnue en y jetant de l'eau, qui la troublait de suite. Ici je changeai de vase, et continuant à distiller, je n'obtins plus, jusqu'à la fin de l'opération, qu'une liqueur laiteuse, ayant à sa surface une légère couche d'huile ; quoique ce dernier produit eût vingt-trois degrés à l'aréomètre de Baumé.

» Enfin, réunissant ce dernier produit au second en leur

ajoutant une quantité d'eau propre à les réduire à quinze degrés de l'aréomètre de Baumé, la liqueur devint aussitôt très-opaque et fut recouverte, un quart d'heure après, d'une assez grande quantité d'huile, que je recueillis avec le plus grand soin. Il me paraît certain que ce principe huileux est entièrement volatil, puisque, soumis plus de dix fois à la distillation, il n'a jamais laissé la moindre trace de sa présence dans les résidus du bain-marie. Je veux dire que ces résidus, ayant même subi une forte ébullition, n'étaient imprégnés ni du goût, ni de l'odeur qui caractérisent les eaux-de-vie de marc.

» Ce principe huileux a toutes les propriétés des huiles volatiles ; son arôme qui lui est propre, sa saveur âcre et insupportable qui lui est encore particulière, ne permettent de le confondre avec aucun autre de son espèce, et m'autorisent à lui donner le nom d'huile volatile de raisin, dont voici les propriétés chimiques :

» 1° Elle est très-limpide et sans couleur au moment où on la sépare de l'alcool ; mais la lumière lui fait prendre, quelques temps après, une teinte légèrement citrine.

» 2° Son odeur est pénétrante, sa saveur est très-âcre, insupportable, et cette odeur et cette saveur lui sont propres.

» 3° Elle est très-fluide.

» 4° Elle produit en brûlant une flamme bleue, et répand dans l'atmosphère une odeur d'eau-de-vie de marc.

» 5° Soumise à la distillation, ses premières portions qui se volatilisent, conservent leur arôme ; mais le produit ne tarde pas à contracter une odeur empyreumatique, ce qui me fait soupçonner qu'elle pourrait bien contenir une petite partie d'huile fixe, propre au pepin du raisin. La ltqueur contenue dans la cornue prend aussitôt une couleur citrine qui s'augmente pendant l'opération, et laisse un charbon très-léger, peu considérable, résidu qui me fait penser que cette huile volatile est un peu moins légère que les autres.

9

» 6° Elle se combine à l'eau, en lui cédant et son odeur et son âcreté dans les proportions d'un millième.

» 7° Elle dissout le soufre lorsqu'elle est en ébullition, et le laisse précipiter par le refroidissement.

» 8° Enfin, avec les alcalis, elle forme des savonnules.

» J'ai obtenu près de trente-deux grammes de cette huile sur cent cinquante litres d'eau-de-vie.

» Son odeur aromatique *sui generis* m'a fait penser qu'elle n'était point, ainsi que l'huile empyreumatique, le produit de la distillation, comme on a pu le croire jusqu'à présent, mais bien une huile volatile propre au raisin, et qui devait avoir son siége dans l'une de ses parties.

» Je les ai toutes distillées les unes après les autres séparément.

» Les pépins distillés avec l'alcool, m'ont donné une liqueur assez transparente et d'une saveur d'amandes très-agréable. Cette même saveur d'amandes s'est reproduite encore dans une distillation d'eau simple sur des pépins de raisins; ainsi donc, ce ne sont pas ces semences qui donnent aux eaux-de-vie de marc le goût qu'on leur reproche. La grappe distillée n'a produit non plus qu'une liqueur très-légèrement alcoolisée.

» Mais l'enveloppe des grains de raisins, séparée des pépins et de la grappe, soumise seule à la fermentation et distillée ensuite, a donné une eau-de-vie tout-à-fait semblable à celle de marc; ainsi donc, je le répète, le goût désagréable de ces eaux-de-vie ne vient pas d'une huile empyréumatique, fruit de la distillation, n'est point dû à l'éther acétique, et ne peut être l'effet d'une huile renfermée dans les pepins de raisin, comme on l'a publié depuis quelques années. Sa véritable cause est une substance huileuse, volatile, contenue dans la seule pellicule du raisin, matière d'une odeur et d'un goût si âcres, si pénétrants, qu'il n'en faut qu'une seule goutte pour infecter dix litres de la meilleure eau-de-vie, et de là je conclus que celles d'Andaye et de Cognac sont supérieures aux autres, par cela seul qu'elles sont le produit de la distillation d'un vin blanc qui, n'ayant pas fermenté sous la grappe, n'a pu se charger de cette huile propre à la seule peau du raisin, etc., etc.»

M. Aubergier dit encore plus loin (page 259 de son ouvrage) :

» Par de nouvelles expériences et en distillant un alcool de marc qui tenait en dissolution un peu de chaux et de la quinine, je fus tout étonné d'obtenir un esprit privé entièrement de cette huile de raisin dont nous venons de parler. Je présumai alors qu'en ajoutant de la magnésie pure et bien calcinée dans de l'esprit-de-marc bien rectifié, on pourrait parvenir à lui enlever entièrement son mauvais goût, ce à quoi je suis parvenu en le faisant digérer sur une assez grande quantité de magnésie calcinée. Je me suis servi de cette dernière substance, parce que la chaux avait bien enlevé à l'alcool l'huile de raisin, mais lui avait laissé une odeur de punais. Je pensai que la magnésie calcinée l'en débarrasserait sans lui donner une odeur désagréable, comme l'avait fait la chaux, etc., etc.

Enfin ce savant conclut de ses expériences, (page 262 de son ouvrage).

» 1° Qu'il existe une huile volatile de raisin ;

» 2° Que cette huile nouvellement découverte, est placée dans la seule pellicule des grains du raisin ;

» 3° Que c'est elle qui infecte les eaux-de-vie de marc, et qu'on a nommée improprement empyreumatyque ;

» 4° Qu'en faisant fermenter le moût, séparé de la grappe, de la peau et des grains dans des tonneaux, n'ayant d'autre ouverture que celle nécessaire à l'évaporation de l'acide carbonique, on obtiendra un vin dont la distillation fournira la meilleure eau-de-vie possible et en plus grande quantité ;

» 5° Qu'on peut du même marc faire deux sortes d'eaux-de-vie, dont l'une, obtenue par son lavage, sera égale en qualité aux eaux-de-vie de vin, et l'autre ne sera pas plus mauvaise que les eaux-de-vie de marc ordinaires;

6° Et qu'enfin en faisant macérer de la magnésie dans de l'esprit-de-vin de marc, dont l'huile de raisin a déjà été ôtée en grande partie, on parvient à l'en priver totalement. »

Nous voyons d'après ce qui précède que si la pellicule est indispensable dans la fabrication des vins rouges pour leur donner la couleur (mais il faut toujours décuver aussitôt la fermentation tumultueuse terminée), dans le cas qui nous occupe, elle ne peut que donner de très-mauvais résultats; donc, pour obtenir la meilleure eau-de-vie que puisse fournir un crû, que le raisin soit rouge ou blanc, le jus seul doit être mis en fermentation, et la manutention du vin qui en résulte, conduite le plus rationnellement possible jusqu'à l'époque où il sera distillé, ce qui demande toujours quelques mois. Si l'on est pressé de distiller, pour reconnaître le moment le plus favorable et n'avoir pas de perte en alcool, il faut, quelques jours après la fermentation tumultueuse achevée, prendre la teneur alcoolique du vin avec l'appareil de M. Salleron, et tous les quinze jours ou trois semaines, on expérimente de même sur un échantillon du même vin, jusqu'à ce qu'on s'aperçoive que sa richesse alcoolique n'augmente plus, c'est qu'alors la fermentation insensible est terminée et que tout le sucre de raisin, sinon la plus grande partie possible, a été transformée en alcool. Dans le midi, que les moûts sont très-concentrés, rarement tout le sucre est transformé en alcool, parce que dans les vins de ces contrées, le ferment existe en proportion inverse de la matière sucrée qui est toujours très-abondante, mais le distillateur peut remédier à cet inconvénient en ajoutant au moût une petite quantité de levure de bière bien fraîche et pressée; tout le sucre de raisin est alors réduit en alcool par la fermentation. Les vins rouges ne doivent servir qu'à fabriquer des trois-six ainsi que les vins qui ont reçu une altération quelconque, en rectifiant soigneusement, c'est-à-dire en redistillant avec précaution les produits déjà distillés, afin de les obtenir les plus purs possible. Lorsque le vin est à l'aigre, si cette altération est avancée, il est plus avantageux de s'en défaire pour la vinaigrerie que de le distiller, car, alors, la plus grande partie de son alcool a été transformée en acide acétique ; il en résulterait une dépense de temps et de combustible qui serait loin d'être couverte par le peu d'alcool obtenu et qui serait d'une saveur exécrable. L'âge des vins influe beaucoup sur la qualité de l'eau-de-vie, elle sera d'autant meilleure que le vin est plus vieux et bien conservé.

Le but que l'on se propose dans la distillation des eaux-de-vie, c'est de conserver à ces spiritueux l'arôme qui les distingue ; on les reçoit généralement de 55° à 65° centésimaux et quelquefois un peu plus, l'eau-de-vie de Cognac est généralement reçue à l'appareil de 60° à 68° centigrades pour être ensuite réduite à 60° lorsqu'elle est livrée nouvelle au commerce ou à 62° lorsqu'elle est expédiée aux Amériques ; l'Armagnac est également réduit et livré nouveau à 52°. Pour obtenir de bons résultats, il faut distiller à l'aide de la vapeur et non pas à feu nu ou feu direct, parce que avec ce dernier procédé, l'eau-de-vie conserve pendant longtemps un goût de brûlé ou de chaudière plus ou moins prononcé selon que l'opération a été négligée ou bien conduite ; l'uniformité de chaleur que produit la vapeur préserve toujours de cet inconvénient.

L'eau-de-vie nouvellement fabriquée est toujours très-blanche ; mise en bouteilles à ce moment-là, elle ne contractera aucune couleur, mise dans une futaille ayant contenu longtemps du trois-six ou de l'eau-de-vie, elle tardera beaucoup plus à prendre la couleur ambrée que si elle est immédiatement mise dans un fût neuf en chêne du pays ou d'Amérique et ne devient très-jaune que lorsqu'elle est très-vieille ; mais dans le commerce de ces liquides, on leur donne artificiellemeut au moyen du caramel toutes les nuances désirées.

Les meilleures eaux-de-vie, pour la finesse comme pour la délicatesse de parfum qui les distingue, sont celles du département de la Charente, elles sont distillées aux environs d'Angoulême, à Cognac, Jarnac, Blanzac, etc. etc. ; la première qualité est connue sous le nom de *Cognac fine Champagne*, et la deuxième qualité porte le nom de *Cognac des Bois*.

Viennent ensuite les eaux-de-vie de St-Jean-d'Angély et celles de la Charente-Inférieure, dont les plus estimées sont les eaux-de-vie d'Aunis et Saintonge, mais elles n'ont pas autant de finesse que les eaux-de-vie de la Charente.

Les eaux-de-vie d'Armagnac sont généralement fabriquées dans le département du Gers ; le goût de terroir qui les caractérise est assez agréable, mais elles sont inférieures en qualités aux eaux-de-vie précèdentes.

Enfin les eaux-de-vie communes assez répandues sont celles de Marmande et de Montpellier : beaucoup de départements fournissent encore des eaux-de-vie de vin qui sont toutes d'une qualité inférieure aux précèdentes.

56. — DISTILLATION DE L'ESPRIT-DE-VIN.

En additionnant à l'appareil de M. Egrot un chapiteau rectificateur, on obtient du premier coup un esprit marquant de 85° à 89° centésimaux ; cette pièce s'adapte sur la colonne de rectification de l'appareil chaque fois que l'on désire obtenir un esprit à un degré alcoolique très-élevé.

Les vins que l'on destine à la chaudière pour fabriquer du trois-six doivent être soignés, jusqu'au moment de la distillation, de même que si l'on devait les vendre pour être consommés en nature : il est évident que si on les néglige, l'aigreur ne tarde pas à se manifester, il en résulte à la distillation une perte en alcool et un produit beaucoup plus inférieur en qualité que si le vin eût été en bon état; il faudrait, dans ce cas, rectifier en fractionnant les produits, après saturation des acides au moyen d'un lait de chaux vive, comme on l'opère dans la distillation en grand des alcools de grains et de betteraves; mais c'est un travail qui demande une grande pratique et une certaine habileté; dans le cas qui nous occupe, le distillateur de crû peut avec un peu de soins apportés au traitement du vin et une distillation bien conduite en employant la vapeur comme moyen de chauffage, obtenir de l'esprit trois-six bon goût et éviter non-seulement la perte en alcool et le mauvais goût du produit, mais aussi la dépense de temps et de combustible nécessaire pour la rectification; faut-il encore pour cela posséder un appareil rectificateur spécial. (Ceux de mes confrères qui désireraient s'initier à l'art de la distillation devraient consulter les traités spéciaux de M. Payen, de M. Lenormand, celui de M. Dubrunfaut, etc.)

Nous ferons ici la même observation qu'aux eaux-de-vie relativement à l'époque la plus convenable pour distiller, c'est-à-dire pour obtenir tout l'alcool que le vin est susceptible de produire; l'appareil de M. Sallerin l'indiquera parfaitement si l'on opère comme il est dit au n° 55; (Pour la marche de ce petit alambic, voir au n° 3).

Lorsqu'on emploie la vapeur comme calorique, il faut premièrement remplir d'eau les trois-quarts de la chaudière à vapeur (l'espace qui reste vide et où se réunit la vapeur formée, se nomme la chambre à vapeur) de manière que le niveau de l'eau soit constamment un peu au-dessus de la ligne supérieure des carneaux de chauffe ou conduits de fumée; ensuite, on ouvre le registre qui sert à régler le tirage de la cheminée et l'on allume le feu sous le générateur afin de porter l'eau à l'ébullition et obtenir la vapeur nécessaire pour commencer l'opération, ce que l'on reconnaît lorsque le manomètre Bourdon indique 1.3/4 à 2 atmosphères, à ce moment, il faut ouvrir mais très-doucement et au quart seulement, le robinet du tuyau qui conduit la vapeur dans le double-fond ou la double enveloppe de l'appareil de manière à élever graduellement la température du vin qu'on veut distiller : un peu plus tard, on l'ouvre à moitié, puis, aux trois-quarts ou entièrement lorsqu'il est nécessaire. Les avantages qui résultent de la distillation à la vapeur quant à la qualité des produits, reposent sur l'uniformité de chaleur qu'elle produit ; ainsi, la vapeur obtenue sous la pression de 1 3/4 à 2 atmosphères, produit une température de 117° à 121° centigrades : Cette chaleur est plus que suffisante pour séparer l'alcool du liquide qui le contient puisqu'il se vaporise à la température de 78° centigrades sous la pression ordinaire de l'atmosphère, tandis que la chaleur produite par le chauffage à feu direct est toujours beaucoup plus élevée que celle produite par la vapeur sans être aussi régulière ; de là, proviennent ces goûts de brûlé et de chaudière si désagréables. L'eau de la chaudière à vapeur doit être constamment maintenue au même niveau au moyen d'une pompe d'alimentation, ou mieux, d'une cuve placée au-dessus de la chaudière à vapeur si toutefois celle-ci était à basse pression : au robinet de ce réservoir pourrait s'adapter le tuyau qui conduit l'eau d'alimentation près du fond de la chaudière, et ce robinet étant ouvert convenablement laisserait écouler d'une manière continue l'eau justement nécessaire au remplacement de celle dépensée en vapeur : ce petit réservoir pourrait avoir une capacité proportionnée au volume d'eau absorbée par le générateur toutes les 24 heures et être rempli tous les soirs pendant toute la durée de la campagne. Tous les générateurs de vapeur sont munis d'un tube en verre, ou d'un flotteur indicateur, ou encore d'un indicateur à robinets, toujours destinés à faire connaître le niveau de l'eau qu'ils doivent contenir et à régler l'alimentation.

57. — CALCUL SERVANT A DÉTERMINER LA QUANTITÉ D'ESPRIT-DE-VIN OU D'EAU-DE-VIE A UN TITRE DONNÉ QUE L'ON PEUT RETIRER D'UN VOLUME DE VIN DONNÉ ET DONT LE TITRE EST CONNU.

PREMIER EXEMPLE : Ayant à distiller 228 hectolitres de vin au titre de 9°.4 ; on désire savoir la quantité d'esprit à 86° que l'on pourra en retirer ?.

En multipliant le volume du vin à distiller par son titre ou degré alcoolique, et en divisant le produit par le titre que doit avoir l'esprit, le quotient donne le volume d'esprit qu'on obtiendra au titre demandé,

Ainsi : $\dfrac{22800 \text{ lit.} \times 9°.4}{86} = 2492$ tit. d'esprit à 86 degrés.

Preuve :

$$22.800 \times 9°.4 = 2.143 \text{ litres 2 d'alcool pur.}$$
$$2.492 \times 86° = 2.143 \text{ litres 2} \qquad \text{id}$$

On multiplie le volume du vin par son degré centésimal et l'on divise par 100° en portant au produit la virgule de deux rangs vers la gauche ce qui donne l'alcool pur en volume coutenu dans ce vin : Ensuite, on multiplie le volume d'esprit trois-six par son degré centésimal, et au produit on porte la virgule de deux rangs vers la gauche comme précédemment : si l'opération est exacte, la quantité d'alcool pur contenue dans l'esprit doit être la même que celle du vin comme l'indique la preuve.

Il ne faut point s'attendre à recevoir par la distillation exactement le même volume d'esprit ou d'eau-de-vie que celui qu'indique le calcul, mais on s'en rapproche d'autant plus que l'opération est conduite avec intelligence et que l'appareil qu'on emploie est d'une construction plus parfaite.

L'appareil ne donne pas non plus, juste le degré alcoolique que l'ou désire, on peut s'en rapprocher beaucoup, mais on doit toujours le dépasser un peu, ce qui est à la faculté du distillateur en employant les appareils que nous avons désignés ; ensuite il est facile de réduire avec de l'eau distillée, au degré alcoolique faisant preuve ou au degré alcoolique demandé. (Voyez réduction des alcools deuxième partie.)

2ᵐᵉ EXEMPLE : On désire savoir la quantité d'eau-de-vie qu'on peut retirer à 60° centésimaux (preuve de Cognac) en distillant 545 hectolitres de vin blanc au titre de 8° ?

Il faut opérer comme précédemment.

$$\frac{54.500 \times 8°}{60°} = 7.266 \text{ litres 7 eau-de-vie à 60°}$$

On peut donc retirer par la distillation, environ 7.266 lit. d'eau-de-vie à 60°.

Preuve :

54.500 » $\times$ 8° = 4.360 litres d'alcool pur.

7.266.7 $\times$ 60° = 4.360 id. id.

3ᵐᵉ EXEMPLE : Quelle quantité d'esprit trois-six peut on obtenir à 86° en distillant 820 hectos de gros vin du Midi au titre de 15° ?

C'est toujours la même opération.

$$\frac{82.000 \times 15°}{86°} = 14.302 \text{ litres 3 d'esprit à 86°.}$$

Donc, le volume de vin donnera environ 14.302 litres à 86°, (preuve de l'esprit trois-six.)

Preuve :

$$82.000 \text{ »} \times 15^o = 12.300 \text{ litres d'alcool pur.}$$
$$14.302 \; 3 \times 86^o = 12.300 \quad \text{id.} \qquad \text{id.}$$

QUATRIÈME EXEMPLE : Quelle sera la quantité d'eau-de-vie qu'on pourra obtenir à 52° centésimaux (preuve d'Armagnac), en distillant 750 hectos de vin blanc au titre de 12° ?

Il faut opérer d'une manière analogue aux précédentes.

$$\frac{75.000 \times 12^o}{52^o} = 17.307 \text{ lit. 7 d'eau-de-vie à } 52^o.$$

On obtiendra donc 17.307 litres d'eau-de-vie à la preuve d'Armagnac.

Preuve :

$$75.000 \text{ »} \times 12^o = 9.000 \text{ litres d'alcool pur.}$$
$$17.307 \; 7 \times 52^o = 9.000 \quad \text{id.} \qquad \text{id.}$$

Dans toutes les questions de ce genre, quelle que soit la quantité de vin dont le titre ou la richesse alcoolique est connue et dont on désire savoir la quantité de spiritueux à un degré déterminé qu'on en obtiendra (approximativement) par la distillation ; il faut toujours opérer d'une manière analogue.

58. — CALCUL A L'AIDE DUQUEL ON DÉTERMINE LA QUANTITÉ DE VIN DONT LA RICHESSE ALCOOLIQUE EST CONNUE, QU'IL FAUT DISTILLER POUR OBTENIR UNE QUANTITÉ DONNÉE D'EAU-DE-VIE OU D'ESPRIT TROIS-SIX A UN DEGRÉ DEMANDÉ.

1er EXEMPLE : Quelle quantité de vin blanc au titre de 12° faut-il distiller pour obtenir 390 hectolitres d'eau-de-vie à 52 degrés ?

Pour connaître le volume de vin dont le titre est connu, qu'il faut distiller pour obtenir un volume déterminé de spiritueux à un degré désiré, il suffit de multiplier le volume du spiritueux par son degré ou le degré qu'on veut avoir, et diviser le produit par le titre du vin; le quotient donne la réponse.

$$\text{Ainsi :} \quad \frac{39.000 \times 52°}{12°} = 169.000 \text{ litres de vin à distiller.}$$

Réponse : Il faut distiller 1.690 hectos de vin à 12° pour obtenir environ 390 hectos d'eau-de-vie à 52° preuve d'Armagnac.

Preuve :

$$39.000 \times 52° = 20.280 \text{ litres d'alcool pur.}$$
$$169.000 \times 12° = 20.280 \text{ id.} \qquad \text{id.}$$

Ce qui démontre l'exactitude du calcul.

2me EXEMPLE : Pour obtenir 150 hectos d'esprit trois-six à 86°; quelle quantité de vin au titre de 14° faut-il dtstiller? On opère comme précédemment.

$$\frac{15.000 \times 86°}{14°} = 92.142 \text{ litres 9 de vin à distiller.}$$

Réponse : Il faut distiller 92.142 litres de vin à 14° pour obtenir 150 hectos d'esprit trois-six à 86°.

Preuve :

$$15.000 \text{ »} \times 86° = 12.900 \text{ litres d'alcool pur.}$$
$$92.142 \text{ } 9 \times 14° = 12.900 \text{ id.} \qquad \text{id.}$$

Dans toutes les questions où il s'agit de déterminer le le volume de vin, dont la richesse alcoolique est connue, qui est nécessaire pour obtenir un volume donné de spiritueux à un degré demandé, il faut toujours opérer d'une manière analogue.

59. — CALCUL POUR DÉTERMINER LA QUANTITÉ D'ESPRIT-DE-VIN OU D'EAU-DE-VIE A UN DEGRÉ DONNÉ, QU'ON PEUT OBTENIR, EN DISTILLANT SUCCESSIVEMENT PLUSIEURS ESPÈCES DE VINS DONT LE VOLUME ET LE TITRE SONT CONNUS.

1er EXEMPLE : Ayant acheté 240 hectos de vin à 11°; 270 hectos de vin à 13°; quelle quantité d'esprit trois-six à 86° obtiendrai-je en distillant ces vins?

Pour trouver le volume d'esprit ou d'eau-de-vie, au degré demandé, que donneront plusieurs espèces de vins dont le volume et le titre sont connus, il faut : 1° Multiplier chaque volume de vin par son titre et faire la somme des produits qui donne la quantité totale d'alcool pur contenue dans ces différents vins ; 2° Ensuite, on multiplie cette quantité totale d'alcool pur par 100° et l'on divise par le degré que doit avoir le spiritueux. Le quotient donne la réponse.

$$24.000 \times 11° = 2.640 \text{ litres}$$
$$27.000 \times 13° = 3.510 \text{ id.}$$
$$\text{Alcool pur...} \quad \frac{6.150 \times 100°}{86°} = 7.151 \text{ litres 2 à 86°.}$$

Donc, en distillant 240 hectos de vin à 11° et 270 hectos de vin à 13°, on obtiendra environ 7.151 litres d'esprit trois-six à 86°.

Preuve :

$$7.151 \text{ litres 2} \times 86° = 6.150 \text{ litres d'alcool pur.}$$

On voit que la quantité totale d'alcool pur donnée par les vins à différents titres est la même que celle donnée par la preuve, ce qui démontre que l'opération est faite sans erreur.

2ᵐᵉ **EXEMPLE** : Quelle quantité d'eau-de-vie à 60° pourra-t-on retirer par la distillation de 280 hectos vin blanc à 7°; 190 hectos vin blanc à 8°.5 et 370 hectos vin blanc à 9°.6 ?

$$28.000 \times 7° \text{ » } = 1.960 \text{ litres.}$$
$$19.000 \times 8° 5 = 1.615 \text{ id.}$$
$$37.000 \times 9° 6 = 3.552 \text{ id.}$$

$$\text{Alcoot pur.....} \quad \frac{7.127 \times 100°}{60°} = 11.878 \text{ litres 4 à 60°.}$$

La quantité d'eau-de-vie à 60° qu'on pourra retirer de ces vins à différents titres alcooliques sera donc, 11.878 litres.

Preuve :

$$11.878 \ 4 \times 60° = 7.127 \text{ litres alcool pur.}$$

3ᵐᵉ **EXEMPLE** : Combien pourra-t-on obtenir d'esprit trois-six à 86° en distillant 340 hectos de vin à 10°; 420 hectos de vin à 12°; 740 hectos de vin à 13°.5 et 550 hectos de vin à 15° ?

$$34.000 \times 10° \text{ » } = 3.400 \text{ litres.}$$
$$42.000 \times 12° \text{ » } = 5.040 \text{ id.}$$
$$74.000 \times 13° 5 = 9.990 \text{ id.}$$
$$55.000 \times 15° \text{ » } = 8.250 \text{ id.}$$

$$\text{Alcool pur.....} \quad \frac{26.680 \times 100°}{86°} = 31.023 \text{ litres 3 à 86°}$$

On obtiendra par la distillation de ces vins à différents titres, 31.023 litres d'esprit trois-six à 86°.

Preuve :

$$31.023 \ 3 \times 86° = 26.680 \text{ litres d'alcool pur.}$$

Dans toutes les questions de ce genre, il faut, comme nous l'avons déjà dit, multiplier chaque volume de vin par son titre ou degré centésimal, puis, on fait la somme de tous les prodnits pour obtenir la quantité totale d'alcool pur qu'ils contiennent ensemble ; ensuite, on multiplie par 100° la quantité totale d'alcool pur en plaçant deux zéros à sa droite et l'on divise ce produit par le degré alcolique désiré ; le quotient donne la quantité de spiritueux cherchée.

60. — CALCUL POUR DÉTERMINER LE TITRE ALCOOLIQUE QU'AVAIT UN VIN LORSQU'ON CONNAIT LA QUANTITÉ ET LE DEGRÉ DU SPIRITUEUX QU'ON EN A RETIRÉ PAR LA DISTILLATION.

PREMIÈRE QUESTION : 228 hectolitres de vin ont donné par la distillation, 3.947 litres d'eau-de-vie à 52° (preuve d'Armagnac) ; quelle était la richesse alcoolique de ce vin ?

Pour trouver le titre alcoolique qu'avait un volume déterminé de vin, lorsqu'on connaît la quantité et le degré du spiritueux qu'il a donnés par la distillation : Il suffit de multiplier la quantité de spiritueux obtenue par son degré et diviser le produit par le volume qu'avait le vin ; le quotient donne la réponse.

Ainsi : $\dfrac{39.47 \times 52°}{228.00} = 9°$ titre du vin.

Donc, la richesse alcoolique de ce vin était 9 %.

Preuve :

39.47 $\times$ 52° = 2.052 litres d'alcool pur.
228.00 $\times$ 9° = 2.052 id.   id.

2me EXEMPLE : On a obtenu par la distillation de 460 hectos de vin, 64.19 litres d'esprit trois-six à 86° ; quelle était sa richesse alcoolique ou son titre.

$$\frac{64.19 \times 86°}{460.00} = 12°$$ titre du vin.

Preuve :

64.19 $\times$ 86° = 5.520 litres d'alcool pur.
460.00 $\times$ 12° = 5.520 id. id.

Dans toutes les questions analogues, il faut opérer de la même manière.

61. — ÉLÉVATION DE LA TEMPÉRATURE DES MOUTS OU JUS DE RAISIN CHAQUE FOIS QU'ILS SONT AU-DESSOUS DU DEGRÉ CONVENABLE, AFIN D'OBTENIR OU D'ÉTABLIR LA FERMENTATION ALCOOLIQUE.

Dans la fabrication des vins destinés à la brûlerie, on peut sans inconvénient, élever la température du moût froid (que contient une cuvée et qui ne peut fermenter) au degré nécessaire pour établir la fermentation en faisant chauffer une quantité déterminée de ce même moût à un degré voisin de l'ébullition. Lorsqu'on a à sa disposition un générateur de vapeur et une chaudière d'évaporation comme celle dont nous avons parlé au n° 46, on obtient toujours de bons résultats en opérant ainsi ; car le moût dans lequel on établit promptement la fermentation, développe une certaine quantité de chaleur qu'il faut maintenir jusqu'au bout par une bonne disposition de la cuverie ; la fermentation vineuse est alors plus complète, le vin de meilleure qualité et la production d'alcool la plus grande possible.

La fermentation vineuse, comme on sait, produit elle-même de la chaleur en raison de la rapidité avec laquelle se décompose le sucre pour se transformer en alcool, rapidité qui est elle-même en rapport avec le volume du liquide sucré ; ainsi, une cuve contenant 20 à 30 hectolitres de moût mise en fermentation à 20° centigrades, dans un local où la température sera établie et maintenue jusqu'au bout à 20° centigrades à l'aide d'un calorifère, pourra produire, en pleine fermentation, une température moyenne de 26° à 28° centigrades ; (Nous disons température moyenne parce que le chapeau de la vendange possède pendant la fermentation une température plus élevée que celle du moût ; et si la fermentation est plus active après un foulage, c'est précisément parce que pendant ce travail la température du moût se met en équilibre avec celle du chapeau ou marc). et une cuve contenant 80 à 100 hectolitres du même moût, qui ne sera mise en fermentation qu'à la température de 15° centigrades dans un local maintenu également à 15° centigrades pendant toute la durée de l'opération, pourra développer en pleine fermentation une température moyenne de 26° à 28° centigrades comme celle de la cuve précédente : dans ces deux cas, la fermentation vineuse s'accomplit dans les meilleures conditions.

Mais dans les années froides, lorsque la température du liquide et du local se maintiennent de 10° à 12° et qu'on ne fait rien pour l'élever à un degré favorable ; dans ce cas, la fermentation s'établit d'autant plus mal que la masse du liquide est plus petite, elle continue sans régularité et se prolonge beaucoup ; on peut alors apprécier tous les inconvénients qui en découlent, surtout lorsque le moût fermente avec le marc : au-dessous de cette température la fermentation languirait extrêmement ou n'aurait même pas lieu.

Ainsi, lorsque le moût se trouve à une température trop basse pour produire une bonne fermentation vineuse, il faut prendre à la cuve une certaine quantité de moût froid qu'on fait chauffer à un degré très-élevé et qu'on additionne ensuite au moût de la cuve afin d'établir la température convenable dans la masse du liquide sucré qui alors ne tarde pas à fermenter. (Voir pour cette température, les indications du n° 39.)

1

62. — CALCUL POUR DÉTERMINER LA QUANTITÉ DE MOUT DONT LE CHAUFFAGE EST NÉCESSAIRE POUR ÉLEVER LA CUVÉE ENTIÈRE A LA TEMPÉRATURE CONVENABLE AFIN DE PROVOQUER LA FERMENTATION.

PREMIER EXEMPLE : Une cuvée de moût contenant 70 hectolitres ne peut fermenter convenablement parce que la température du liquide n'est qu'à 11° centigrades ; on désire la porter à 18° centigrades ; quelle quantité de ce moût faut-il chauffer à 90° centigrades pour obtenir la température demandée ?

Pour trouver la quantité de moût qu'on doit chauffer à une température voisine de l'ébullition afin de porter la cuvée à une température convenable pour déterminer la fermentation, il faut multiplier le volume du moût froid par la différence du degré inférieur au degré moyen qu'on désire obtenir, et diviser le produit par la différence du degré inférieur au degré supérieur que doit avoir le moût chauffé ; le quotient donne la réponse. Ainsi :

$$7.000 \times \frac{18° - 11°}{90° - 11°} = 7.000 \times \frac{7}{79} = 620.2 \text{ lit. chauffés à } 90° \text{ cent.}$$

Mais dans la pratique, voici comment on opère : on soutire de la cuve la quantité de moût que donne le calcul ; ici, ce sont 620 litres qu'on porte à la chaudière, et qui sont chauffés rapidement jusqu'à 95° centigrades ; cet excèdent de chaleur étant nécessaire pour compenser celle qui se perd pendant le transvasement, afin que le liquide arrive à la cuve autant que possible à 90° centigrades.

Lorsque la main ne peut plus tenir contre la paroi de la chaudière, alors on place le thermomètre centigrade dans le liquide et aussitôt qu'il manque 95° à 96°, on arrête la vapeur ; l'écume qui s'est formée est enlevée avec précaution et le moût porté immédiatement dans la cuve par plusieurs personnes qui forment la chaîne, tandis qu'un homme robuste foule énergiquement.

Preuve :

$$6 \text{ hos } 2 \times 90^{\circ} = 558$$
$$63 \text{ hos } 8 \times 11^{\circ} = 702 \Big\} \; 1.260$$

$$\text{et } 70 \text{ hos } \text{»} \times 18^{\circ} = \qquad 1.260$$

2me EXEMPLE : Une cuve contient 40 hectos de moût qui n'a que 12° centigrades, on veut porter sa température à 20° centigrades ; quelle quantité de ce moût doit-on prendre et chauffer à 90° centigrades, pour obtenir la température désirée ?

$$4.000 \times \frac{20 - 12}{90 - 12} = 4.000 \times \frac{8}{78} = 410.2 \text{ litres.}$$

Ainsi 4.000 multiplié par 20 moins 12 et divisé par 90 moins 12, ou bien, ce qui revient au même, 4.000 multiplié par 8 et divisé par 78 égale 410 qui est la quantité de moût qu'on doit prendre à la cuve et faire chauffer a 95° comme nous l'avons expliqué précédemment.

Preuve :

$$4 \text{ hos } 1 \times 90^{\circ} = 369$$
$$35 \text{ hos } 9 \times 12^{\circ} = 431 \Big\} \; 800$$

$$40 \text{ hos } \text{»} \times 20^{\circ} = \qquad 800$$

En multipliant 410 litres par 90° et 3.590 litres restant dans la cuve par 12°, degré du moût froid ; on voit que la somme de ces deux produits est égale au produit de 40 hectos quantité totale de la cuvée par 20°, température que doit avoir la masse après le mélange, ce qui démontre l'exactitude du calcul.

Si la cuverie se compose d'un nombre quelconque de cuves de la même capacité, il suffit de chercher la quantité de moût chauffé presque à ébullition qui est nécessaire pour une cuve et employer une même quantité pour chacune des autres cuves ; mais si elles avaient des contenances différentes, il faudrait calculer pour chacune d'elles la quantité de moût à faire chauffer.

63. — CALCUL POUR DÉTERMINER A QUELLE TEMPÉRATURE ON PEUT ÉLEVER UNE QUANTITÉ CONNUE DE MOUT FROID PAR ADDITION D'UNE QUANTITÉ CONNUE DE SIROP DE RAISIN PRESQUE BOUILLANT.

Voici un autre cas qui se présente souvent : ainsi, lorsqu'on doit additionner du sirop de raisin à la cuve, et que le moût qu'elle contient est au-dessous de 15°, on peut lui faire profiter avec avantage de la chaleur du sirop, plutôt que de le laisser refroidir le plus souvent inutilement.

Ainsi, prenons le deuxième exemple du n° 44 : une cuve contient 60 hectos de moût qui n'a que 13° centigrades, mais elle doit recevoir 238 litres de sirop de raisin ; on désire savoir à quelle température s'élévera le moût si l'on ajonte ce sirop à 95° centigrades ?

Pour trouver le degré de chaleur qu'aura le mélange de plusieurs liquides à des températures différentes, il faut multiplier chaque volume de liquide par son degré de température ; puis, additionner d'un côté les quantités de liquide, et de l'autre, les produits des multiplications ; ensuite, diviser la somme des produits par la somme des quantités de liquide ; le quotient donne la température qu'aura le mélange.

$$60 \times 13° = 780$$
$$2.38 \times 95° = 226.1$$
$$62.38 \times \qquad 1.006.1 : 62.38 = 16° \text{ de température.}$$

Le point d'ébullition du sirop de sucre est 105° (sous la pression ordinaire de l'atmosphère) on peut donc le porter à la cuve à une température un peu plus élevée que 95°, si l'on opère rapidement : il faut aussi tenir compte de la dilatation ou augmentation de volume du liquide qui est de 5 p. % environ à la température de l'ébullition ; c'est-à-dire que 105 litres de sirop bouillant (mis dans un vase couvert pour éviter l'évaporation) ne donneront plus après refroidissement (température de 15°) qu'environ 100 litres. Ainsi, pour avoir les 238 litres de sirop, il faut prendre à la chaudière : $238 \times \dfrac{105}{100} = 249.9$ ou bien 250 litres de sirop presque bouillant qu'on verse immédiatement dans la cuve en foulant avec énergie.

Lorsque le vin n'est par destiné à la brûlerie, au lieu d'opérer comme au n° 62 , il est préférable lorsque le cas l'éxige, d'élever la température de la cuverie au degré convenable à l'aide d'un bon calorifère ; le raisin, dans ce cas, pendant l'opération du triage et du foulage prend la température du local qu'on peut ensuite maintenir constamment de 15° à 20° selon la capacité des cuves pendant toute la durée de la fermentation ; mais, la prise d'air nécessaire à la combustion doit se faire extérieurement au moyen d'un petit canal qui amène l'air du dehors sous le foyer ; si elle était faite intérieurement, dans la cuverie même, il s'établirait un courant-d'air extérieur pour remplacer celui qu'absorbe continuellement le foyer ; dans ce cas, les avantages du calorifère seraient de beaucoup diminués sous tous les rapports.

DEUXIÈME PARTIE

CHAI A EAUX-DE-VIE ET ESPRITS.

64. — LE CHAI A EAUX-DE-VIE DOIT ÊTRE SÉPARÉ DU CHAI A VINS.

Les eaux-de-vie et esprits doivent être mis dans un local particulier à celui des vins, non-seulement pour éviter le désordre et la confusion, mais surtout afin de pouvoir employer la lumière solaire et ne jamais faire usage, si c'est possible, de la lumière artificielle, qui est si souvent la source de grands malheurs et que toutes les compagnies d'assurances réunies ne peuvent réparer.

Pour obtenir ce résultat, il faut faire établir au plancher du plafond, sur deux rangs et de cinq en cinq mètres environ l'une de l'autre, des trappes munies d'un anneau en fer, afin de pouvoir les lever et les fermer chaque fois qu'il est nécessaire ; ainsi chaque fois qu'on a besoin de faire une opération quelconque dans le chai à eaux-de-vie on lève la trappe qui se trouve la plus voisine du lieu où l'on doit opérer, le jour pénètre aussitôt sur cette partie du local et permet de faire le travail sans crainte d'incendie ; aussitôt après on la referme afin de maintenir la température du chai aussi constante que possible, de 10° à 12° du thermomètre centigrade.

65. — INSTALLATION DE PLUSIEURS FOUDRES ET D'UNE GRANDE CUVE POUR LES MÉLANGES.

Le chai ou entrepôt des eaux-de-vie doit être pourvu de plusieurs foudres de 10 à 50 hectolitres et plus s'il est nécessaire, selon l'importance du commerce de la maison, et une grande cuve d'opération pour mélanger de grandes quantités, ou lorsqu'il faut réunir plusieurs partis pour n'en faire qu'un seul. Ces grands vases doivent être réunis et séparés du restant du chai à eaux-de-vie par une bonne cloison en planches ; on les établit sur un bon chantier construit en bois de chêne et à une hauteur convenable afin qu'une pipe couchée puisse se placer sous le robinet de vidange de chacun de ces vaisseaux. Les foudres doivent être numérotés 1, 2, 3, 4, etc., etc., etc., selon leur nombre. Ces numéros d'ordre sont reportés sur le grand livre du chai et indiquent le genre d'opération et la qualité de l'eau-de-vie, rhum, Armagnac ou Cognac que contient chaque foudre.

Cette organisation est un avantage pour le négociant qui a une nombreuse clientèle bourgeoise ; il peut ainsi avoir dans chaque foudre des eaux-de-vie de qualités et de prix différents (préparées de longue main et sur une plus grande échelle, ce qui donne plus de finesse et moins de déchet).

Ainsi, une maison qui aurait une clientèle assez considérable, trouverait un grand avantage à suivre la marche que je vais indiquer, tant sous le rapport de l'augmentation de finesse des eaux-de-vie et du moins de déchet, que sous celui de l'économie de temps et de la promptitude avec laquelle on peut faire les expéditions ou chargements. Il suffit pour cela de prendre deux foudres pour chaque qualité d'eau-de-vie et d'établir trois qualités ou types qui, alors, nécessiteraient six foudres. Le premier type serait le

Cognac ordinaire que la maison vend généralement au prix
le plus réduit, supposons 1 fr. 50 la bouteille ; le deuxième
type ou Cognac rassis de trois à cinq ans, serait la qualité
moyenne ou prix moyen que nous supposerons de 3 fr. ;
enfin le troisième type ou vieux Cognac fine Champagne que
la maison vend généralement au prix le plus élevé, soit 5 fr. la
bouteille, constituerait la qualité supérieure. Le logement
ou bien le verrre n'est pas compris dans cette estimation.

On peut voir maintenant combien il est facile, ayant des
eaux-de-vie des deux prix extrêmes et du prix moyen, de
trouver dans tous les cas la quantité nécessaire de l'une et
de l'autre de ces eaux-de-vie qui, mélangées ensemble,
donnent une quantité déterminée à un prix intermédiaire
demandé.

Donnons un exemple : Un client demande 50 bouteilles
Cognac au prix de 2 fr. 50 ; quelle quantité faut-il prendre
du Cognac à 1 fr. 50 et à 3 fr. la bouteille, pour obtenir la
quantité désirée au prix déterminé ?

Premièrement, il faut réduire les 50 bouteilles en litres ;
supposons encore que la capacité des bouteilles employées
soit 75 centilitres ou grand frontignan ; alors nous aurons
$50 \times 0.75 = 37$ litres 5, nous prendrons 38 litres et nous
chercherons la quantité d'eau-de-vie à 1 fr. 50 et à 3 fr., nécessaire pour composer un mélange de 38 litres qui produira
50 bouteilles à 2 fr. 50 (toujours avec déduction du verre).

$$3^f \; \text{»} \qquad 1 \; \text{»} \left.\right\} \qquad \left\{ \right. :: 1 \; \text{»} : x = 25^l.33 \text{ eau-de-vie à } 3^f \; \text{» les } {}^{75}/_{00}$$
$$2^f.50 \quad \left\{ 1.50 : 38 \right.$$
$$1^f.50 \qquad 0.50 \left.\right) \qquad \left(\right. :: 0.50 : x = 12^l.67 \text{ eau-de-vie à } 1^f.50 \text{ les } {}^{75}/_{00}$$
$$\overline{\qquad\quad}$$
$$1.50 \qquad\qquad\qquad 38 \; \text{»} \quad \text{litres} \quad \text{à } 2^f.50 \text{ les } {}^{75}/_{00}$$

Donc, en opérant comme il a été déjà indiqué aux n°s 25
et 26, première partie, nous trouvons qu'il faut mélanger
ensemble 25 litres 33 de l'eau-de-vie deuxième type et
12 litres 67 eau-de-vie premier type.

Le mélange se fait dans un petit barril auquel on adapte un robinet à bouteille, on laisse reposer quelques heures et les 50 bouteilles sont remplies pour être expédiées.

Souvent, ces qualités inférieures sont demandées en barrils. Ainsi, si le client demandait un barril de 50 litres Cognac à 2 fr. 50 le litre (sans logement) il faudrait opérer d'une manière analogue.

Le cognac premier type à 1 fr. 50 les $^{75}/_{00}$ vaut le litre :

$$\frac{1.50 \times 100}{75} = 2 \text{ francs.}$$

Le Cognac deuxième type à 3 fr. les $^{75}/_{00}$ vaut le litre :

$$\frac{3 \times 100}{75} = 4 \text{ francs.}$$

Il faut maintenant chercher les quantités d'eau-de-vie à 2 fr. et à 4 fr. qui mélangées ensemble produisent 50 litres Cognac à 2 fr. 50.

<pre>
4ᶠ   0.50 ⎫   ⎛ :: 0.50 : x = 12 litres 5 eau-de-vie à 4ᶠ le lit.
            ⎬ 2 : 50 ⎨
2ᶠ.50   ⎭   ⎝
2ᶠ   1.50 ⎫   ⎛ :: 1.50 : x = 37 litres 5 eau-de-vie à 2ᶠ. le lit.
       ─────
       2,00   50 litres eau-de-vie à 2ᶠ.50 le l.
</pre>

(C'est toujours la même manière d'opérer qu'au n° 25 et 26 première partie.)

Ainsi, nous trouvons 12 litres 5 d'eau-de-vie deuxième type et 37 litres 5 d'eau-de-vie premier type qui, mélangés, donnen t 50 litres de Cognac au prix demandé qui est 2 fr. 50.

Pour les qualités demandées entre le deuxième et le troisième type, le mode d'opérer serait toujours le même.

Les deux foudres destinés à recevoir le premier type ou qualité inférieure porteraient le n° 1 ; les deux foudres destinés au deuxième type ou qualité moyenne auraient le n° 2 et enfin les deux foudres qui recevraient le troisième type ou qualité supérieure porteraient le n° 3.

Généralement, il s'expédie beaucoup plus de qualités moyennes et inférieures que de la supérieure ; dans ce cas, un foudre suffirait pour cette dernière qualité : c'est au négociant à voir, selon sa clientèle, quel est le plus convenable pour cela.

Voici pourquoi j'indique deux foudres pour chaque type : tandis qu'un foudre est mis en consommation, l'eau-de-vie contenue dans l'autre a le temps de reposer quelques mois ; quelques jours après l'opération ou mélange et la mise en foudre, cette eau-de-vie est déjà devenue très-limpide et par conséquent n'a pas besoin d'être filtrée. (Cette opération quelquefois indispensable, occasionne toujours une perte de l'arôme ou du bouquet et un déchet considérable en alcool surtout lorsqu'on opère sur de petites quantités.) En suivant la marche que j'indique précédemment, on évite ces manquants en alcool qui, quelquefois, mettent le négociant dans un grand embarras, et dans ces quelques mois de repos, le mélange devient plus homogène, acquiert du moelleux et de la finesse. Lorsque le premier foudre est vide, le deuxième est mis en consommation et l'on remplit immédiatement celui qui vient d'être achevé avec un mélange semblable au précédent, dont la composition se trouve sur les livres, afin d'avoir toujours autant que possible des eaux-de-vie du même type pour une même qualité. Les fonds ou restants des foudres sont réunis dans une pièce de 2 à 300 litres ou de moindre capacité, et lorsqu'elle est pleine, on filtre le liquide qui est ajouté à une nouvelle opération,

66. — OUTILLAGE DU CHAI OU ENTREPOT DES EAUX-DE-VIE.

Il doit comme celui des vins être généralement confectionné en chêne de Bosnie ou autres bois d'Amérique qui

servent à la fabrication des futailles, mais, ils ne doivent
pas être en bois de pin et encore moins de châtaignier,
parce qu'une eau-de-vie mise dans une mesure faite de ce
dernier bois, acquiert bientôt une couleur très-foncée : il
ne faut employer d'ustensiles en métal que ceux dont on ne
peut rigoureusement se dispenser, et jamais on ne doit se
servir pour les eaux-de-vie de ceux destinés aux vins et
réciproquement : les ustensiles à eaux-de-vie doivent être
réunis dans le local où sont situés les foudres, lieu où se
font généralement les opérations.

**67. — ALCOOMÈTRE CENTÉSIMAL DE GAY-LUSSAC, SON EMPLOI
POUR L'APPRÉCIATION
DU TITRE ALCOOLIQUE DES SPIRITUEUX.**

L'alcoomètre centésimal est généralement le seul employé,
plongé dans un spiritueux quelconque, eau-de-vie, rhum,
kirsch, genièvre, absinthe, esprit trois-six, etc. ; à la tempé-
ratnre de 15° centigrades, il indique immédiatement le
volume en centièmes d'alcool pur ou absolu qu'il renferme :
(on nomme alcool pur ou absolu l'alcool anhydre c'est-à-dire
totalement privé d'eau), ainsi, son échelle est divisée en
100 degrés (de 0 à 100) le 0 placé au bas de la tige correspond à l'eau distillée, et la division 100 à l'alcool pur ou
absolu ; mais les degrés indiqués par cet instrument comme
par tous les aréomètres ne sont exacts que tout autant qu'ils
sont plongés dans un liquide ayant la température de 15°
centigrades à laquelle ils sont établis généralement.

Par exemple : si dans un liquide spiritueux à la température de 15° centigrades, l'alcoomètre s'enfonce jusqu'à la
division ou degrés 48, il indique qu'il contient 48 centièmes
de son volume d'alcool pur ou bien que 100 litres de ce
spiritueux contient 48 litres d'alcool pur et par conséquent
52 litres d'eau ; si l'instrument plongé dans un esprit troix-
six ayant la température de 15° centigrades, s'enfonce

jusqu'au degré 86, la force alcoolique de ce spiritueux est alors 86 centièmes, ou en d'autres termes, 100 litres contiennent 86 litres d'alcool pur et 14 litres d'eau.

Il résulte de ce principe, que la quantité d'alcool pur contenu dans un volume quelconque de liquide spiritueux, peut s'obtenir de suite d'après l'indication de l'instrument et à 15° centigrades, en multipliant le nombre qui exprime le volume du liquide par la force ou le titre alcoolique et en divisant le produit par 100. Ainsi, supposons une pipe d'eau-de-vie contenant 615 litres au titre de 57° centésimaux T^{re} 15° centigrades; quel est le volume d'alcool pur ?

$$\frac{615 \times 57}{100} = 350 \text{ litres } 55.$$

Cette pipe renferme donc 350 litres 55 d'alcool pur ou absolu.

Autre exemple : Quel est le volume d'alcool pur contenu dans une pipe esprit trois-six dépotant 645 litres à 89° centésimaux T^{re} 15° centigrades?

$$\frac{645 \times 89}{100} = 574 \text{ litres } 05 \text{ d'alcool pur.}$$

Lorsque le spiritueux est au-dessus ou au-dessous de 15° centigrades, il est facile dans tous les cas de prendre une petite quantité, soit un litre, et de le ramener à cette température en plongeant un instant le vase qui le contient soit dans de l'eau de puits ou de l'eau tiède, selon le cas, et ensuite d'en prendre la force réelle.

Gay-Lussac a combiné des tableaux qui donnent avec exactitude et d'un simple coup d'œil la force réelle des spiritueux depuis 0° jusqu'à 30° de température, mais l'instrument de précision de M. Gibert de Bordeaux dispense, en y suppléant, de l'usage des tableaux de correction ; nous ne saurions trop le recommander à nos lecteurs pour sa commodité, sa simplicité et la grande exactitude de ses indications.

Pour donner ici une idée de cet instrument, nous ne saurions mieux faire que de rapporter textuellement l'instruction dont il est toujours accompagné.

68. — INSTRUCTION SUR L'EMPLOI DE L'INSTRUMENT DE PRÉCISION GIBERT POUR L'APPRÉCIATION DES LIQUIDES SPIRITUEUX.

Cet instrument consiste en une boîte en cuivre, formée par deux étuis cylindriques sur lesquels est appliquée extérieurement une échelle avec régle à coulisse, portant l'une et l'autre des divisions spéciales. Un thermomètre est fixé à demeure à l'intérieur de l'un des étuis ou tubes, dont une portion de la paroi est remplacée par une glace qui laisse voir le thermomètre; c'est dans ce tube qu'on verse le liquide spiritueux pour le soumettre à l'épreuve. Pour que le contact de la main ne soit pas ici une cause d'erreur en influant sur la température propre du liquide, le tube contenant le thermomètre est muni d'une double paroi avec espace libre suffisant de l'une à l'autre; l'air étant, comme on le sait, mauvais conducteur du calorique, empêche la main de se trouver en équilibre de température avec le liquide. Chaque étui sert, d'ailleurs, à renfermer un alcoomètre de graduation convenable pour eau-de-vie et trois-six.

L'instrument forme ainsi un tout complet et sa construction est basée sur les principes établis par Gay-Lussac, qui font loi aujourd'hui dans le commerce des alcools. Il dispense, en y suppléant, de l'usage des tables de correction de ce savant physicien, ce qui simplifie les essais et diminue les chances d'erreur.

Venons maintenant à l'application de l'instrument.

Après avoir versé le liquide dans le grand tube, on y

enfonce l'alcoomètre en le guidant avec précaution par le bout de la tige jusqu'à son point d'arrêt, afin d'éviter qu'un mouvement trop brusque n'occasionne une adhérence de liquide au-dessus de la flottaison, ce qui est toujours une cause d'erreur plus ou moins sensible. Dès que l'alcoomètre est stationnaire, on observe le point d'arrêt qu'il indique ; par exemple 53 $\frac{1}{2}$; on observe en même temps le degré où s'arrête le thermomètre ; supposons-le de 22. Ces données obtenues, on amène le trait de division marqué 53 $\frac{1}{2}$ de la règle courante en cuivre, dont les divisions correspondent à celles de l'alcoomètre, en regard du trait de division marqué 22 sur l'échelle fixe, dont les divisions se rapportent à celles du thermomètre ; puis on observe la division de la règle qui correspond à celle de l'échelle fixe portant le nombre 15, marqué d'une flèche, et l'on trouve que cette division est ici 51. C'est le titre ou l'expression exacte de la force réelle du liquide, autrement dire, de sa force rapportée à la température moyenne de 15°, prise pour terme de comparaison de la valeur des liquides spiritueux, d'après les règles établies par Gay-Lussac.

Autres exemples pour se familiariser avec l'instrument :

Force apparente d'après l'alcoomètre. 48 }
Indication de la température......... 5° } Force réelle, 51.1/2 fort

Force apparente d'après l'alcoomètre. 90 }
Observation de la température........ 23° } Force réelle, 88 faible.

Pour rendre l'instrument plus complet encore, d'autres divisions ont été ajoutées à la règle courante, mais sur l'autre face, et au moyen de ces divisions on obtient, toujours en procédant comme il a été expliqué, la richesse en alcool correspondant aux tableaux de Gay-Lussac pour cet objet. On devra se servir de la règle en cuivre retournée, lorsqu'il s'agira d'opérations avec la régie, quiveut tenir compte du volume ; mais cela n'est pas usité dans le commerce, et voilà pourquoi on a adopté simplement le tableau de la force réelle de Gay-Lussac.

Observation : Les quatre tableaux gravés sur la plaque de l'échelle fixe servent à donner le tant pour cent, de faiblesse ou de surforce, pour les quatre preuves suivantes : 52, preuve d'Armagnac ; 60, preuve de Cognac ; 62, preuve d'Amérique, et 86 preuve dite trois-six. Dans le cas où l'on aurait à livrer une preuve différente, voici le moyen de suppléer aux tableaux.

Admettons qu'on ait à livrer du 54, et que, correction faite de la température, on ne trouve que du 52 1/2, on aura le tant pour cent de perte en prenant la différence entre les deux forces que l'on multipliera par 100, et en divisant le produit par la plus grande force. Le résultat cherché est ici de 2.77 % de perte.

Autres exemples : On demande du 86 et l'on ne trouve à la réception que du 83 1/2 ; d'après la règle ci-dessus, on a :

$$\frac{86.00 - 83.5 \times 100}{86} = 2.91 \text{ %} \text{ de perte.}$$

On demande du 90 et l'on trouve à la réception du 92 1/2, on a donc :

$$\frac{92.5 - 90 \times 100}{92.5} = 2.70 \text{ %} \text{ de grain.}$$

Observation : La fabrique d'instruments alcoométriques de M. Gibert est située à Bordeaux, 20, rue Constantin.

69. — DES ALCOOLS.

L'alcool absolu ou (anhydre, qui signifie privé d'eau), marqué 100° à l'alcoomètre centésimal température de 15° dans cet état, sa densité par rapport à celle de l'eau est de 0.795.

L'alcool pur ou absolu entre en ébullition à 78° centigrades sous la pression ordinaire de 0.760 tandis que l'eau pure ne bout qu'à 100° centigrades sous la même pression atmosphérique ; donc, plus un liquide qui doit être distillé est riche en alcool, plus tôt il entre en ébullition et moins il faut de calorique ; c'est-à-dire que le point d'ébullition est d'autant plus rapproché de 78° que le liquide est plus riche en alcool, et il se rapproche d'autant plus de 100° que le liquide est plus aqueux.

On peut obtenir l'alcool d'un grand nombre de végétaux ; ainsi, tous ceux qui contiennent du sucre ou de la glucose, qui sont disposés à la fermentation vineuse par divers procédés et qui la subissent, en fournissent une quantité qui est en rapport avec la matière sucrée : ensuite on extrait cet alcool du liquide vineux qui le contient, au moyen de la distillation où on l'obtient à différents titres ou degrés alcooliques. Les principales matières végétales employées à sa fabrication, sont le raisin, les betteraves, la canne à sucre, es mélasses, le riz, le seigle, l'orge et les pommes de terre ; ¡chacun de ces végétaux peut en fournir plus ou moins, selon sa qualité, sa maturité et qu'il est plus ou moins sain.

Dans le commerce, on ne trouve pas l'alcool à l'état absolu ou anhydre ; ll est toujours plus ou moins étendu d'eau et porte alors les noms d'eau-de-vie et d'esprit trois-six ; pour l'obtenir entièrement, pur ou absolu, il faut le distiller sur de la chaux vive qui est très-avide d'eau. Ainsi, on prend un demi-kilogramme de chaux vive pulvérisée par litre d'esprit à 92° ou 94° centésimaux ; on agite de temps en temps le mélange qu'on laisse macérer pendant quarante-huit heures : ensuite, on distille au bain-marie, mais très-lentement, avec un feu très-doux ; les six à huit centièmes d'eau restent à peu près combinés à la chaux ; ensuite, on le disiille une deuxième fois sur du carbonate de potasse en poudre fine et fondu.

70. — DÉGUSTATION DES SPIRITUEUX.

Les eaux-de-vie peuvent très-bien être dégustées en nature; mais il n'en n'est pas de même pour les esprits dont le mordant fait éprouver à la bouche comme un sentiment de brûlure. Pour bien déguster les esprits trois-six, il faut placer le spiritueux dans un verre conique et verser dessus un volume d'eau égal au sien ; la contraction qui a lieu produit toujours une élévation de température qui dans ce cas favorise la dégustation ; lorsqu'ils sont bien rectifiés, ils n'ont aucun arôme, leur saveur est franche et leur limpidité parfaite, on les nomme alors trois-six fins, bon goût ; les esprits trois-six mauvais goût, ceux qui ont été mal rectifiés ou distillés sans soins ont toujours un goût de chaudière ou de brûlé, une saveur et un arôme plus ou moins désagréables qui font presque toujours reconnaître leur véritable origine,

Quelquefois, on se contente de tremper le bout du doigt dans l'esprit à déguster et de le porter a la bouche ; ou bien d'en frotter quelques gouttes entre les paumes des mains qu'on porte ensuite vivement près du nez, mais il vaut beaucoup mieux avoir recours au premier moyen.

71. — PRÉPARATION DES PETITES EAUX POUR LA RÉDUCTION DES ALCOOLS.

Le maître de chai doit toujours avoir à sa disposition des petites eaux préparées de longue main pour la réduction des spiritueux ; l'expérience a prouvé que les résultats obtenus par ce procédé sont excellents : Ainsi, un esprit trois-six dédoublé avec de petites eaux, n'a jamais autant de mordant et de dureté que le même esprit dédoublé avec l'eau distillée ou l'eau de pluie comme on le fait ordinairement ; les eaux-de-vie préparées avec de petites eaux ayant déjà plusieurs mois, ont beaucoup de finesse et de moelleux, même un peu de bouquet si elles ont été préparées avec des eaux-de-vie des deux charentes ; mais il faut pour cela, n'employer que des esprits fins ou bon goût : Lorsqu'on emploie l'eau de pluie pour la préparation des petites eaux, il faut premièrement recevoir cette eau en rase campagne dans un grand réservoir en zinc beaucoup plus large que profond ; (celle qui tombe sur les toits avant d'être recueillie, dissout toujours une certaine quantité de substances étrangères qui la rendent impropre pour les mélanges.) Ensuite, on la place dans des pipes fraiches vides de trois-six fin ou bon goût après l'avoir préalablement filtrée, et on lui additionne 16 pour °/₀ d'eau-de-vie nouvelle de Cognac, de Saint-Jean d'Angély ou de Saintonge à 60°, ou bien 12 pour °/₀ d'esprit trois-six fin, bon goût à 86° ou 90° : Le titre alcoolique de cette eau est alors 8° à 9° ; dans cet état, elle se conserve indéfiniment et acquiert beaucoup de qualité en vieillissant.

L'eau distillée se prépare de la même manière et donne les mêmes résultats, mais il ne faut pas employer les eaux de puits, de fontaines ni même l'eau de pluie qui lave les toits ; ces eaux ne sont pas pures elles donnent des eaux-de-vie très dures et sans finesse.

Ainsi, supposons que l'on veuille préparer une pipe dépotant 630 litres avec une eau-de-vie fine à 60° pour faire une petite eau-de-vie, il suffit de multiplier la quantité déterminée par 16 litres qui est la quantité de Cognac qu'on doit ajouter à chaque hectolitre d'eau ; ensuite on divise le produit par 116 ; le quotient donne la quantité d'eau-de-vie fine à 60ᵉ qui doit entrer dans le mélange.

$$\frac{630 \times 16}{116} = 86 \text{ litres 8 d'eau-de-vie à } 60°$$

La quantité d'eau sera donc la différence de 87 à 630, ou bien :

630 — 87 = 543 litres d'eau distillée.

Il faut verser premièrement l'eau-de-vie et l'eau par dessus, on mélange bien avec le fouet ; ensuite la pipe est bondée à demeure et l'on conserve pour l'usage : Plus vieille sera cette petite eau, meilleurs seront les résultats obtenus.

Pour trouver la quantité d'esprit bon goût qu'on doit prendre à raison de 12 litres pour 100 litres d'eau distillée afin d'obtenir une quantité déterminée de petite eau, il faut opérer de même que précédemment : Ainsi, soit un muid dépotant 435 litres.

$$\frac{435 \times 12}{112} = 46 \text{ litres 6 d'esprit fin de } 86° \text{ à } 90°.$$

La quantité d'esprit fin nécessaire, s'élève à 47 litres, la quantité d'eau sera donc 435 — 47 = 388 litres d'eau distillée, et l'on opère le mélange comme il a été indiqué.

Si l'on voulait faire une grande quantité de petite eau dans une cuve afin d'en remplir ensuite un bon nombre de pipes, soit cette quantité déterminée 60 hectos ; le mode d'opérer est encore le même.

Si l'on emploie l'eau-de-vie à 60°, alors :

$$\frac{6.000 \times 16}{116} = 827 \text{ litres 5 d'eau-de-vie à } 60°$$

La quantité d'eau-de-vie nécessaire est donc 828 litres, et la quantité d'eau distillée qu'il faut ajouter sera par conséquent 6.000 — 828 = 51 hectos 72 litres d'eau.

Premièrement on verse le spiritueux dans la cuve, puis, l'eau distillée, on mélange bien et le lendemain, on soutire la petite eau dans des fûts frais vides de Cognac, d'Armagnac ou de trois-six fin, bon goût.

Si l'on employait l'esprit pour faire nne quantité quelconque déterminée, soit encore 60 hectos de petite eau.

$$\frac{6.000 \times 12}{112} = 642 \text{ litres 8 d'esprit fin de } 86^b \text{ à } 90^o.$$

Et la quantité d'eau nécessaire, $6.000 - 643 = 53 \text{ h}^{os} 57$ d'eau distillée.

Supposons encore qu'ayant une quantité quelconque d'eau distillée, soit 51 hectos 72, on veuille en faire une petite eau en lui ajoutant 16 p. % d'eau-de-vie à 60°; pour trouver la quantité d'eau-de-vie, il faut multiplier la quantité d'eau par 16 et diviser le produit par 100, en portant la virgule de deux rangs vers la gauche. Ainsi :

$$\frac{5.172 \times 16}{100} = 827 \text{ litres 5.}$$

Il faut ajouter 828 litres d'eau-de-vie à 60°.

Enfin, si l'on avait, soit 53 hectos 57 d'eau distillée, et qu'on voudrait faire avec cette qantité une petite eau, en lui ajoutant 12 p. % d'esprit fin à 86°, il faudrait :

$$\frac{5.357 \times 12}{100} = 642 \text{ litres 8 d'esprit fin, bon goût.}$$

72. — DE L'EAU DISTILLÉE.

L'eau distillée est de l'eau qu'on fait volatiliser dans un grand alambic; la vapeur qui s'élève et que produit constamment l'ébullition, s'engage dans le tuyau recourbé ou dans le chapiteau; puis dans le serpentin où elle se condense aussitôt par son contact, avec l'eau froide du réfrigérant; l'eau distillée doit toujours sortir la plus froide possible par l'extrémité du serpentin; pour cela, il faut que l'eau du réfrigérant qui contient le serpentin soit renouvelée d'une manière continue à l'aide d'un réservoir placé à la partie supérieure du réfrigérant et alimenté lui-même par un bon puits ; un tuyau conduit l'eau froide au bas du réfrigérant, tandis que l'eau chauffée par suite de la condensation des vapeurs s'écoule par le haut. Les quelques premiers litres qui distillent, doivent être rejetés parce qu'ils contiennent des substances étrangères, surtout lorsque l'appareil est resté quelque temps sans servir. Le feu doit être conduit avec régularité pendant l'opération et lorsqu'on a reçu à peu près les trois-quarts de la quantité d'eau mise dans l'alambic, on arrête le feu, on vide complètement la chaudière qui ne contient plus que le résidu, c'est-à-dire tous les sels et matières étrangères primitivement contenues en dissolution dans l'eau distillée.

Cette eau qui est alors très-pure, sans saveur ni odeur, doit être placée dans des fûts bien propres, mais autant que possible frais, vides d'esprit fin bon goût, ou d'eaux-de-vie fines ; mais le mieux serait d'en faire de petites eaux, comme nous l'avons indiqué précédemment, car les futailles dont se servent les brûleurs d'eau, finissent par contracter la pourriture, et l'eau distillée qui séjourne quelque temps dans un pareil vase, acquiert une odeur et une saveur désagréables ; pour éviter cet inconvénient, le maître de chai pourrait envoyer lui-même chez son brûleur d'eau, les futailles nécessaires pour contenir la quantité d'eau distillée dont il a besoin, lesquelles seraient remplies directement à l'appareil.

Les brûleurs d'eau pourraient faire une grande économie de combustible en employant l'eau de condensation, c'est-à-dire l'eau chaude du réfrigérant qui, le plus souvent, s'écoule en pure perte dans la rue ; pour cela, il suffit de bien régler le robinet d'eau froide qui arrive au bas du réfrigérant de manière à pouvoir condenser parfaitement la vapeur et à recevoir l'eau qui s'écoule par le haut la plus chaude possible, un tuyau la conduit dans une cuve en bois d'épaisseur et couverte, afin de conserver autant que possible la chaleur du liquide, et aussitôt qu'une opération est finie, on ferme le registre, on couvre le feu et l'on fait écouler le résidu de la distillation par le tuyau de vidange de l'alambic qui est immédiatement chargé de nouveau, au moyen d'une petite pompe foulante avec l'eau de condensation qui a déjà une température de 70° à 80° centigrades et quelquefois plus. Le distillateur d'eau économise ainsi, non-seulement le combustible qui aurait été nécessaire, mais aussi le temps, pour élever la masse d'eau employée, de la température ordinaire à celle que possède l'eau de condensation lorsqu'on l'introduit dans l'appareil.

73. — FABRICATION DU CARAMEL OU SUCRE BRULÉ POUR LA COLORATION DES SPIRITUEUX.

La confection du caramel et des sirops dont nous allons parler un peu plus loin doit être connue du maître de chai, attendu que ce sont des produits dont il fait usage journellement et que, selon les circonstances et les cas pressés, il ne peut pas toujours se les procurer immédiatement, tandis que généralement dans tous les cas, il trouvera toujours sous sa main les matières premières : le sucre et l'eau ; donc, en suivant attentivement les indications que nous allons donner, avec un peu de bonne volonté et de pratique, on pourra fabriquer soi-même, et ce qui n'est pas le moindre des avantages, c'est qu'on sera fixé sur la qualité des produits.

Pour fabriquer les quantités que nous indiquons, soit de caramel, de sirop de sucre ordinaire ou de sirop de sucre pour liqueurs à eaux-de-vie ; la même chaudière peut être employée ; il faut qu'elle ait 70 centimètres de diamètre en haut ; 60 centimètres de diamètre au cul et 34 centimètres de hauteur ou profondeur au centre de la chaudière, c'est-à-dire à la partie du cul la plus cintrée, sa contenance sera d'après ces mesures d'environ 100 litres et l'espace qui restera libre sera suffisant pour le jeu de l'ébullition, elle

devra être placée dans un petit fourneau en briques réfrac-
taires pas trop élevé afin qu'on puisse la mettre et
l'enlever facilement ; la cheminée munie d'un registre pour
régler l'activité du foyer, pourra être mise en communication avec la cheminée qui existe presque toujours dans
l'atelier de tonnellerie.

Pour fabriquer le caramel, il faut choisir du sucre brut
Martinique, bonne quatrième, d'un beau jaune ayant le
grain bien sec et bien cristallisé ; ou bien de la mélasse de
raffinerie de sucre de cannes ; le sucre avarié ainsi que les
mélasses des raffineries de sucre de betteraves doivent être
rejetés parce qu'ils donnent des caramels qui non-seulement
peuvent communiquer aux eaux-de-vie un goût particulier,
mais qui colorent très-peu et troublent souvent ces liquides.

Lorsqu'on emploi le sucre brut, voici comment on opère :

On prend 20 kilos de sucre qu'on met dans la chaudière
avec 6 litres d'eau et 20 grammes de cire blanche divisée
avec un couteau ; puis, on met le feu et on le conduit
jusqu'à la fin avec beaucoup d'activité en remuant continuellement le sucre avec une longue spatule en bois afin qu'il
s'attache le moins possible au fond du vase ; le liquide ne
tarde pas à bouillir, il se boursoufle et s'épaissit rapidement ;
on reconnaît que la caramélisation a lieu à une forte odeur
de sucre brûlé et aux vapeurs très-pénétrantes produites
par sa décomposition ; on juge qu'elle est au point convenable lorsque la matière a pris une teinte très-foncée et qu'elle
ne s'attache que très-difficilement à la spatule, alors, il fant
ôter la chaudière de dessus le feu et délayer cette masse
compacte avec 8 litres d'eau de fontaine chauffés jusqu'à
70° ou 75° centigrades en ayant soin de la verser très-doucement et peu à peu en remuant sans cesse avec la spatule.

Aussitôt le caramel parfaitement délayé, on le verse tout
chaud sur un bon tamis de crin bien serré et posé sur une
petite jarre dans laquelle il est reçu : ce vase doit être

verni intérieurement, bien propre et avoir une contenance d'environ 40 litres ; lorsque le caramel est descendu à la température ordinaire, on le mesure exactement (il doit donner environ 16 litres) et on le mélange dans la jarre avec une égale quantité de bonne eau-de-vie en agitant fortement avec la spatule, puis on met ce caramel dédoublé dans une bombonne en verre d'environ 35 litres, bien bouchée et l'on conserve pour les besoins.

L'emploi de la cire blanche a pour but d'empêcher que l'écume produite par l'ébullition ne puisse s'élever et ne passe par dessus les bords de la chaudière : la cire blanche fond à 68° centigrades, sa densité est 970 ; donc, aussitôt que le sirop placé sur le feu a atteint la température de 68°, elle se fond complètement et en raison de sa densité qui est de beaucoup inférieure à celle du sirop elle surnage ce liquide et maintient l'écume dans une certaine limite.

Il faut bien observer qu'aussitôt la chaudière enlevée de dessus le foyer on doit immédiatement délayer le sucre brûlé comme nous l'avons indiqué ; mais faut-il pour cela que l'eau nécessaire soit chauffée à l'avance, c'est-à-dire placée sur le feu en même temps que le sirop. Le mieux est d'avoir une bassine contenant environ 40 litres d'eau qu'on fait chauffer à 80° centigrades ; puis, lorsqu'on a employé les 8 litres d'eau pour dissoudre le sucre brûlé et que la chaudière est vidée, on la fait immédiatement nettoyer avec le restant d'eau chaude et une forte brosse, car cette opération serait beaucoup plus difficile et plus longue en employant de l'eau froide.

Manière d'opérer lorsqu'on emploie la mélasse de raffinerie de sucre de cannes :

Il faut prendre 20 litres de mélasse ayant de 1.400 à 1.410 de densité et 20 grammes de cire blanche coupée en plusieurs morceaux, on place le tout dans la chaudière sur un feu vif, et lorsque le sucre est convenablement caramélisé, on l'enlève de dessus le feu et on délaie avec 8 litres d'eau chauffée à 75° centigrades environ ; il faut avoir soin de remuer sans cesse avec la spatule tout le temps que la mélasse est sur le feu, du reste on opère exactement comme il a été indiqué pour le caramel fait avec le sucre brut.

Lorsque le sucre brut ou la mélasse sont de bonne qualité et que le caramel a été bien confectionné, ce qui demande un peu de pratique ; 1 litre de caramel dédoublé peut alors donner la coloration foncée à 5 hectolitres d'eau-de-vie blanche ou bien 1 litre de caramel pur donne la même coloration à 10 hectolitres d'eau-de-vie blanche : mais dans la pratique, on doit employer le caramel dédoublé parce qu'il ne donne pas autant de déchet, c'est-à-dire qu'il s'égoutte mieux et plus vite des vases dans lesquels on le mesure et se mélange plus rapidement ; enfin on le manie avec beaucoup plus de facilité.

Nous indiquerons plus loin la manière d'employer avec précision, le caramel pour la coloration des spiritueux blancs ou déjà colorés

74. — FABRICATION DU SIROP BLANC OU COLORÉ POUR DONNER DU MOELLEUX AUX EAUX-DE-VIE.

Les sirops blancs et les sirops colorés sont des solutions concentrées de sucre raffiné ou de sucre brut dans l'eau avec l'aide de la chaleur et en proportion convenable afin de pouvoir les conserver longtemps. Le point de concentration dans lequel le sirop se maintient le plus longtemps sans contracter d'altération est compris de 1-320 à 1.330 de densité, ou bien 35° à 36° du pèse-sirop température de 15° centigrades. (La densité du sucre pur est 1.600.)

Un autre moyen de conservation, c'est la clarification du sirop, surtout celui de sucre brut avec des blancs d'œufs afin de le débarasser des matiéres étrangères qu'il contient, qui troublent sa transparence et qui à la longue finissent presque toujours par provoquer la fermentation ; on obtient ainsi un sirop d'une grande limpidité et d'une saveur très-franche.

Pour les eaux-de-vie fines, ou pour les mélanges ou coupages qui en contiennent, il faut confectionner le sirop avec du sucre raffiné en pains très-blancs afin de ne pas altérer leur bouquet : tandis que le sirop fabriqué avec le sucre brnt, même de premier choix, ne doit s'employer que pour les eaux-de-vie communes et dédoublees, parce que ce sirop a toujours une odeur de mélasse plus ou moins prononcée.

Lorsqu'on emploie le sucre brut, il faut le choisir d'un beau blond, le grain bien sec et bien cristallisé ; celui qui a une nuance rougeâtre est la quaiité la plus inférieure,

Voici comment on opère pour la confection du sirop blanc avec le sucre raffiné :

Sucre raffiné...................................	60 kilos.
Eau de fontaine.................................	32 litres.
Blancs d'œufs...................................	5

Il faut casser le sucre à l'aide d'un marteau, en morceaux très-petits, les mettre dans la chaudière avec 25 litres d'eau pure ; ensuite, on prend les blancs de cinq œufs bien frais qu'on place dans une mesure avec 2 litres d'eau, on bat le tout avec un petit fouet en brins d'osier en ajoutant peu à peu les 5 litres d'eau restant, ce qui donne 7 litres d'eau albumineuse.

On ajoute immédiatement dans la chaudière, 5 litres de cette eau albumineuse et l'on en réserve 2 litres pour plus tard ; puis on agite vivement le sucre et lorsqu'il est à peu prés dissous on porte la chaudière sur le fourneau et l'on conduit le feu avec beaucoup d'activité jusqu'à l'ébullition en ayant soin de remuer le tout avec une spatule en bois jusqu'à ce que le dessus de la main étant appuyée contre la paroi de la chaudière, ne puisse plus tenir : a partir de ce moment, il ne faut plus agiter le liquide, car cela nuirait beaucoup à la clarification qui commence dès lors à avoir lieu.

Aussitôt que le sirop s'élève dans la chaudière, il faut y verser de très-haut et au milieu, les deux litres d'eau albumineuse que l'on a réservés, puis, on ferme le registre et l'on couvre le feu avec une large tôle disposée exprès, la porte du foyer restant alors ouverte; le liquide s'affaisse un instant et l'écume s'épaissit, on l'enlève immédiatement à l'aide d'une large écumoire en cuivre, puis, on ouvre le registre, on enlève la tôle et l'on fermé la porte du foyer afin de donner de l'activité au feu et mettre encore une fois le sirop en ébullition ; aussitôt qu'elle a lieu, on arrête le feu comme précédemment, car autrement, le sirop passerait sur les bords du vase qui le contient, puis, on enlève le peu d'écume formée et l'on examine le degré de concentration du liquide à l'aide du pèse-sirop ; s'il marque 31° à 32° bouillant, après refroidissement il donne 35° à 36° c'est-à-dire 1,320 à 1.330 de densité, température de 15°. Il faut alors l'ôter de dessus le feu et le passer desuite tout bouillant dans une manche en flanelle bien forte et bien humide afin que le sirop s'écoule mieux. Cette manche doit être bien fixée et placée au-dessus d'une jarre vernie intérieurement bien propre et bien sèche ayant une contenance de 80 litres et qui reçoit le sirop lrès-limpide qu'on couvre ensuite avec un tamis de crin afin que les moucherons n'y pénètrent pas.

Si le degré de concentration du sicop était moins de 31°, il faudrait laisser évaporer un peu plus ce liquide jusqu'à ce que, bouillant, il indique ce degré au pèse-sirop; si au contraire on dépassait le degré 32 du même aréomètre, alors, il faudrait décuire le sirop en y ajoutant un peu d'eau afin de le ramener bouillant à l'un ou à l'autre des degrés indiqués, mais cette manutention est vicieuse parce que si l'on ajoute trop d'eau, il faut ensuite l'évaporer par une ébullition prolongée qui a l'inconvénient de colorer ce liquide, ce qu'il faut éviter soigneusement ; d'ailleurs, si l'on opère comme il a été dit en observant bien les quantités indiquées, on arrive parfaitement au degré convenable sans être obligé de décuire et d'évaporer.

La clarification du sirop dans la chaudière se produit en sens inverse de celle du vin dans les tonneaux où toutes les matières étrangères sont entraînées au fond par le réseau que forme l'albumine, tandis que dans la chaudière elle se coagule par la chaleur et forme un réseau qui entraîne à la surface du liquide toutes les impuretés qu'il tient en suspension.

Avec les quantités de sucre et d'eau indiquées, le rendement du sirop à 35° ou 36° du pèse-sirop température de 15° centigrades sera d'environ 68 litres ; aussitôt qu'il s'est refroidi dans la jarre (le lendemain), on le transvase dans trois ou quatre petites bombonnes en verre, bien propres et surtout bien sèches à l'intérieur, bien bouchées et placées dans un lieu frais et sec, on peut ainsi le conserver longtemps.

Une cause d'altératton des sirops, ce sont les vases humides dans lesquels on les loge ; l'eau plus légère reste à sa surface ; il finit alors par contracter la moisissure ; le même effet peut également se produire par une vidange prolongée, ce qu'on peut très-bien éviter en mettant chaque fois le restant de sirop dans un vase plus petit, de manière qu'il se trouve plein ; ou mieux, on le place dans des bouteilles de litres bien bouchées.

Nous indiquerons plus loin la manière d'employer le sirop blanc dans les spiritueux.

75. — FABRICATION DU SIROP COLORÉ POUR LES EAUX-DE-VIE COMMUNES.

Sucre brut... 60 kilos.
Eau de fontaine................................... 33 litres.
Blancs d'œufs.................................... 8

Porter le sucre dans la chaudiére, verser dessus 25 litres d'eau et agiter le tout avec la spatule ; d'autre part, casser les huit œufs, mettre les blancs dans un vase particulier avec 2 litres d'eau et battre le tout fortement avec un petit fouet en ajoutant peu à peu les 6 litres d'eau qui restent ; on obtient ainsi 8 litres d'eau albumineuse et l'on en verse de suite 6 litres dans la chaudière en réservant 2 litres comme pour le sirop précédent.

La chaudière est immédiatement posée sur le feu qui est poussé activemnnt jusqu'à l'ébullition du liquide ; il faut, comme nous l'avons déjà dit, agiter le sucre continuellement, jusqu'à ce que la main ne puisse plus tenir contre la chaudière ; alors on laisse aller la clarification, et aussitôt que le sirop monte, l'on y verse de très-haut les 2 litres d'eau albumineuse réservés ; ensuite on opère exactement comme il a été indiqué pour le sirop précédent.

Nous indiquons un litre d'eau de plus que pour le sirop blanc ; parce que le sucre brut produit uue écume qui a beaucoup de consistance et en bien plus grande quantité que le sucre raffiné ; donc, pour enlever toutes ces impuretés, il faut que l'opération se prolonge un peu plus, ce qui produit une évaporation plus grande.

Les écumes sont recueillies dans un baquet ; par le refroidissement, le peu de sirop qu'elles contiennent se dépose au fond ; le lendemain on enlève avec l'écumoire cette écume presque dure qui surnage le sirop, on verse celui-ci dans une ou deux bouteilles et on le conserve jusqu'à une nouvelle fabrication à laquelle on l'ajoute pour le clarifier de nouveau.

Il faut que le pèse-sirop soit bien propre et bien sec chaque fois qu'on le plonge dans un sirop; on doit aussi le diriger avec précaution par le bout de la tige jusqu'à son point d'arrêt, parce que s'il se recouvrait de liquide à une hauteur plus ou moins grande, son poids étant augmenté, il indiquerait alors une concentration plus grande que celle qu'aurait le sirop en réalité; le tube en fer blanc muni d'un long manche et à l'aide duquel on prend le sirop bouillant pour y plonger ensuite l'instrument, doit aussi être propre et sec. (Pour l'emploi du pèse-sirop, voir aussi au n° 44.)

Pour produire un feu très-vif sous la chaudière, si toutefois le tirage est convenable, il faut employer des bois tendres et légers, divisés convenablement; ces sortes de bois ne manquent jamais dans les chais; ainsi, les rognures de pin, de sapin, les gros copeaux du même bois et les fagots de cercles de châtaigniers fournissent un combustible excellent pour la fabrication des sirops, parce que la grande quantité de chaleur développée dans un temps donné étant en raison de la rapidité de la combustion, le liquide sera bientôt porté à l'ébullition.

Il faut éviter l'emploi du bois humide, surtout pour la confection du sirop de sucre raffiné, parce que la combustion languit, dégage beaucoup de fumée et peu de chaleur, puisqu'une partie de cette dernière est employée à réduire en vapeur l'eau qui contient le combustible. (Voir plus loin l'emploi du sirop coloré dans les eaux-de-vie communes.)

76. — FABRICATION DU SIROP POUR LIQUEURS A EAUX-DE-VIE.

Sucre raffiné....................... 50 kilos.
Eau de fontaine.................... 19 litres.
Blancs d'œufs 5

On casse le sucre en morceaux très-petits qu'on met dans la chaudière avec 14 litres d'eau et l'on agite vivement, afin d'en dissoudre le plus possible; d'autre part, on fait une eau albumineuse avec les 5 blancs d'œufs et 5 litres d'eau de la manière déjà indiquée; puis on met 4 litres de cette eau albumineuse dans la chaudière qu'on porte aussitôt sur le feu qui doit être poussé activement, et l'on continue de remuer jusqu'à ce que, la main appuyée sur la paroi de la chaudière, ne puisse plus y rester; alors, on cesse d'agiter et on laisse aller la clarification; lorsque l'ébullition commence, le sirop monte rapidement; alors on verse dessus de toute la hauteur du bras, le litre d'eau albumineuse réservé; le liquide s'affaise, il faut aussitôt couvrir le feu, fermer le registre, et laisser la porte du foyer ouverte; ensuite, on enlève l'écume et l'on active de nouveau le feu; l'ébullition recommence et produit encore un peu d'écume, et le sirop porté on arrête le feu, l'écume produite qui est enlevée totalement dans une jarre bien propre et bien sèche; son rendement sera d'environ 50 litres à la température de 15° centigrades, et sa densité environ 1.380 ou bien 40° du pèse-sirop.

Ce sirop très-concentré, va nous servir à confectionner diverses liqueurs à eaux-de-vie qui se conservent indéfiniment, acquièrent beaucoup de qualité en vieillissant et donnent aux eaux-de-vie, du moelleux, du bouquet et du rancio; nous les désignerons désormais sous les noms de liqueur de Cognac, liqueur d'Armagnac, liqueur de Rhum, liqueur de Kirsch-Wasser, liqueur de Noix, liqueur de thé, etc., etc.

Pour les dédoublés fins et les eaux-de-vie communes, il faut fabriquer le sirop avec le sucre brut de bonne qualité comme nous l'avons déjà indiqué; on emploie les mêmes quantités de sucre et d'eau que précédemment et 8 blancs d'œufs au lieu de 5, la manière d'opérer est la même.

La consistance sirupeuse de ces sirops ne permet pas de les passer dans la chausse en flanelle; il faut enlever complètement l'écume et les mettre refroidir dans une jarre bien couverte avec un tamis de crin.

77. — PRÉPARATION DE LA LIQUEUR DE COGNAC.

Cognac pur à 60°............................ 50 litres.
Sirop du n° 76.............................. 50 litres.
                                          ————
  TOTAL.................................... 100 litres liqueur.

Mettre le Cognac dans un vase bien propre et verser dessus les 50 litres de sirop; s'il n'y avait pas tout-à-fait 50 litres de sirop, il faudrait ajouter à ce liquide l'eau de fontaine nécessaire pour compléter cette quantité (bien entendu qu'on n'emploie le sirop à la confection de la liqueur que lorsqu'il s'est refroidi); puis on agite afin de bien mélanger le tout; on couvre le vase qui contient la liqueur et on la laisse en repos jusqu'au lendemain.

Pour opérer le mélange, le mieux est de se servir d'un baril contenant 110 à 120 litres qu'on peut ensuite fermer hermétiquement et éviter ainsi toute évaporation; ce baril doit avoir déjà contenu un spiritueux quelconque, mais bon goût.

Après vingt-quatre heures de repos au moins, on filtre la liqueur afin de l'obtenir d'une limpidité parfaite; voici comment on opère :

Réduire en pâte dans un vase bien propre cinq à six feuilles de papier à filtrer de bonne qualité à l'aide d'un pilon formé de plusieurs petites baguettes de bois dur, reliées entre elles avec un ou deux vimes ou une forte ficelle et un peu d'eau de fontaine; lorsque le papier est complètement divisé, il faut l'étreindre un peu entre les deux mains aflu d'enlever une partie de l'eau qu'il contient; ensuite, on délaie la moitié seulement du papier en pâte avec un litre de liqueur dans une mesure bien propre, et l'on ajoute peu à peu en agitant toujours environ un décalitre de liqueur, ou un peu plus, selon la grandeur de la chausse; verser alors ce liquide dans le bassin du filtre auquel est adaptée la chausse en laine et à travers laquelle il s'écoule assez rapidement, jusqu'à ce que le papier très-divisé étant retenu par le poil de l'étoffe, y adhère fortement et empêche les corps solides imperceptibles qu'il peut contenir de passer outre; dès ce moment, il faut toujours entretenir la chausse pleine, c'est-à-dire qu'on ajoute successivement toute la liqueur de manière qu'il y en ait constamment dans le bassin qui alimente la chausse en repassant ce liquide s'il est nécessaire, afin d'obtenir une transparence et une limpidité parfaite.

Pour obtenir une filtration convenable, il faut mettre le papier nécessaire de manière que le liquide, en s'écoulant du filtre, forme un filet régulier de la grosseur du petit doigt; il faut aussi observer que plus une liqueur est sirupeuse moins il faut de papier et réciproquement; lorsqu'elle s'écoule de la chausse avec trop de rapidité, il faut dans ce cas délayer un peu plus de pâte de papier réservée et l'ajouter à la liqueur contenue dans le bassin; mais il faut bien faire attention que le papier n'adhère pas immédiatement au molleton, ce n'est que quelques minutes après qu'il a été versé dans le bassin du filtre et que de là il est passé dans la chausse, que cette dernière se trouve encollée : un peu de pratique mettra bientôt au courant de cette opération.

La colonne du filtre qui supporte le bassin ou réservoir et dans laquelle est renfermée la chausse afin d'éviter autant que possible l'évaporation, doit être munie près du fond d'un robinet dégorgeur, et du côté opposé d'un robinet à bouteille. Il faut faire usage du gros robinet dégorgeur ou gros robinet tant que le liquide coule de la chausse avec abondance, afin d'éviter qu'il ne s'élève dans la colonne et n'atteigne cette dernière, puis, pour recevoir avec plus de promptitude le liquide à repasser afin d'alimenter le bassin jusqu'à ce que la liqueur soit limpide et par conséquent recevable.

Ce filtre doit être en cuivre étamé à l'intérieur, le bassin est muni d'un couvercle qu'on pose aussitôt que le repassage du liquide est terminé, toujours dans le but d'éviter l'évaporation.

La liqueur filtrée peut, très-bien, être mise dans un petit fût frais vide d'un spiritueux fin, bon goût et de la contenance d'un hectolitre ; mais comme le plus souvent, on ne l'emploie que par petites portions au fur et à mesure des besoins ; dans ce cas, le baril peut rester longtemps en vidange, quelquefois mal bondé, alors il y a évaporation et la liqueur perd une partie de son bouquet ; il est donc préférable de la mettre immédiatement en bouteilles de litre qui sont remplies au petit robinet du filtre, aussitôt que la liqueur coule très-limpide, ce qu'on examine avec le verre conique à pied.

Les bouteilles, parfaitement bouchées, sont portées à la cave ou dans tout autre lieu obscur où ne recevant qu'un demi-jour et d'une température constante de 12° à 15° centigrades.

Le papier à filtrer est blanc, gris ou rougeâtre, et sans colle ; on reconnaît la meilleure qualité lorsqu'il est très-souple et qu'en le mouillant avec la pointe de la langue l'humidité le traverse aussitôt.

M. Durand chaudronnier-pompier et constructeur d'appareils pour liquoristes, à Bordeaux, place St-Pierre, n°   , construit des filtres de toutes dimensions semblables à celui que nous avons décrit précédemment, et auxquels on peut adapter plusieurs chausses selon les quantités de liquide à filtrer.

Après chaque opération de filtrage, il fant laver parfaitement la chausse, à cet effet, on la retire du filtre lorsqu'elle s'est bien égouttée, on la retourne et la tenant d'une main par nne extrêmité on la secoue fortement, le papier se détache et tombe de lui-même, puis, on la plonge dans l'eau à plusieurs reprises et on la fait courir vivement de droite à gauche et de gauche à droite huit ou dix fois, ensuite, il faut la doubler et la tordre légèrement ; on la passe ainsi dans plusienrs eaux mais sans la battre, afin de ne pas enlever le poil de l'étoffe ; la chausse, légèrement, tordue est alors suspendue à l'abri de la poussière, mais lorsqu'elle doit servir de nouveau, il faut toujours la passer dans une eau propre afin de l'employer humide.

Nous indiquerons plus loin comment on emploie cette liqueur.

78. — PRÉPARATION DE LA LIQUEUR D'ARMAGNAC.

Armagnac pur à 52º....................	40	iitres.
Esprit trois-six fin, bon goût à 90º.....	10	»
Sirop blanc du nº 76...................	50	»
Total..	100	litres liqueur.

Mélanger et filtrer comme nous l'avons indiqué au nº 77. On peut remplacer le sirop blanc par une même quantité de sirop de sucre brut préparé de la même manière ; mais cette liqueur n'a plus autant de finesse, elle doit s'employer pour les eaux-de-vie communes et les dédoublés.

Nous avons fait observer, plus haut, que toutes les eaux-de-vie étaient généralement reçues de l'appareil distillatoire à un degré alcoolique un peu plus élevé que le degré de preuve, et qu'ensuite, on les réduit à ce dernier degré pour les livrer au commerce ; quelquefois cependant on peut se les procurer en nature ce qui est préférable pour la confection des liqueurs dont nous parlons, toutefois, lorsqu'elles ont déjà plusieurs années de fabrication, car les eaux-de-vie les mieux préparées conservent toujours, lorsqu'elles sont nouvelles, un léger goût de feu que le temps fait disparaître; ensuite, leurs principes se combinent intimement, elles ont alors un bouquet ou arôme plus délicat et un goût plus fin, mais le temps seul produit cette amélioration.

Ainsi, comme les liqueurs à eaux-de-vie doivent contenir de 30 à 33 centièmes d'alcool pur, donc, si l'on avait sous la main de l'Armagnac pur à un degré plus élevé que 52° et ayant déjà quelque temps de fabrication, il faudrait l'employer de préférence, parce qu'alors on pourrait en mettre un peu plus et par conséquent diminuer la quantité d'esprit ttois-six qui donne de la force à la liqueur mais pas de parfum ; si l'on pouvait se procurer de l'Armagnac rassis à 60° comme le Cognac, dans ce cas, il suffirait de 50 litres d'Armagnac sans addition de trois-six, car 50 litres à 60° donnent 30 litres d'alcool pur ; alors la liqueur est convenablement alcoolisée et l'arôme augmenté; mais supposons qu'on ait de l'Armagnac à 55° et de l'esprit fin à 92°, quelle quantité faut-il prendre de chacun de ces spiritueux, pour obtenir 50 litres d'Armagnac à 60° qui, ajoutés aux 50 litres de sirop blanc, donneront une liqueur contenant 30 centièmes environ 1/3 d'alcool pur.

Il faut faire le même calcul qu'au n° 22 (première partie).

Opération :

Proportion :

Degré sup.. 92°   5   :: 5 : x = 6 lit. 7 d'esprit à 92°

Degré à obt.   60°   37 : 50

Degré inf... 55°   32   :: 32 : x = 43 lit. 3 d'Arm. à 55°

                37   50 litres de mél. à 60°

Mais dans la pratique, pour la confection des liqueurs à eaux-de-vie, on peut forcer la fraction, ou bien forcer seulement celle de l'eau-de-vie; ainsi il faut prendre dans ce cas, 6 litres d'esprit fin à 92° et 44 litres d'Armagnac à 55°, puis opérer le mélange de la manière indiquée, en mettant toujours le spiritueux le plus alcoolique ou bien le liquide le plus léger le premier au fond du vase et successivement les autres par dessus; le mélange s'opère ainsi presque de lui-même, il faut ensuite peu d'effet pour le rendre parfait.

79. — PRÉPARATION DE LA LIQUEUR DE RHUM.

Rhum 1re qualité à 54°....................	42 litres.
Esprit trois-six fin, bon goût, à 90°....	8 »
Sirop blanc du n° 76.....................	50 »
TOTAL..........................	100 litres liqueur.

Il faut mélanger et filtrer de la manière indiquée, et si l'on avait du rhum de première qualité à un degré plus élevé, il faudrait opérer comme précédemment n° 78, afin d'employer moins d'esprit et obtenir une liqueur plus aromatique.

On peut également remplacer le sirop blanc par le sirop coloré, confectionné de la même manière, lorsqu'on doit faire usage de la liqueur pour les eaux-de-vie ordinaires et les dédoublés.

Le rhum est le produit de la distillation des mélasses de cannes à sucre et des écumes des chaudières à sucre qu'on étend d'eau convenablement et qu'on fait fermenter avant de les distiller; cette eau-de-vie se prépare à la Martinique, à la Jamaïque, aux Antilles, à la Guadeloupe et dans d'autres colonies; les plus inférieures portent le nom de tafia.

La liqueur de rhum employée dans les eaux-de-vie de vin ordinaire et dans les dédoublés fins, leur donne du moelleux et de l'arôme; nous verrons plus loin la manière de l'employer.

80. — LIQUEUR DE KIRSCH-WASSER, SA PRÉPARATION.

Kirsch-Wasser 1re qualité à 54° ou 55°....... 42 litres.
Esprit trois-six fin, bon goût à 90°......... 8 »
Sirop blanc du n° 76............................ 50 »

TOTAL................. 100 litres liqr.

Mélanger et filtrer de la manière déjà indiquée.

Si l'on avait du kirsch de 1re qualité à un degré supérieur, il faudrait l'employer de préférence toujours dans le but de diminuer la dose d'esprit en augmentant celle du kirsch qui, par conséquent, augmenterait aussi le parfum de la liqueur ; dans ce cas, on opère comme il a été indiqué au n° 78.

Le sirop blanc peut être remplacé par le sirop coloré, pour l'usage des eaux-de-vie communes.

Le kirsch ou eau-de-vie de cerises, est le produit de la distillation du jus de cerises fermenté ; sa fabrication a lieu dans les départements des Vosges, de la Haute-Saône et du Doubs ; le centre de son commerce se trouve établi à Fougerolles, canton de Saint-Loup (Haute-Saône) d'où on l'expédie à l'intérieur et à l'étranger.

La cerise charnue à petit noyau, est celle qui produit le plus, mais d'une qualité inférieure ; la mérise ou cerise noire à gros noyau dont la queue est longue et rougeâtre, donne un kirsch de qualité supérieure mais Inférieure en quantité.

Il faut éviter soigneusement la coloration du kirsch ; car dans le commerce, il est d'autant moins estimé qu'il est plus coloré, pour éviter cet inconvénient, on le place dans des bouteilles ou dans des bombonnes, ou bien, lorsqu'on en a de grandes quantités, on le loge dans des futailles en bois de frêne qui, auparavant, auront contenu du trois-six fin pendant quelque temps : ce bois a l'avantage de ne pas colorer les liquides qui doivent rester blancs.

Cette liqueur communique aux eaux-de-vie fines et aux dédoublés fins, du moelleux, de l'arôme et un goût d'amande très-agréable.

81. — PRÉPARATION DE LA LIQUEUR DE NOIX.

Le maître de chai qui doit employer la liqueur de noix dans les eaux-de-vie, auxquelles elle donne du moelleux et du rancio, doit s'approvisionner d'infusion de noix à l'époque que ce fruit est vert, afin d'en avoir au moins pour une année; mais il est préférable d'en faire une provision plus grande parce que l'infusion de noix acquiert beaucoup de qualité en vieillissant; puis, au fur et à mesure des besoins, on en prend la quantité nécessaire à la confection d'une certaine quantité de liqueur de noix.

La meilleure époque pour fabriquer l'infusion de noix est le mois de juillet; voici comment on opère :

Noix vertes............................... 100 kilos.
Eau-de-vie fine à 60°..................... 100 litres.

Prendre les noix d'une belle espèce et bien saines, au moment où le bois de la coquille va se former ; c'est-à-dire, lorsqu'une épingle peut encore pénétrer jusqu'au cœur du fruit sans obstacles : si l'on s'y prenait trop tard, et par conséquent, que la coquille de la noix verte serait fermée, on pourrait néanmoins s'en servir pour préparer l'infusion de noix, mais dans ce cas, l'infusion et la liqueur de noix qui en résulterait n'auraient pas autant de finesse.

Piler les noix, avec le plat d'un maillet, sur une table ou une large planche en chêne bien unie et bien propre, ou bien dans un large mortier, et les mettre à mesure dans une futaille défoncée d'un bont; puis, on place les fonds et l'on verse par la bonde l'eau-de-vie à 60° ; bonder à demeure et mettre en place pour laisser infuser le tout pendant trois ou quatre mois : à cette époque, on soutire l'infusion à l'aide d'un robinet muni d'un petit tube en fer-blanc fermé à son extrémité, ayant 15 à 20 centimètres de longueur et percé de petits trous régulièrement espacés comme ceux d'un passoir de cuisine, ce petit tube s'adapte fortement avec la main et peut ensuite s'ôter facilement ; de cette manière le robinet n'est pas obstrué par les morceaux de noix, et le liquide s'écoule rapidement et totalement, on le place dans un fût propre ayant contenu un spiritueux franc de goût ; bien bondé, et l'on conserve pour l'usage,

Voici comment on prépare la liqueur de noix :

Infusion de noix à 60°..................... 50 litres
Sirop blanc du n° 76..................... 50   »

100 litres liqueur

Mélanger comme il a été indiqué, et laisser la liqueur huit à douze jours en repos, puis, soutirer et filtrer.

Lorsqu'on emploie l'infusion de noix, elle n'a plus 60° et elle est d'autant plus faible qu'elle est plus vieille comme tous les spiritueux ; mais il est facile de la ramener au degré convenable avec une petite addition d'esprit fin et franc de goût, en opérant comme nous l'avons indiqué au n° 78.

Ainsi : Supposons que l'Infusion de noix au moment de l'employer n'ait que 56° et l'esprit 91° ; quelle quantité faut-il prendre de chacun de ces spiritueux pour composer un mélange de 50 litres infusion à 60° ?

$$
\left.\begin{array}{lll}
\text{Degré sup.} & 91° & 4 \\
\text{Degré à ob.} & 60° & 35 : 50 \\
\text{Degré Inf.} & 56° & 31
\end{array}\right\}
\left\{\begin{array}{l}
:: 4 : x = 5 \text{ lit. } 7 \text{ esprit à } 91°. \\
\\
:: 31 : x = 44 \text{ lit. } 3 \text{ infusion à } 56°
\end{array}\right.
$$

$$
\overline{35} \qquad\qquad \overline{50 \text{ lit. » infusion à } 60°}
$$

Mais on peut forcer la fraction et prendre 6 litres d'esprit fin à 91° et 45 litres d'infusion à 56° qui, mélangés avec les 50 litres de sirop, donnent 100 litres de liqueur de noix.

82. — PRÉPARATION DE LA LIQUEUR DE THÉ.

Il y a des personnes qui font bouillir le thé pendant quelque temps dans une chaudière ouverte pour faire l'infusion ; cette méthode est très-vicieuse, car on n'obtient ainsi qu'une eau très-âpre mais sans parfum ; un semblable liquide ajouté aux eaux-de-vie, ne peut que produire un très-mauvais effet.

Voici comment il faut préparer l'infusion de thé pour les eaux-de-vie :

On doit avoir un vase qui ferme hermétiquement, et la partie du robinet placée intérieurement, doit être entourée d'une sorte de tête d'arrosoir percée de petits trous, afin que le liquide puisse s'écouler sans entraîner la plante qui fermerait le passage. Le vase étant bien lavé et égoutté, on place au fond le thé qu'on veut employer (qui est ordinairement 60 à 70 grammes par hectolitre d'eau-de-vie) ; supposonsqu'il y ait trente hectos d'eau-de-vie, il faut alors 1 kilo 8 à 2 kilos 1 de thé, et l'on verse dessus 10 litres d'eau bouillante, on ferme le vase hermétiquement et on laisse froidir : lorsque le liquide est descendu à la température ordinaire, on découvre le vase et l'on ajoute, à l'infusion, 10 litres d'esprit fin à 86° ou 90° en ayant soin d'agiter avec une spatule en bois afin de mélanger le tout, qu'on couvre bien et qu'on laisse en macération 24 ou 48 heures ; ensuite, on soutire le liquide, on presse légèrement la plante dans un linge mouillé, ou mieux sur un tamis de crin afin d'en extraire une partie du liquide qu'elle retient, et qu'on ajoute au premier ; on filtre cette infusion et on l'ajoute à la cuve en agitant vivement avec le grand fouet ; ou bien, si l'eau-de-vie est en futaille, on distribue l'infusion proportionnellement à leur capacité, de manière que chacune d'elles reçoive la même dose de parfum.

Si le vase à infusion était assez grand, on pourrait porter la dose d'eau bouillante à 15 litres, et après refroidissement ajouter 15 litres d'esprit, en opérant du reste, comme il vient d'être dit.

Voici la manière d'opérer pour obtenir la liqueur de thé sans distillation :

Le maître de chai ne pouvant pas faire usage d'alambic dans les chais, nous nous dispensons d'en parler.

Thé impérial..................	3 kilos.	
Eau pure....................	15 litres.	
Esprit extra-fin à 90°.........	35 L	100 litres liqueur.
Sirop blanc du n° 76..........	50 »	

Prendre un vase comme nous l'avons indiqué précédemment, de grès et de grandeur convenable, déposer au fond le thé, verser dessus les 15 litres d'eau bouillante, et fermer desuite le vase hermétiquement afin qu'il n'y ait pas évaporation du principe odorant de la plante, ce qu'il faut éviter soigneusement; aussitôt que le vase s'est refroidi, ce qui demande environ deux heures, ajouter les 35 litres d'esprit, fermer encore hermétiquement et laisser macérer pendant huit jours : après ce laps de temps, soutirer l'infusion, presser le thé légèrement avec une toile propre et mouillée, réunir le liquide obtenu au premier, et compléter les 50 litres avec une bonne eau-de-vie vieille, (le thé retient toujours un peu de liquide qui est très-astringent, et qu'il ne faut pas ôter tout-à-fait, c'est pour celà qu'il faut presser légérement.)

Ces 50 litres d'infusion mélangés aux 50 litres de sirop produisent 100 litres de liqueur de thé par infusion ; mais si 24 heures après avoir ajouté l'esprit, on distillait au bain-marie et l'on rectifiait pour ajouter ensuite l'extrait au sirop; alors on aurait une liqueur de thé possédant plus de finesse et un parfum plus délicat.

Il faut filtrer la liqueur comme il a été indiqué au nº 77 et conserver pour l'usage en bouteilles de litres.

On peut remplacer le sirop blanc par une égale quantité de sirop coloré confectionné de la même manière, (voir au nº 76.)

83. — INFUSION DE COQUES D'AMANDES AMÈRES.

On peut encore employer l'infusion de coques d'amandes amères, dans le but d'augmenter ou de donner de l'arôme aux eaux-de-vie, voici sa préparation :

Coques d'amandes amères..................... 60 kilos.
Esprit fin, franc de goût à 90º................ 100 litres.

Laver les coques à grande eau en les frottant avec les mains pour ôter la poussière qui les recouvre, les égoutter, les placer dans un baril ayant contenu un spiritueux bon goût, et les couvrir avec l'esprit trois-six ; ensuite bonder à demeure et laisser infuser pendant deux mois au moins ; puis on soutire le liquide de la manière indiquée au 81, afin que le robinet ne soit pas obstrué par les morceaux de coques, et on le conserve pour l'usage dans un petit fût bien propre ou en bouteilles de litres.

84. — PRÉPARATION DE L'EAU DE RÉGLISSE POUR LES EAUX-DE-VIE COMMUNES.

La décoction de bois de réglisse est souvent employée pour donner du moelleux aux eaux-de-vie ordinaires et aux dédoublés ; voici comment on opère pour extraire la partie sucrée de cette racine : il faut prendre le bois de réglisse bien jaune à l'intérieur et bien sec ; celui qui a une couleur roux foncé est plus ou moins avarié ; on ôte l'épiderme brunâtre qui le recouvre, ou bien, on les lave dans de l'eau froide en frottant chaque racine avec la main, afin d'enlever la poussière qui y adhère ; ensuite, on les pile fortement à l'aide du marteau ou bien dans un mortier, de manière à diviser le bois le plus possible, et on le met bouillir pendant dix à quinze minutes dans dix à douze fois son poids d'eau. Après refroidissement, on passe la décoction dans un tamis de crin, et l'on l'ajoute au mélange, en ayant soin de retrancher, la même quantité d'eau distillée à employer.

La quantité de réglisse employée par hectolitre d'eau-de-vie est ordinairement de 4 à 500 grammes.

85. — SIROP DE RAISIN CLARIFIÉ POUS LES EAUX-DE-VIE

Nous avons déjà parlé au n° 46 de la fabrication de ce sirop pour remonter les moûts de mauvaises années ; mais il n'a pas été question de la clarification, ce qui est indispensable, lorsqu'on vent faire usage du sirop de raisin pour donner du moelleux aux eaux-de-vie ; voici comment on opère : prenez du moût de raisin le plus concentré possible afin d'avoir moins d'eau à évaporer, passez-le dans un tamis de crin ; ensuite neutralisez les acides au moyen d'une addition de carbonate de chaux, comme il a été indiqué : décantez le liquide désacidifié et passez-le dans une chausse en molleton sans papier ; puis versez-le dans la chaudière, en ajoutant quatre ou cinq blancs d'œufs bien battus avec un peu de moût (par chaque hectolitre) ; poussez vivement le feu ; aussitôt que l'ébullition se produit, couvrez-le un instant afin d'enlever l'écume ; activez de nouveau le feu et faites évaporer jusqu'à ce que le sirop bouillant marque 31° ou 32° du pèse-sirop, en ayant soin d'enlever l'écume qui se forme pendant l'opération ; ce degré obtenu, on passe immédiatement le sirop dans une chausse en molleton (sans papier-filtre) on le reçoit dans une jarre bien propre où on le laisse refroidir, couvert simplement avec un tamis.

Après refroidissement, ce sirop marquera 35° à 36° du pèse-sirop ou bien 1.320 de densité ; on peut le conserver longtemps dans cet état, en le mettant dans une bombonne bien bouchée ou dans des bouteilles de litres ; mais il est préférable de le mélanger à un volume, égal au sien, de vieille eau-de-vie, ou de bonne eau-de-vie de Cognac ou d'Armagnac ; dans ces conditions il se conserve indéfiniment et acquiert beaucoup de qualité en vieillissant.

86. — OBSERVATIONS RELATIVES AUX SIROPS DE SUCRE ET AUX LIQUEURS A EAUX-DE-VIE.

Le maître de chai peut faire choix parmi ces liquides de ceux qu'il juge les plus convenablles, selon les eaux-de-vie qu'il manipule habituellement ; ainsi, pour le Cognac pur, sans mélange, seulement réduit ou non avec de l'eau distillée ou de petites eaux, il convient d'employer le sirop blanc du n° 74 à la dose de 1 litre à 3 litres par hectolitre d'eau-de-vie ; ou bien la liqueur de Cognac, d'Armagnac ou de Kirsch confectionnée avec le sirop blanc du n° 76, l'une ou l'autre de ces trois liqueurs à la dose de 2 litres à 6 litres par hectolitre d'eau-de-vie supérieure ; ou bien encore 1 à 2 litres de chacune de ces trois liqueurs par hectolitre de Cognac ; c'est au maître de chai et au négociant à voir, dans ce cas, à l'aide du verre gradué et de la dégustation, les quantités qui conviennent le mieux selon l'âge et la qualité du Cognac : il est évident que pour une même qualité d'eau-de-vie ; plus elle sera vieille, et moins il faudra de sirop de sucre ou de liqueur.

Au-dessus de 3 p. 0/0 de sirop ou de 6 p. 0/0 de liqueur, la douceur du spiritueux commence à être sensible, ce qu'il faut éviter avec soin, car alors on aurait une liqueur, au lieu d'une boisson alcoolique. Il faut aussi remarquer que 6 litres de liqueur à eau-de-vie quelle qu'elle soit, équivalent à

3 litres 30 de sirop de sucre du n° 74; c'est-à-dire que la quantité de sucre pur contenue dans 6 litres de liqueur et dans 3 litres 3 de sirop est la même.

Il faut donc ajouter au Cognac pur les liqueurs dont le parfum ne peut masquer le bouquet inimitable et si délicat de cette eau-de-vie.

Dans les mélanges ou coupages qui contiennent du cognac en plus ou moins grande quantité, on peut alors employer avantageusement les liqueurs de rhum, de thé, l'infusion de coques d'amandes et la liqueur de noix pour augmenter l'arôme de l'eau-de-vie et lui donner du rancio; ainsi, 2 litres de liqueur de rhum, 2 litres de liqueur de thé et 1 litre de liqueur de noix par hectolitre d'eau-de-vie de mélange, produit un bon effet; on peut remplacer la liqueur de rhum ou de thé par une égale quantité de liqueur de kirsch; on peut encore mélanger par hectolitre d'eau-de-vie coupée, 1 litre d'infusion de coques d'amandes, 1 litre d'infusion de noix et 1 à 3 litres de sirop blanc du n° 74; enfin, le verre gradué et une dégustation exercée sont les meilleurs guides dans l'appréciation des mélanges et des quantités à employer.

Les liqueurs préparées avec des spiritueux de qualité moyenne et le sucre brut, la décoction de la réglisse, les infusions et le sirop de raisin employés avec discernement dans les dédoublés et eaux-de-vie communes augmentent beaucoup la qualité de ces spiritueux.

On peut également fabriquer des quantités plus grandes ou plus petites soit de sirop, de liqueur ou d'infusion selon les besoins qu'on peut en avoir, mais en employant proportionnellement les matières qui composent ces liquides.

87. — DÉTERMINATION DE LA FORCE ALCOOLIQUE DES SPIRITUEUX.

Nous avons déjà vu au 67 et n° 68 la manière de déterminer avec, exactitude, la proportion d'alcool pur continue dans une eau-de-vie, ou esprit quelconque à l'aide de l'instrument de M. Gibert qui, deplus, permet d'opérer avec facilité et rapidité la pesée d'un grand nombre de futailles d'eau-de-vie ou de trois-six ; cependant, dans quelques départements on fait encore usage de l'alcoomètre centésimal de Gay-Lussac et de l'aréomètre de Cartier, pour l'appréciation de la force alcoolique ; puis, du thermomètre centigrade de Réaumur pour l'appréciation de la température des liquides.

Plusieurs personnes déterminent aussi la force olcoolique des spiritueux par l'emploi combiné de l'alcoomètre centésimal, du thermomètre centigrade et d'une table de correction déduite des tables de Gay-Lnssac, par l'administration des Contributions Indirectes et dont les employés de la régie font usage, pour cette raison, nous allons avant de parler du mouillage et des mélanges des spiritueux donner la relation qui existe entre les degrés de l'alcoomètre centésimal et ceux de l'alcoomètre de Cartier ; puis, la relation entre les degrés du thermomètre centigrade et ceux de Réaumur et enfin la table des corrections à faire subir au degré apparent indiqué par l'alcoomètre pour obtenir le degré réel chaque fois que la température du liquide spiritueux se trouve au-dessous ou au-dessus de 15° centigrades ; mais, nous le répétons, dans la pratique, il est beaucoup plus avantageux sous tous les rapports, de ne faire usage que de l'instrnment de précision de M. Gibert dont nous avons déjà parlé au n° 68.

88. — RAPPORT *des degrés de l'alcoomètre centésimal aux degrés de l'aréomètre selon Cartier, à la température de 15° centigrades.*

Degrés centésimaux	Degrés de Cartier	Degrés centésimux	Degrés de Cartier	Degrés centésimux	Degrés de Cartier
0	10 »	34°	15.4	68°	25.5
1°	10.2	35°	15.6	69°	25.8
2°	10.4	36°	15.8	70°	26.3
3°	10.6	37°	16.»	71°	26.7
4°	10.8	38°	16.2	72°	27.1
5°	10.9	39°	16.4	73°	27.5
6°	11.1	40°	16.6	74°	28.»
7°	11.3	41°	16.9	75°	28.4
8°	11.5	42°	17.1	76°	28.9
9°	11.6	43°	17.4	77°	29.4
10°	11.8	44°	17.6	78°	29.8
11°	12 »	45°	17.9	79°	30.3
12°	12.1	46°	18.1	80°	30.8
13°	12.3	47°	18.4	81°	31.3
14°	12.4	48°	18.7	82°	31.8
15°	12.5	49°	19.»	83°	32.3
16°	12.7	50°	19.2	84°	32.8
17°	12.8	51°	19.5	85°	33.3
18°	12.9	52°	19.8	86°	33.9
19°	13.1	53°	20.1	87°	34.4
20°	13.2	54°	20.5	88°	35 »
21°	13.4	55°	20.8	89°	35.6
22°	13.5	56°	21.1	90°	36.3
23°	13.6	57°	21.4	91°	36.9
24°	13.8	58°	21.8	92°	37.6
25°	14 »	59°	22.1	93°	38.3
26°	14.1	60°	22.5	94°	39 »
27°	14.2	61°	22.8	95°	39.7
28°	14.4	62°	23.2	96°	40.5
29°	14.5	63°	23.5	97°	41.4
30°	14.7	64°	23.9	98°	42.3
31°	14.9	65°	24.3	99°	43.2
32°	15 »	66°	24.7	100°	44.2
33°	15.2	67°	25.1		

89. — RAPPORTS *des degrés de l'aréomètre selon Cartier au degrés de l'alcoomètre centésimal, à la température de 15° centigrades.*

degrés de Cartier	degrés centésimaux	degrés de Cartier	degrés centésimaux	degrés de Cartier	degrés centésimaux
10	0	22	58°.7	34	86°.2
11	5°.3	23	61°5.	35	88°
12	11°.3	24	64°.2	36	89°.6
13	18°.4	25	66°.9	37	91°.1
14	25°.4	26	69°.4	38	92°.6
15	31°.7	27	71°.8	39	94°
16	37°	28	74°	40	95°.4
17	41°.5	29	76°.3	41	96°.6
18	45°.5	30	78°.4	42	97°.7
19	49°.2	31	80°.5	43	98°.8
20	52°.5	32	82°.4	44	99°.9
21	55°.7	33	84°.3	»	»

Ainsi, lorsqu'une eau-de-vie ou esprit quelconque, donne supposons 54° centésimaux à la température de 15° centigrades, et qu'on désire savoir à quel degré de l'aréomètre Cartier ils correspondent, il feut chercher dans la colonne des degrés centésimaux, tableaux n° 88, le degré centésimal 54° et prendre dans la colonne des dègrés de Cartier celui qui se trouve en regard, qui est dans ce cas 20.5 degrés de Cartier.

Si, au contraire, l'on fait usage de l'aréomètre Cartier et qu'un spiritueux quelconque donnant, soit 34° de Cartier à la température de 15° centigrades : on désire connaître à quel degré de l'alcoomètre centésimal ils correspondent ; il suffit de chercher dans la colonne des degrés de Cartier, tableau 89, le degré 34 et prendre dans la colonne voisine des degrés centésimaux celui qui lui correspond et qui est ici 86°.2 centésimaux.

90. — DES THERMOMÈTRES.

On distingue principalement trois sortes de thermomètres ou bien trois échelles thermométriques différentes ; ceux en usage en France, sont : le thermomètre centigrade ou de Celsius et celui de Réaumur ; en Allemagne, on se sert du thermomètre Réaumur et Fahrenheit ; enfin en Angleterre, en Hollande et dans l'Amérique du Nord on emploie généralement celui de Fahrenheit.

Ces instruments se composent : d'un tube capillaire en verre, ayant à son extrémité inférieure un petit réservoir cylindrique, ou quelquefois sphérique également en verre et rempli de mercure ou d'alcool coloré ; une échelle graduée sur une règle en métal ou en bois et fixée le long du tube, indique la température de l'air ou des liquides avec lesquels l'instrument est mis en contact.

La graduation ou division de ces trois thermomètres diffère pour chacun d'eux, ainsi : le thermomètre centigrade marque $0°$ à la température de la glace fondante, et $100°$ à celle de l'eau bouillante.

Le Réaumur marque $0°$ à la température de la glace fondante, et $80°$ à celle de l'eau bouillante.

Le Fahrenheit marque $32°$ à la température de la glace fondante, et $212°$ à celle de l'eau bouillante.

Il faut faire la remarque que le point d'ébullition de l'alcool pur étant $78°$ centigrades, comme nous l'avons vu plus haut, ou bien $62°.4$ Réaumur ou encore $172°.4$ de Fahrenheit ; il devient alors impossible de construire des thermomètres à alcool qui marquent au-dessus de ces degrés, tandis que la dilatation du mercure est beaucoup plus régulière et a lieu dans des limites beaucoup plus étendues, car son point d'ébullition est environ $350°$ centigrades, ou $280°$ Réaumur ou bien $662°$ Fahrenheit, ce qui permet de construire des thermomètres, à mercure, qui marquent jusqu'à cette température élevée. Au-dessus de zéro, ces derniers thermomètres n'indiquent que jusqu'à — 35° centigrades, car le mercure approche alors de son point de congélation.

L'échelle centigrade renferme donc 100 divisions de la glace fondante à l'ébullition de l'eau ; l'échelle de Réaumur n'en contient que 80, et celle de Fahrenheit qui marque 32° pour la température de la glace fondante et 212° pour celle de l'ébullition, ne contient par conséquent que 180 divisions entre ces deux points fixes.

Lorsqu'un thermomètre est placé pendant quelques instant, soit dans un appartement, une cave, un chai, une glacière ou tout autre lieu, il fait bientôt connaître la température de l'air environnant.

Pour apprécier la température d'un liquide, il faut y plonger le thermomètre dedans et l'y maintenir pendant quelques minutes ; il ne tarde pas à se mettre en équilibre avec ce corps, et la division de l'échelle où le mercure s'arrête indique sa température.

Observation : Dans le cours de ce manuel où il est question de température, nous ne parlons que du thermomètre centigrade à mercure et nous n'en conseillons pas d'autre, parce que cette substance thermométrique se dilate beaucoup plus régulièrement que l'alcool et donne conséquemment des indications exactes ; d'ailleurs, les thermomètres à alcool, comme nous venons de le voir plus haut, ne peuvent constater des températures au-dessus de 78° centigrades.

Comme on se sert encore dans quelques départements du thermomètre Réaumur et centigrade et qu'on pourrait avoir besoin de connaître la concordance de ces deux thermomètres avec celui de Fahrenheit ; nous donnons plus bas plusieurs tableaux où existe la relation de ces trois instruments.

Il est très-facile de transformer, dans tous le cas, un degré centigrade quelconque, en degré Réaumur ou Fahrenheit et réciproquement.

91. — CONVERTIR LES DEGRÉS CENCIGRADES EN DEGRÉS RÉAUMUR.

Puisque 100° centigrades équivalent à 80° Réaumur, 1° centigrade équivaut par conséquent à 0.80 centièmes de degré Réaumur ou bien aux 4/5 du même degré de ce dernier instrument ; donc, pour transformer une température centigrade quelconque en température Réaumur, il suffit de soustraire le cinquième du nombre de degrés qui indique la température centigrade ; la différence exprime la même température en degrés Réaumur.

1^{eo} EXEMPLE : A quel degré Réaumur correspondent 105° centigrades, point d'ébullition du sirop de sucre ?

$$105° \text{ centigrades.}$$
$$\text{Prendre le } 1/5 = 21°$$
$$\text{Différence} = 84° \text{ Réaumur.}$$

Donc, 105° centigrades équivalent à 84° Réaumur.

2me EXEMPLE : On demande de transformer 115° centigrades température de fusion du soufre, en degrés de Réaumur ?

$$115° \text{ centigrades.}$$
$$\text{le } 1/5 = 23°$$
$$\text{différence} = 92° \text{ Réaumur.}$$

3me EXEMPLE : Quel est le degré Réaumur correspondant à 78° centigrades, point d'ébullition de l'alcool pur ?

$$78° \text{ » centigrades.}$$
$$\text{le } 1/5 = 15°.6$$
$$\text{différence} = 62°.4 \text{ Réaumur.}$$

On peut encore opérer rapidement ces transformations, car on voit aisément que 1° centigrade équivaut à 8/10 de degré Réaumur; donc, il suffit de multipliter une température quelconque exprimée en degrés centigrades par 8 et diviser le produit par 10 en portant la virgule d'un rang vers la gauche, ce qui se réduit à une simple multiplication ; le résultat donne la même température en degrés Réaumur.

Ainsi, prenons le troisième exemple précédent ; Quel est le degré Réaumur correspondant à 78° centigrades?

$$\frac{78° \times 8}{10} = 62°.4 \ \text{Réaumur.}$$

Nous voyons que le résultat est toujours le même.

Observaton : Nous faisons observer que le petit zéro placé en haut et à la droite des nombres veut dire degrés ; nous indiquerons également les degrés des différences des thermomètres par C pour désigner les degrés centigrades ; par R pour indiquer ceux de Réaumur, et par F ceux de Fahrenheit. Chaque fois qu'il sera question des degrés de température au-dessus de zéro, nous les désignerons par ce trait — ainsi le degré — 5° signifie 5° au-dessous de 0°.

92. — CONVERTIR LES DEGRÉS CENTIGRADES EN DEGRÉS FAHRENHEIT.

Nous avons vu pour le thermomètre Fahrenheit que le point qui indique la glace fondante est marquée 32° et celui de l'eau bouillante 212° ; donc l'échelle de ce thermomètre contient entre ces deux points fixes 212° — 32° ou bien 180 divisions ou degrés.

Ainsi, puisque 100° centigrades équivalent à 180° F, 1° C équivaut conséquemment à 1°.8 F, auquel on ajoute toujours 32°.

PREMIER EXEMPLE : Combien de degrés Fahrenheit représentent 15° centigrades?

$$15° \times 1.8 + 32° = 59° \text{ F.}$$

Ainsi, chaque fois qu'on veut transformer un degré centigrade quelconque en degré Fahrenheit, il faut muliiplier ce degré centigrade par 1.8 et au produit ajouter 32° ; la somme donne le degré Fahrenheit qui lui correspond.

2me EXEMPLE : Quel est le degré Fahrenheit correspondant à 20° centigrades?

$$20° \times 1.8 + 32° = 68° \text{ F.}$$

Donc, 20° C équivalent à 68° F.

3me EXEMPLE : A quel degré Fahrenheit correspondent 105° centigrades?

$$105° \times 1.8 + 32° = 221° \text{ F.}$$

Donc, 105° C équivalent à 221° F.

4me EXEMPLE : Combien de degrés Fahrenheit font 115° centigrades?

$$115° \times 1.8 + 32° = 239° \text{ F.}$$

Ainsi, 115° C équivalent à 239° F.

93. — CONVERTIR LES DEGRÉS RÉAUMUR EN DEGÉÉS CENTIGRADES.

Les degrés Réaumur sont aux degrés centigrades, ou bien, 80° Réaumur sont à 100° centigrades comme 1° R est à 1.25 C. donc, chaque fois qu'on veut transformer une température Réaumur en température centigrade, il suffit de multiplier la température Réaumur par 1°.25, le produit donne la température centigrade cherchée.

1er EXEMPLE : Combien de degrés centigrades font 12° Réaumur?

$$12° \times 1°.25 = 15° \text{ C.}$$

12° R. équivalent par conséquent à 15° C.

2me EXEMPLE : A quel degré centigrade correspondent 84° Réaumur?

$$84° \times 1°.25 = 105° \text{ C.}$$

84° R. correspond à 105° C.

On peut encore opérer plus brièvement la transformation des degrés Réaumur en degrés centigrades, il suffit pour cela de prendre le 1/4 du nombre qui exprime la température Réaumur et l'additionner à ce même nombre ; la somme donne la température centigrade cherchée.

3me EXEMPLE : On demande de transformer 92° Réaumur en dégrés centigrades ;

$$
\begin{array}{rl}
& 92° \\
\text{Le } 1/4 = & \underline{23°} \\
\text{La somme} = & 115° \text{ C.}
\end{array}
$$

Ainsi, le 1/4 de 92° égale 23° qui, additionnés à 92° donnent 115° centigrades.

4me EXEMPLE : Quel est le degré centigrade correspondant à 62°.4 Réaumur?

$$
\begin{array}{rl}
& 62°.4 \\
\text{Le } 1/4 = & \underline{15°.6} \\
\text{La somme} = & 78° \text{ C.}
\end{array}
$$

Donc, 78° centigrades correspondent à 62°.4 R.

94. — CONVERTIR LES DEGRÉS RÉAUMUR EN DEGRÉ FAHRENHEIT.

Puisque 80° Réaumur équivalent à 180 Fahrenheit, 1° Réaumur équivaut par conséquent à 2°.25 Fahrenheit; ainsi, pour transformer une température Réaumur en température Fahrenheit, il faut multiplier le nombre qui exprime la température Réaumur par 2°.25 et ajouter toujours au produit le nombre 32° comme nous l'avons indiqué au 92; car le 0° de Fahrenheit comme nous l'avons déjà remarqué se trouve 32° plus bas que le 0° des thermomètres centigrades et Réaumur qui indique dans ces deux instruments le point de la glace fondante.

1er EXEMPLE : Combien de degrés Fahrenheit représentent 12° Réaumur?

$$12° \times 2°.25 + 32° = 59° \text{ F.}$$

12 multiplié par 2.25 égale 27° auxquels on ajoute 32°; la somme donue 59° Fahrenheit.

2me EXEMPLE : A quel degré Fahrenheii correspondent 84° Réaumur?

$$84° \times 2°.25 + 32° = 221° \text{ F.}$$

Donc, 84° R. correspond 221° F.

3me EXEMPLE : A quel degré Fahrenheit correspondent 16° Réaumur?

$$16° \times 2°.25 + 32° = 68° \text{ F.}$$

16° R correspond à 68° F.

95. — CONVERTIR LES DEGRÉS FAHRENHEIT EN DEGRÉS CENTIGRADES.

Nous avous vu au n° 92 que 1° centigrade correspond à 1°.8 Fahrenheit auquel on ajoute 32°; donc, pour transformer les degrés Fahrenheit en degrés centigrades il faut au contraire retrancher d'abord 32° du degré F et diviser le reste par 1°.8 ; le quotient donne le degré centigrade cherché.

1er EXEMPLE : Combien de degrés centigrades représentent 59° Fahrenheit ?

$$59° - 32° = \frac{27°}{1°8} = 15° \text{ C.}$$

Ainsi, 59 moins 32 égale 27 qui, divisé par 1.8 donne 15° centigrades.

2me EXEMPLE : Quel est le degré centigrade correspondant à 68° Fahrenheit ?

$$68 - 32 = \frac{36}{1.8} = 20° \text{ C.}$$

Réponse : 20° centigrades.

3me EXEMPLE : Transformez 221° Fahrenheit en température centigrade ?

$$221 - 32 = \frac{189}{1.8} = 105 \text{ C.}$$

éponse : 105° centigrades.

4me EXEMPLE : Quel est la température centigrade correspondant à 172°.4 Fahrenheit ?

$$172°.4 - 32 = \frac{140.4}{1.8} = 78° \text{ C.}$$

Réponse : 78° centigrades.

96. — CONVERTIR LES DEGRÉS FAHRENHEIT EN DEGRÉS RÉAUMUR.

Pour réduire les degrés Fahrenheit en degrés Réaumur, il faut retrancher d'abord 32° de la température F et prendre les 4/9mes de la différence, ou bien multiplier la différence par 4 et diviser le produit par 9 ; le quotient donne la température Réaumur.

1er EXEMPLE : Combien font 68° Fahrenheit en degrés Réaumur ?

$$68 - 32 = \frac{36 \times 4}{9} = 16° \text{ R.}$$

Réponse : 68° F font 16° R.

2me EXEMPLE : Combien 86° Fahrenheit font-ils de degrés Réaumur ?

$$86° - 32' = \frac{54 \times 4}{9} = 84° \text{ R.}$$

86° F font 24° R.

3me EXEMPLE : Quel est le degré Réaumur correspondant à 221° Fahrenheit ?

$$221° - 32 = \frac{189 \times 4}{9} = 84° \text{ R.}$$

Donc, 221° F correspond à 84° R.

97. — CORRESPONDANCE des degrés du Thermomètre centigrade avec les degrés Réaumur et les degrés Fahrenheit.

Degrés centigrades	Degrés Réaumur	Degrés Fahrenheit	Désignation des températures de fusion de quelques corps, du point d'ébullition de quelques liquides et de la température de la vapeur d'eau produite par un générateur de vapeur sous différentes pressions exprimées en atmosphères.
0	0	32	— Température de la glace fondante.
1	0.8	33.8	
2	1.6	35.6	
3	2.4	37.4	
4	3.2	39.2	— Maximum de densité de l'eau. A cette
5	4	41	température, un litre ou décimètre cube
6	4.8	42.8	d'eau distillée pèse juste 1 kilog.
7	5.6	44.6	
8	6.4	46.4	
9	7.2	48.2	
10	8	50	— Température des meilleurs chais et des
11	8.8	51.8	meilleures caves.
12	9.6	53.6	
13	10.4	55.4	
14	11.2	57.2	
15	12	59	— Température normale pour l'apprécia-
16	12.8	60.8	tion de la force alcoolique des spiritueux.
17	13.6	62.6	C'est également jusqu'à 20° centigrades
18	14.4	64.4	la température la plus favorable pour la
19	15.2	66.2	fermentation vineuse ou alcoolique. (*Voir*
20	16	68	*ce que nous en avons dit au N° 59 de la*
21	16.8	69.8	*première partie.*)
22	17.6	71.6	
23	18.4	73.4	
24	19.2	75.2	
25	20	77	
26	20.8	78.8	
27	21.6	80.6	
28	22.4	82.4	
29	23.2	84.2	
30	24	86	— Température favorable à l'acétification
31	24.8	87.8	(fabrication du vinaigre).
32	25.6	89.6	

Degrés centigrades	Degrés Réaumur	Degrés Fahrenheit	Désignation des températures de fusion de quelques corps, du point d'ébullition de quelques liquides et de la température de la vapeur d'eau produite par un générateur de vapeur sous différentes pressions exprimées en atmosphères.
33	26.4	91.4	
34	27.2	93.2	
35	28	95	— Température de la glace fondante.
36	28.8	96 8	
37	29.6	98.6	
38	30.4	100.4	
39	31.2	102.2	— Maximum de densité de l'eau,
40	32	104	température, au-delà ou en-deçà de
41	32.8	105.8	laquelle l'eau distillée pèse moins d'un kilog.
42	33.6	107.6	
43	34.4	109.4	
44	35.2	111.2	
45	36	113	— Température des meilleures
46	36.8	114.8	meilleures
47	37.6	116.6	
48	38.4	118.4	
49	39.2	120.2	
50	40	122	— Température convenable pour l'applica-
51	40.8	123.8	tion de la levûre dans les liquides spiritueux.
52	41.6	125.6	C'est également [illegible] dans
53	42.4	127.4	la température [illegible] par la
54	43.2	129.2	[illegible]
55	44	131	[illegible]
56	44.8	132.8	première [illegible]
57	45.6	134.6	
58	46.4	136.4	
59	47.2	138.2	
60	48	140	
61	48.8	141.8	
62	49.6	143.6	
63	50.4	145.4	
64	51.2	147.2	
65	52	149	— Température favorable à la fabrication
66	52.8	150.8	(fabrication des sirops)
67	53.6	152.6	

Degrés centigrades	Degrés Réaumur	Degrés Fahrenheit	Désignation des températures de quelques liquides, du point d'ébullition de quelques liquides et de la température de la vapeur d'eau produite par un générateur de vapeur sous différentes pressions exprimées en atmosphères.
68	54.4	154.4	Température de fusion de la cire blanche.
69	55.2	156.2	[illegible]
70	56	158	[illegible]
71	56.8	159.8	[illegible]
72	57.6	161.6	[illegible]
73	58.4	163.4	[illegible]
74	59.2	165.2	[illegible]
75	60	167	[illegible]
76	60.8	168.8	[illegible]
77	61.6	170.6	[illegible]
78	62.4	172.4	Point d'ébullition de l'alcool pur.
79	63.2	174.2	
80	64	176	
81	64.8	177.8	
82	65.6	179.6	
83	66.4	181.4	
84	67.2	183.2	
85	68	185	
86	68.8	186.8	
87	69.6	188.6	
88	70.4	190.4	
89	71.2	192.2	
90	72	194	
91	72.8	195.8	
92	73.6	197.6	
93	74.4	199.4	
94	75.2	201.2	
95	76	203	
96	76.8	204.8	
97	77.6	206.6	
98	78.4	208.4	
99	79.2	210.2	
100	80	212	Point d'ébullition de l'eau (sous pression ord. de l'at.)
105	84	221	Do du sirop de sucre Do
106	84.8	222.0	Do de l'eau saturée de sel marin Do

Degrés centigrades	Degrés Réaumur	Degrés Fahrenheit	Désignation des températures de quelques liquides, du point d'ébullition de quelques liquides et de la température de la vapeur d'eau produite par un générateur de vapeur sous différentes pressions exprimées en atmosphères.
112	89.6	233.6	Tempér. de la vapeur d'eau sous pression de 1 atm. 1|2
115	92	239	Température de fusion du soufre.
121	96.8	249.8	Tempér. de la vapeur d'eau (sous pression de 2 atm.
128	102.4	262.4	Do do do 2 1|2
134	107.2	273.2	Do do do 3 atm.
139	111.2	282.2	Do do do 3 1|2
144	115.2	291.2	Do do do 4 atm.
148	118.4	298.4	Do do do 4 1|2
152	121.6	305.6	Do do do 5 atm.
156	124.8	312.8	Do do do 5 1|2
159	127.2	318.2	Do do do 6 atm.

98. — CORRESPONDANCE des degrés du thermomètre Reaumur, avec les degrés centigrades et les degrés Fahrenheit.

Degrés Réaumur	Degrés centigrad.	Degrés Fahrenh.	Degrés Réaumur	Degrés centigrad.	Degrés Fahrenh.	Degrés Réaumur	Degrés ceutigrad.	Degrés centigrad.
0	0	32	27	33.75	92.75	54	67.50	153.50
1	1.25	34.25	28	35	95	55	68.75	155.75
2	2.50	36.50	29	36.25	97.25	56	70	158
3	3.75	38.75	30	37.50	99.50	57	71.25	160.25
4	5	41	31	38.75	101.75	58	72.50	162.50
5	6.25	43.25	32	40	104	59	73.75	164.75
6	7.50	45.50	33	41.25	106.25	60	75	167
7	8.75	47.75	34	42.50	108.50	61	76.25	169.25
8	10	50	35	43.75	110.75	62	77.50	171.50
9	11.25	52.25	36	45	113	63	78.75	173.75
10	12.50	54.50	37	46.25	115.25	64	80	176
11	13.75	56.75	38	47.50	117.50	65	81.25	178.25
12	15	59	39	48.75	119.75	66	82.50	180.50
13	16.25	61.25	40	50	122	67	83.75	182.75
14	17.50	63.50	41	51.25	124.25	68	85	185
15	18.75	65.75	42	52.50	126.50	69	86.25	187.25
16	20	68	43	53.75	128.75	70	87.50	189.50
17	21.25	70.25	44	55	131	71	88.75	191.75
18	22.50	72.50	45	56.25	133.25	72	90	194
19	23.75	74.75	46	57.50	135.50	73	91.25	196.25
20	25	77	47	58.75	137.75	74	92.50	198.50
21	26.25	79.25	48	60	140	75	93.75	200.75
22	27.50	81.50	49	61.25	142.25	76	95	203
23	28.75	83.75	50	62.50	144.50	77	96.25	205.25
24	30	86	51	63.75	146.75	78	97.50	207.50
25	31.25	88.25	52	65	149	79	98.75	209.75
26	32.50	90.50	53	66.25	151.25	80	100	212

99. — CORRESPONDANCE des degrés du thermomètre Fahrenheit, avec les degrés centigrades et les degrés Réaumur.

Degrés Fahrenh.	Degrés centigrad.	Degrés Réaumur	Degrés Fahrenh.	Degrés centigrad.	Degrés Réaumur	Degrés Fahrenh.	Degrés centigrad.	Degrés Réaumur
0	—17.77	—14.22	34	1.11	0.88	68	20.	16.
1	—17.22	—13.77	35	1.66	1.33	69	20.55	16.44
2	—16.66	—13.33	36	2.22	1.77	70	21.11	16.88
3	—16.11	—12.88	37	2.77	2.22	71	21.66	17.33
4	—15.55	—12.44	38	3.33	2.66	72	22.22	17.77
5	—15.	—12.	39	3.88	3.11	73	22.77	18.22
6	—14.44	—11.55	40	4.44	3.55	74	23.33	18.66
7	—13.88	—11.11	41	5.	4.	75	23.88	19.11
8	—13.33	—10.66	42	5.55	4.44	76	24.44	19.55
9	—12.77	—10.22	43	6.11	4.88	77	25.	20.
10	—12.22	— 9.77	44	6.66	5.33	78	25.55	20.44
11	—11.66	— 9.33	45	7.22	5.77	79	26.11	20.88
12	—11.11	— 8.88	46	7.77	6.22	80	26.66	21.33
13	—10.55	— 8.44	47	8.33	6.66	81	27.22	21.77
14	—10.	— 8.	48	8.88	7.11	82	27.77	22.22
15	— 9.44	— 7.55	49	9.44	7.55	83	28.33	22.66
16	— 8.88	— 7.11	50	10.	8.	84	28.88	23.11
17	— 8.33	— 6.66	51	10.55	8.44	85	29.44	23.55
18	— 7.77	— 6.22	52	11.11	8.88	86	30	24.
19	— 7.22	— 5.77	53	11.66	9.33	87	30.55	24.44
20	— 6.66	— 5.33	54	12.22	9.77	88	31.11	24.88
21	— 6.11	— 4.88	55	12.77	10.22	89	31.66	25.33
22	— 5.55	— 4.44	56	13.33	10.66	90	32.22	25.77
23	— 5.	— 4.	57	13.88	11.11	91	32.77	26.22
24	— 4.44	— 3.55	58	14.44	11.55	92	33.33	26.66
25	— 3.88	— 3.11	59	15.	12.	93	33.88	27.11
26	— 3.33	— 2.66	60	15.55	12.44	94	34.44	27.55
27	— 2.77	— 2.22	61	16.11	12.88	95	35.	28.
28	— 2.22	— 1.77	62	16.66	13.33	96	35.55	28.44
29	— 1.66	— 1.33	63	17.22	13.77	97	36.11	28.88
30	— 1.11	— 0.88	64	17.77	14.22	98	36.66	29.33
31	— 0.55	— 0.44	65	18.33	14.66	99	37.22	29.77
32	0.	0.	66	18.88	15.11	100	37.77	30.22
33	0.55	0.44	67	19.44	15.55	101	38.33	30.66

Degrés Fahrenh.	Degrés centigrad.	Degrés Réaumur	Degrés Fahrenh.	Degrés centigrad.	Degrés Réaumur	Degrés Fahrenh.	Degrés centigrad.	Degrés Réaumur
102	38.88	31.11	139	59.44	47.55	176	80	64
103	39.44	31.55	140	60	48	177	80.55	64.44
104	40	32	141	60.55	48.44	178	81.11	64.88
105	40.55	32.44	142	61.11	48.88	179	81.66	65.33
106	41.11	32.88	143	61.66	49.33	180	82.22	65.77
107	41.66	33.33	144	62.22	49.77	181	82.77	66.22
108	42.22	33.77	145	62.77	50.22	182	83.33	66.66
109	42.77	34.22	146	63.33	50.66	183	83.88	67.1 1
110	43.33	34.66	147	63.88	51.11	184	84.44	67.55
111	43.88	35.11	148	64.44	51.55	185	85	68
112	44.44	35.55	149	65	52	186	85.55	68.44
113	45	36	150	65.55	52.44	187	86.11	68.88
114	45.55	36.44	151	66.11	52.88	188	86.66	69.33
115	46.11	36.88	152	66.66	53.33	189	87.22	69.77
116	46.66	37.33	153	67.22	53.77	190	87.77	70.22
117	47.22	37.77	154	67.77	54.22	191	88.33	70.66
118	47.77	38.22	155	68.33	54.66	192	88.88	71.11
119	48.33	38.66	156	68.88	55.11	193	89.44	71.55
120	48.88	39.11	157	69.44	55.55	194	90	72
121	49.44	39.55	158	70	56	195	90.55	72.44
122	50	40	159	70.55	56.44	196	91.11	72.88
123	50.55	40.44	160	71.11	56.88	197	91.66	73.33
124	51.11	40.88	161	71.66	57.33	198	92.22	73.77
125	51.66	41.33	162	72.22	57.77	199	92.77	74.22
126	52.22	41.77	163	72.77	58.22	200	93.33	74.66
127	52.77	42.22	164	73.33	58.66	201	93.88	75.11
128	53.33	42.66	165	73.88	59.11	202	94.44	75.55
129	53.88	43.11	166	74.44	59.55	203	95	76
130	54.44	43.55	167	75	60	204	95.55	76.44
131	55	44	168	75.55	60.44	205	96.11	76.88
132	55.55	44.44	169	76.11	60.88	206	96.66	77.33
133	56.11	44.88	170	76.66	61.33	207	97.22	77.77
134	56.66	45.33	171	77.22	61.77	208	97.77	78.22
135	57.22	45.77	172	77.77	62.22	209	98.33	78.66
136	57.77	46.22	173	78.33	62 66	210	98.88	79.11
137	58.33	46.66	174	78.88	63.11	211	99.44	79.55
138	58.88	47.11	175	79.44	63.55	212	100	80

14

Observation : La congélation du vin a lieu entre — 6° et — 7° centigrades, ou bien 6 à 7 degrès au-dessous de zéro.

L'alcool pur, d'aprés plusieurs savants, ne peut être congelé même à une température de 89° à 90° au-dessous de zéro; il faudrait un froid plus considérable.

Lorsqu'on fait usage des tableaux précédents, soit qu'on désire savoir à quel degré Réaumur ou Fahrenheit correspondent 15° centigrades ; nous voyons, tableaux n° 97, que 15° C éqnivalent à 12° Réaumur ou à 59° Fahrenheit.

Si l'on désire savoir a quel degré centigrade ou Fahrenheit correspondent 16° Réaumur, le tableau n° 98 nous l'indiquera également; nous trouvons que 16° R équivalent à 20° centigrades ou à 68° Fahrenheit.

Enfin, si l'on voulait connaître à quel degré centigrade ou Réaumur correspond un degré Fahrenheit quelconque, le tableau n° 99 l'indique encore ; soit le degré Fahrenheit 77°, nous trouvons en regard pour correspondance 25° centigrades ou 20° Réaumur, et ainsi de suite.

100. — TABLE DES CORRECTIONS

A FAIRE SUBIR AU DEGRÉ APPARENT INDIQUÉ PAR L'ALCOOMÈTRE, AFIN D'OBTENIR LE DEGRÉ RÉEL DES LIQUIDES SPIRITUEUX
A LA TEMPÉRATURE DE 15° CENTIGRADES

DIFFÉRENCES EN MOINS — à ajouter aux degrés indiqués par l'alcoomètre pour obtenir les degrés réels

Degrés centésimaux indiqués par l'alcoomètre	0°	1°	2°	3°	4°	5°	6°	7°	8°	9°	10°	11°	12°	13°	14°	15°
31 à 34	7	6	6	5	5	4	4	3	3	2	2	2	1	1	0	0
35	6	6	6	5	5	4	4	3	3	2	2	2	1	1	0	0
36 à 39	6	6	6	5	5	4	4	3	3	3	2	2	1	1	0	0
40 à 44	6	6	5	5	5	4	4	3	3	3	2	2	1	1	0	0
45 à 46	6	6	5	5	5	4	4	3	3	2	2	2	1	1	0	0
47 à 53	6	6	5	5	4	4	4	3	3	2	2	2	1	1	0	0
54 à 56	6	6	5	5	4	4	3	3	3	2	2	2	1	1	0	0
57 à 69	6	5	5	5	4	4	3	3	3	2	2	2	1	1	0	0
70 à 71	6	5	5	4	4	4	3	3	3	2	2	2	1	1	0	0
72 à 78	6	5	5	4	4	4	3	3	3	2	2	1	1	1	0	0
79 à 83	5	5	5	4	4	4	3	3	3	2	2	1	1	1	0	0
84	5	5	5	4	4	4	3	3	2	2	2	1	1	1	0	0
85	5	5	5	4	4	3	3	3	2	2	2	1	1	1	0	0
86 à 90	5	5	4	4	4	3	3	3	2	2	2	1	1	1	0	0

DEGRÉS DU THERMOMÈTRE CENTIGRADE

DIFFÉRENCES EN PLUS — a déduire des degrés indiqués par l'alcoomètre pour obtenir les degrés réels

Degrés centésimaux indiqués par l'alcoomètre	16°	17°	18°	19°	20°	21	22°	23°	24°	25°	26°	27°	28°	29°	30°
31 à 32	0	1	1	2	2	3	3	3	4	4	5	5	5	6	6
33 à 34	1	1	1	2	2	3	3	3	4	4	5	5	6	6	6
35 à 36	1	1	1	2	2	3	3	3	4	4	5	5	6	6	6
37 à 40	1	1	1	2	2	3	3	4	4	4	5	5	6	6	6
41 à 43	0	1	1	2	2	3	3	3	4	4	5	5	6	6	6
44 à 46	0	1	1	2	2	3	3	3	4	4	5	5	5	6	6
47 à 59	0	1	1	2	2	2	3	3	4	4	5	5	5	6	6
60 à 70	0	1	1	2	2	2	3	3	4	4	4	5	5	6	6
71 à 72	0	1	1	2	2	2	3	3	4	4	4	5	5	5	6
73 à 82	0	1	1	2	2	2	3	3	3	4	4	5	5	5	6
83 à 85	0	1	1	1	2	2	3	3	3	4	4	5	5	5	6
86 à 87	0	1	1	1	2	2	3	3	3	4	4	4	5	5	6
88 à 89	0	1	1	1	2	2	3	3	3	4	4	4	5	5	5
90	0	1	1	1	2	2	2	3	3	4	4	4	5	5	5

DEGRÉS DU THERMOMÈTRE CENTIGRADE

101. — On fait usage du tableau précédent, lorsqu'on n'a pas à sa disposition l'instrument Gilbert.

Ainsi, un liquide spiritueux indique par exemple 50° centésimaux, à la température de 5° centigrades ; quel est le degré de l'alcoomètre auquel se fixerait l'eau-de-vie à la température de 15° centigrades ?

Il suffit de prendre dans la ligne des degrés thermométriques qui se trouve placée en bas du tableau, le cinquième degré, et remonter dans la colonne verticale jusqu'au chiffre qui se trouve dans la colonne horizontale, correspondant au degré indiqué par l'alcoomètre, et qui est ici 50° centésimaux ; la colonne des degrés centésimaux qui se trouve placée à gauche, n'indique pas 50°, mais on voit d'un simple coup d'œil que ce degré est compris entre 47° et 53° centésimaux ; ainsi, le chiffre qui se trouve placé à l'intersection des deux colonnes est dans ce cas 4, qu'il faut ajouter au degré apparent indiqué par l'alcoomètre, pour obtenir le degré réel qui est 54° centésimaux.

D'après la table de Gay-Lussac qui est très-exacte, nous trouverions 53°,6 au lieu de 54° ; mais dans la pratique on peut négliger cette différence.

Autre exemple : Une eau-de-vie indique 60° centésimaux à la température de 22° centigrades ; quel est son degré réel à la température légale de 15° ?

Il faut prendre le vingt-deuxième degré thermométrique, remonter la colonne verticale jusqu'au chiffre 3, qui se trouve dans la colonne horizontale, correspondant au soixantième degré alcoométrique ; mais dans ce cas, il faut déduire 3 de 60° pour obtenir le degré réel qui est alors 57° centésimaux, et ainsi de suite.

Ainsi lorsqu'on opère à des températures inférieures à 15° centigrades, dans ce cas, le liquide se condense, c'est-à-dire que sa densité augmente d'autant plus que sa température s'abaisse, par conséquent, l'alcoomètre s'y enfonce moins et marque des degrés plus faibles qu'à la température normale de 15°; si au contraire l'on opère à des températures plus élevées, alors le liquide s'étant dilaté, c'est-à-dire que sa densité diminuant d'autant plus que sa température s'élève, par conséquent l'alcoomètre s'y enfonce davantage, et indique des degrés plus forts qu'à la température de 15°; donc, à l'aide du tableau précédent, d'un alcoomètre (ou éprouvette), d'un petit thermomètre et d'un petit tube en verre ou en fer-blanc, il est facile de connaître la force alcoolique d'un spiritueux quelconque; mais, je le repète encore, jamais avec la même rapidité, ni avec la même exactitude que celles obtenues en employant l'instrument de précision Gilbert qui fournit les mêmes indications que la table de Gay-Lussac, relativement aux divisions de froid ou de chaleur, ou bien aux degrés qui se trouvent au-dessous ou au-dessus de 15° centigrades, température à laquelle a été gradué l'alcoomètre centésimal.

102. — CONTRACTION PRODUITE PAR LES MÉLANGES D'EAU ET D'ALCOOL DANS L'OPÉRATION DU MOUILLAGE OU DE RÉDUCTION.

L'eau et l'alcool ont une grande affinité l'un pour l'autre; lorsqu'on mélange ces deux liquides, il y a pénétration intime suivie de condensation, c'est-à-dire d'une diminution de volume assez importante et d'une augmentation de température qui varie de 5° à 8° centigrades pendant le mélange.

Le maximum de contraction ou de diminution de volume, a lieu à peu près pour un mélange de 54 litres d'alcool et 46 litres d'eau distillée qui font 100 litres de dédoublé; mais s'ils ont été mesurés exactement et qu'on mesure de nouveau après repos, on ne trouvera plus que 96 litres 4 à 96 litres 6 décilitres; donc, la diminution de volume serait d'environ

3 litres 5 par hectolitre ; ainsi, le maître de chai qui veut obtenir juste une quantité déterminée de dédoublé, doit tenir compte de ce fait en calculant toujours sur 4 p. o/o en sus de la quantité qu'il veut obtenir ; il est facile d'observer cette propriété de l'alcool dans un litre gradué ; mesurez exactement 54 centilitres d'alcool à 90° ou 92° que vous mettez dans un vase en verre propre et sec ; puis, mesurez encore exactement 46 centilitres d'eau distillée que vous versez dans le vase contenant déjà l'alcool ; ensuite, mélangez exactement en versant le liquide d'un vase dans l'autre deux ou trois fois, mais sans en tomber une goutte ; si à ce moment, vous introduisez un petit thermomètre dans le mélange, vous remarquerez que sa température a augmenté de 5° à 8° centigrades au-dessus de la température moyenne que possédaient primitivement les deux liquides, c'est-à-dire que, si la température de l'alcool était à 8° et celle de l'eau à 10°, la température moyenne des deux liquides étant 9°, sera portée après le mélange de 14° à 16° centigrades, et si vous observez le mélange placé dans le litre gradué, vous verrez son volume descendre de 100 centilitres à 96 centilitres 4 millilitres ou 96 centilitres 6 millilitres, ou bien, diminuer de 3 1/2 centilitres environ.

L'élévation de température que produit le mélange n'est que momentanée, et peu à peu, elle se met en équilibre avec la température du local dans lequel est placé le liquide.

La contraction ou diminution de volume devient moins sensible à mesure qu'on opère le mouillage avec des esprits trois-six de plus en plus faibles, et lorsqu'on mélange plusieurs spiritueux sans addition d'eau, la contraction est alors à peu près nulle.

Ainsi, dans la pratique, il faut bien se souvenir que pour obtenir une quantité demandée de dédoublé (trois-six et eau) il faut porter cette quantité à 4 p. o/o en plus, avant de calculer l'eau et l'esprit nécessaires.

Par exemple, on donne du 86° pour faire 600 litres de dédoublé à 48°; quelle quantité d'eau et d'alcool faut-il mélanger?

$$\frac{600 \times 4}{100} = 24$$ litres ajoutés au volume demandé, font 624 litres.

Donc, $\frac{624 \times 48°}{86°} = 348$ litres d'esprit à 86° qui doit entrer dans le mélange; pour avoir la quantité d'eau distillée, il suffit de retrancher 348 de 624; ainsi, 624 — 348 = 276 litres d'eau distillée; et 348 + 276 = 624 litres d'eau-de-vie à 48°; mais, comme nous l'avons fait observer, cette quantité sera réduite par la contraction à environ 604 litres.

Donnons un autre exemple : Dans une cuve on veut faire 45 hectos de dédoublé à 50° avec du 90°; quelle quantité d'eau et d'alcool faut-il prendre?

Premièrement on calcule les 4 p. ₀/° afin de balancer la diminution de volume produite par la contraction, et l'on a

$$\frac{4500 \times 4}{100} = 180$$ litres et l'on cherche ensuite la quantité d'eau et d'alcool nécessaire pour un mélange total de 4.500 + 180 = 4.680 litres.

Ainsi, $\frac{4.680 \times 50°}{90} = 2.600$ litres d'esprit à 90° qui doit entrer dans le mélauge, pour avoir la quantité d'eau, il faut soustraire cette quantité d'esprit de la quantité totale; donc, 4.680 — 2.600 = 2.080 litres d'eau distillée qui doit entrer dans le mélange.

2.600 litres d'esprit à 90° et 2.080 litres d'eau distillée donnent un volume de 46 hectos 80 litres d'eau-de-vie à 50°; lequel, après repos, se trouvera réduit à environ 45 hectos 27 litres.

On peut encore opérer comme il a été indiqué au n° 22 de la première partie; ainsi, prenons le premier exemple précédent.

On donne du 86° pour faire 600 litres de dédoublé à 48°; quelle quantité d'eau et d'alcool faut-il prendre en tenant compte des 4 p. o/° ?

Pour obtenir 600 litres, il faut calculer sur 624 litres ou 4 p. o/° en sus.

Opération :   *Proportion :*

Degré supéri.   86°   48)   (:: 48 : x = 348 lit. esprit à 86°
Degré à obten. 40°   } 86 : 624 }
Degré de l'eau   0°   38)   (:: 38 : x = 276 lit. eau à 0°
                       ———   ———
                        86   TOTAL...,   624 lit. eau-de-vie à 48°

La manière d'opérer est la même qu'au (n° 22, première partie), et nous n'avons posé qu'une seule fois le premier rapport pour les raisons que nous avons déja données dans les notes des n°s 23 et 25, première partie.

103. — EMPLOI DE L'EAU DISTILLÉE CHAUDE, SES INCONVÉNIENTS.

Une manutention très-vicieuse, comme j'ai eu souvent occasion de le remarquer, c'est lorsqu'on fait usage de l'eau distillée chaude et par conséqueut mal distillée (voir pour l'eau distillée au n° 72) ; le brûleur d'eau étant quelquefois pressé de commandes, et la capacité de son alambie ne pouvant suffire, il a alors recours à l'action du foyer en activant le combustible d'une manière tout-à-fait irrationnelle.

Aussi pressé que soit le maître de chai, lorsqu'il reçoit de l'eau distillée en cet état, il est convenable de desserrer les bondes des futailles, et d'attendre au lendemain pour faire le mélange, car autrement, voici ce qu'il en résulte :

Lorsqu'on mélange de l'eau distillée chaude avec de l'esprit, le dégagement de chaleur qui en résulte comme nous l'avons vu précédemment, ajoutée à la chaleur moyenne des deux liquides, produit une élévation de température qui occasionne une évaporation notable et par suite un déchet ou diminution du degré alcoolique ; mais, ce n'est pas encore là le pire ; lorsqu'on mélange de l'esprit, du cognac et de l'eau distillée chaude, dans ce cas, une partie du bouquet du cognac s'évapore en pure perte ; cette évaporation est très-reconnaissable à la forte odeur d'alcool et de cognac qui se répand dans l'atmosphère pendant le mélange ; une preuve encore plus convaincante, c'est que lorsqu'on a fait en petit dans le verre gradué le type de l'eau-de-vie ou du mélange qu'on se propose de faire en grand (en employant évidemment de l'eau distillée froide), et qu'ensuite l'on confronte l'eau-de-vie de l'échantillon ou type avec celle de la cuve, le lendemain du mélange avec l'eau distillée chaude, on trouvera que le degté de cette dernière est inférieure à celui de l'échantillon, et l'arôme beaucoup plus faible.

104. — MÉLANGES DES SPIRITUEUX.

Comme les vins, les spiritueux sont mélangés dans une foule de cas ; soit qu'on veuille réduire ou augmenter le degré alcoolique, ou bien qu'on désire obtenir une eau-de-vie ayant un arôme convenable et un prix assez réduit, avec un mélange de plusieurs spiritueux à des prix différents, ou encore, pour donner de l'arôme à un dédoublé fin par addition d'une certaine quantité de cognac ou armagnac ou avec l'un et l'autre etc., etc.

Nous allons décrire successivement les différentes manières d'opérer ces liquides, et nous indiquerons ensuite comment on doit les réunir dans la cuve, afin de les mélanger exactement avec peu d'effort au moyen du fouet.

105. — MOUILLAGE OU RÉDUCTION DES ALCOOLS.

Il y a trois manière de réduire ou d'affaiblir un esprit trois-six quelconque ; 1° avec l'eau distillée ; 2° avec des

petites eaux ou un spiritueux plus faible en degré alcoolique;
3° par l'addition simultanée d'un spiritueux plus faible et
d'eau distillée : nous allons d'abord nous occuper du premier
cas.

106. — CALCUL POUR ABAISSER OU RÉDUIRE LE TITRE
ALCOOLIQUE D'UN ESPRIT PAR ADDITION D'EAU DISTILLÉE.

1er EXEMPLE : On désire convertir 100 litres d'esprit à 90°
en eau-de-vie à 50° ; quelle est la quantité d'eau qu'on doit
ajouter ?

Règle générale : Lorsqu'on veut rédnire le degré ou titre
alcoolique d'un esprit au moyen d'une addition d'eau distillée;
il faut 1° prendre la différence qui existe entre le degré que
doit avoir l'eau-de-vie et le degré de l'esprit; 2° on multiplie
le volume de l'esprit par cette différencc et l'on divise le
produit par le degré que doit avoir l'eau-de-vie ; le quotient
donne la quantité d'eau distillée qu'il faut ajouter à l'esprit
pour obtenir un dédoublé au degré alcoolique désiré.

Ainsi : $90° - 50° = 40°$, et $\dfrac{100 \times 40°}{50°} = 80$ litres d'eau distillée.

Donc, en ajoutant 80 litres d'eau distillée à 100 litres
d'esprit à 90°, on obtient 180 litres de dédoublé à 50°.

2me EXEMPLE : On verse dans un foudre deux pipes d'esprit-
de-vin à 86° dépotant eusemble 1.250 litres ; quelle quantité
d'eau doit-on ajouter pour réduire à 48° ?

$86° - 48° = 38°$, et $\dfrac{1.250 \times 38°}{48°} = 990$ litres d'eau distillée.

Il faut donc ajouter 990 litres d'eau aux 1.250 litres d'esprit
à 86° et l'on obtient un volume de $990 + 1.350 = 2.240$
litres dédoublé à 48°.

3me EXEMPLE : On donne 38 hectos de 89° pour faire du
52° ; Combien faut-il ajouter d'eau ?

89° — 52° = 37° et $\dfrac{3.800 \times 37°}{52°}$ = 2.704 litres d'eau distillée,

et 2.704 + 3.800 = 6.504 litres de dédoublé à 52°.

4me EXEMPLE : On désire convertir 25 hectos de 91° en eau-de-vie à 60° ; quelle quantité d'eau faut-Il ajouter ?

91° — 60° = 31 et $\dfrac{2.500 \times 31}{60°}$ = 1.291.6 litres d'eau distillée,

et 1.291.6 + 2.500 = 3.791.6 litres de dédoublé à 60°.

Preuve :

Pour que le calcul soit exact, la quantité d'alcool pur contenue dans l'eau-de-vie doit être égale à celle contenue dans le volume d'esprit; dans le cas contraire il y aurait erreur.

Ainsi : 2,500 × 91° = 2.275 litres d'alcool pur.
et 3.791.6 × 60° = 2.275 litres d'alcool pur.

Observation : On sait que pour trouver la quantité d'alcool pur contenue dans un spiritueux, il suffit de multiplier le volume du spiritueux par son degré centésimal, et diviser le produit par o/° en portant la virgule de deux rangs vers la gauche.

Il faut remarquer aussi, comme nous l'avons déjà fait observer, pour la réductiou des alcools n° 102, que la quantité totale d'eau-de-vie obtenue après le mélange, n'est point égale à la somme des quantités d'esprit et d'eau employées, mais qu'elle se trouve réduite environ de 4 p. o/°.

107. — Nous donnons plus bas le tableau du mouillage indiquant le nombre de litres et de centilitres d'eau distillée qu'il faut ajouter par hectolitre de spiritueux dont le degré est connu, pour le réduire à un degré alcoolique plus faible et déterminé, depuis 95° jusqu'à 40° ; ainsi que la quantité d'eau distillée qu'il faut ajouter par hectolitre d'esprit depuis 95° jusqu'à 80° pour obtenir des petites eaux ayant 9°.

La première colonne du tableau indique le degré du spiritueux qu'on veut réduire.

La deuxième colonne indique les degrés auxquels on veut réduire celui de la première colonne, ou bien les degrés à obtenir.

Enfin, la troisième colonne indique le nombre de litres et de centilitres d'eau distillée qu'il faut ajouter par hectolitre d'esprit ou d'eau-de-vie, dont le degré est indiqué dans la première colonne, pour obtenir n'importe quel degré désigné dans la deuxième colonne.

Ainsi, pour réduire par exemple, 100 litres d'esprit à 87°, au titre de 50° ; il suffit de prendre dans une des colonnes ayant en tête, *Degré du spiritueux*, le degré 87°, puis, dans la colonne suivante, marqué en tête, *Degrés à obtenir*, on descend jusqu'au degré 50°, et le nombre qui lui correspond dans la troisième colonne ayant en tête, *Quantité d'eau à ajouter*, indque cette quantité ; nous trouvons dans ce cas, 74 litres d'eau à ajouter ; donc, aux 100 litres de 87° il faut mélanger 74 litres d'eau distillée pour réduire à 50°.

Lorsqu'il y a une quantité quelconque de spiritueux dont le degré est connu pour convertir en un spiritueux d'un degré plus faible, il suffit de prendre dans le tableau la quantité d'eau nécessaire pour réduire 100 litres du même spiritueux, puis, multiplier cette quantité d'eau par celle du spiritueux donné, et diviser par $0/_0$ en portant la virgule de deux rangs à gauche. Exemple : On donne 12 hectos 50 de 86° pour réduire à 48° ; combien faut-il d'eau ? D'après le tableau, pour réduire 100 litres de 86° à 48°, il faut 79 litres 16 d'eau ; donc, pour 12 hectos 5 il faudra :

$$\frac{79.16 \times 1.250}{100} = 9 \text{ hectos } 90 \text{ litres d'eau}$$

comme l'indique le deuxième exemple du n° 106.

108. — TABLEAU du mouillage des Spiritueux, indiquant la quantité d'eau à ajouter par hectolitre de spiritueux dont le degré est connu pour réduire à un degré désiré.

degré du spiritueux	degrés à obtenir	quantité d'eau à ajouter	degré du spiritueux	degrés à obtenir	quantité d'eau à ajouter	degré du spiritueux	degrés à obtenir	quantité d'eau à ajouter
de	a	litres-cent.	de	a	litres-cent.	de	a	litres-cent.
95°	94	1.06	95°	64	48.43	94°	89	5.61
—	93	2.15	—	63	50.79	—	88	6.81
—	92	3.26	—	62	53.22	—	87	8.04
—	91	4.39	—	61	55.73	—	86	9.30
—	90	5.55	—	60	58.33	—	85	10.58
—	89	6.74	—	59	61.01	—	84	11.90
—	88	7.95	—	58	63.79	—	83	13.25
—	87	9.19	—	57	66.66	—	82	14.63
—	86	10.46	—	56	69.64	—	81	16.04
—	85	11.76	—	55	72.72	—	80	17.50
—	84	13.09	—	54	75.92	—	79	18.98
—	83	14.45	—	53	79.24	—	78	20.50
—	82	15.85	—	52	82.69	—	77	22.07
—	81	17.28	—	51	86.27	—	76	23.68
—	80	18.75	—	50	90 »	—	75	25.33
—	79	20.25	—	49	93.87	—	74	27.02
—	78	21.79	—	48	97.91	—	73	28.76
—	77	23.37	—	47	102.12	—	72	30.55
—	76	25 »	—	46	106.52	—	71	32.39
—	75	26.96	—	45	111.11	—	70	34.28
—	74	28.37	—	44	115.90	—	69	36.23
—	73	30.13	—	43	120.93	—	68	38.23
—	72	31.94	—	42	126.19	—	67	40.29
—	71	33.80	—	41	131.70	—	66	42.42
—	70	35.71	—	40	137.50	—	65	44.61
—	69	37.68	—	9	955 »	—	64	46.87
—	68	39.70	94°	93	1.07	—	63	49.20
—	67	41.79	—	92	2.17	—	62	51.61
—	66	43.93	—	91	3.29	—	61	54.09
—	65	46.15	—	90	4.44	—	60	56.66

degré du spiritueux	degrés à obtenir	quantité d'eau à ajouter	degré du spiritueux	degrés à obtenir	quantité d'eau à ajouter	degré du spiritueux	degrés à obtenir	quantité d'eau à ajouter
de	a	litres-cent.	de	a	litres-cent.	de	à	litres-cent.
94°	59	59.32	93°	79	17.72	93°	45	106.66
—	58	62.06	—	78	19.23	—	44	111.36
—	57	64.91	—	77	20.77	—	43	116.27
—	56	67.85	—	76	22.36	—	42	121.42
—	55	70.90	—	75	24 »	—	41	126.82
—	54	74.07	—	74	25.67	—	40	132.50
—	53	77.35	—	73	27.39	—	9	933 »
—	52	80.76	—	72	29.16	92°	91	1.09
—	51	84.31	—	71	30.98	—	90	2.22
—	50	88 »	—	70	32.85	—	89	3.37
—	49	91.83	—	69	34.78	—	88	4.54
—	48	95.83	—	68	36.76	—	87	5.74
—	47	100 »	—	67	38.80	—	86	6.97
—	46	104.34	—	66	40.90	—	85	8.23
—	45	108.88	—	65	43.07	—	84	9.52
—	44	113.63	—	64	45.31	—	83	10.84
—	43	118.60	—	63	47.61	—	82	12.19
—	42	123.80	—	62	50 »	—	81	13.58
—	41	129.26	—	61	52.45	—	80	15 »
—	40	135 »	—	60	55 »	—	79	16.45
—	9	944 »	—	59	57.62	—	78	17.94
93°	92	1.08	—	58	60.34	—	77	19.48
—	91	2.19	—	57	63.15	—	76	21.05
—	90	3.33	—	56	66.07	—	75	22.66
—	89	4.49	—	55	69.09	—	74	24.32
—	88	5.68	—	54	72.22	—	73	26.02
—	87	6.89	—	53	75.47	—	72	27.77
—	86	8.13	—	52	78.84	—	71	29.57
—	85	9.41	—	51	82.35	—	70	31.42
—	84	10.71	—	50	86 »	—	69	33.33
—	83	12.04	—	49	89.79	—	68	35.29
—	82	13.41	—	48	93.75	—	67	37.31
—	81	14.81	—	47	97.87	—	66	39.39
—	80	16.25	—	46	102.17	—	65	41.53

Degré spirituaux	degré à obtenir	quantité d'eau à ajouter	Degré du spiritueux	degrés à obtenir	quantité d'eau à ajouter	Degré du spiritueux	degrés à obtenir	quantité d'eau a ajouter
de	à	litres-cent.	de	à	litres-cent.	de	à	litres-cent.
92o	64	43.75	91o	82	10.97	91o	48	89.58
—	63	46.03	—	81	12.34	—	47	93.61
—	62	48.38	—	80	13.75	—	46	97.82
—	61	50.81	—	79	15.18	—	45	102.22
—	60	53.33	—	78	16.66	—	44	106.81
—	59	55.93	—	77	18.18	—	43	111.62
—	58	58.62	—	76	19.73	—	42	116.66
—	57	61.40	—	75	21.33	—	41	121.95
—	56	64.28	—	74	22.97	—	40	127.50
—	55	67.27	—	73	24.65	—	9	911 »
—	54	70.35	—	72	22.38	90o	89	1.12
—	53	73.58	—	71	28.16	—	88	2.27
—	52	76.92	—	70	30 »	—	87	3.44
—	51	80.39	—	69	31.88	—	86	4.65
—	50	84 »	—	68	33.82	—	85	5.88
—	49	87.75	—	67	35.82	—	84	7.14
—	48	91.66	—	66	37.87	—	83	8.43
—	47	95.74	—	65	40 »	—	82	9.75
—	46	100 »	—	64	42.18	—	81	11.11
—	45	104.44	—	63	44.44	—	80	12.50
—	44	109.09	—	62	46.77	—	79	13.92
—	43	113.95	—	61	49.18	—	78	15.38
—	42	119.04	—	60	51.66	—	77	16.88
—	41	124.39	—	59	54.23	—	76	18.42
—	40	130 »	—	58	56.89	—	75	20 »
—	9	922 »	—	57	59.64	—	74	21.62
91o	90	1.11	—	56	62.50	—	73	23.28
—	89	2.24	—	55	65.45	—	72	25 »
—	88	3.40	—	54	68.51	—	71	26.76
—	87	4.59	—	53	71.69	—	70	28.57
—	86	5.81	—	52	75 »	—	69	30.43
—	85	7.05	—	51	78.43	—	68	32.35
—	84	8.33	—	50	82 »	—	67	34.32
—	83	9.63	—	49	85.71	—	66	36.36

degré du spiritueux	degrés à obtenir	quantité d'eau à ajouter	degré du spiritueux	degrés à obtenir	quantité d'eau à ajouter	degré du spiritueux	degrés à obtenir	quantité d'eau à ajouter
de	à	litres-cent.		à	litres-cent.	de	à	litres-cent.
90°	65	38.46	89°	81	9.87	89°	47	89.36
	64	40.62		80	11.25		46	93.47
	63	42.85		79	12.65		45	97.77
	62	45.16		78	14.10		44	102.27
	61	47.54		77	15.58		43	106.97
	60	50 »		76	17.10		42	111.90
	59	52.54		75	18.66		41	117.07
	58	55.17		74	20.27		40	122.50
	57	57.89		73	21.91		9	888 »
	56	60.71		72	23.61	88°	87	1.14
	55	63.63		71	25.35		86	2.32
	54	66.66		70	27.14		85	3.52
	53	69.81		69	28.98		84	4.76
	52	73.07		68	30.88		83	6.02
	51	76.47		67	32.83		82	7.31
	50	80 »		66	34.84		81	8.64
	49	83.67		65	36.92		80	10 »
	48	87.50		64	39.06		79	11.39
	47	91.48		63	41.26		78	12.82
	46	95.65		62	43.54		77	14.28
	45	100 »		61	45.90		76	15.78
	44	104.54		60	48.33		75	17.33
	43	109.30		59	50.84		74	18.91
	42	114.28		58	53.44		73	20.54
	41	119.51		57	56.14		72	22.22
	40	125 »		56	58.92		71	23.94
	9	900 »		55	61.81		70	25.71
89°	88	1.13		54	64.81		69	27.53
	87	2.29		53	67.92		68	29.41
	86	3.48		52	71.15		67	31.34
	85	4.70		51	74.50		66	33.33
	84	5.95		50	78 »		65	35.38
	83	7.22		49	81.63		64	37.50
	82	8.53		48	85.41		63	39.68

degré du spiritueux	degrés a obtenir	quantité d'eau a ajouter	degré du spiritueux	degré a obtenir	quantité d'eau a ajouter	degré du spiritueux	degrés a obtenir	quantité d'eau a ajouter
de	a	litres-cent.	de	a	litres-cent.	de	a	litres-cent.
88°	63	39.68	87°	77	12.98	87°	43	102.32
	62	41.93		76	14.47		42	107.14
	61	44.26		75	16 »		41	112.19
	60	46.66		74	17.56		40	117.50
	59	49.15		73	19.17		9	866 »
	58	51.72		72	20.83	86°	85	1.17
	57	54.38		71	22.53		84	2.38
	56	57.14		70	24.28		83	3.61
	55	60 »		69	26.08		82	4.87
	54	62.96		68	27.94		81	6.17
	53	66.03		67	29.85		80	7.50
	52	69.23		66	31.81		79	8.86
	51	72.54		65	33.84		78	10.25
	50	76 »		64	35.93		77	11.68
	49	79.59		63	38.09		76	13.15
	48	83.33		62	40.32		75	14.66
	47	87.23		61	42.62		74	16.21
	46	91.31		60	45 »		73	17.80
	45	95.55		59	47.45		72	19.44
	44	100 »		58	50 »		71	21.12
	43	104.65		57	52.63		70	22.85
	42	109.52		56	55.35		69	24.63
	41	114.63		55	58.18		68	26.47
	40	120 »		54	61.11		67	28.35
	9	877 »		53	64.15		66	30.30
87°	86	1.16		52	67.30		65	32.30
	85	2.35		51	70.58		64	34.37
	84	3.57		50	74 »		63	36.50
	83	4.81		49	77.55		62	38.70
	82	6.04		48	81.25		61	40.98
	81	7.40		47	85.10		60	43.33
	80	8.75		46	89.13		59	45.76
	79	10.12		45	93.33		58	48.27
	78	11.53		44	97.72		57	50.87

degré du spiritueux	degrés a obtenir	quantité d'eau a ajouter	degré du spiritueux	degrés a obtenir	quantité d'eau a ajouter	degré du spiritueux	degrés a obtenir	quantité d'eau a ajouter
de	a	litres-cent.	de	a	litres cent.	de	a	litres-cent.
86°	56	53.57	85°	68	25 »	84°	79	6.32
—	55	56.36	—	67	26.86	—	78	7.69
—	54	59.25	—	66	28.78	—	77	9.09
—	53	62.26	—	65	30.76	—	76	10.52
—	52	65.38	—	64	32.81	—	75	12 »
—	51	68.62	—	63	34.92	—	74	13.51
—	50	72 »	—	62	37.09	—	73	15.06
—	49	75.51	—	61	39.34	—	72	16.66
—	48	79.16	—	60	41.66	—	71	18.30
—	47	82.97	—	59	44.06	—	70	20 »
—	46	86.95	—	58	46.55	—	69	21.73
—	45	91.11	—	57	49.12	—	68	23.52
—	44	95.45	—	56	51.78	—	67	25.37
—	43	100 »	—	55	54.54	—	66	27.27
—	42	104.76	—	54	57.40	—	65	29.23
—	41	109.75	—	53	60.37	—	64	31.25
—	40	115 »	—	52	63.46	—	63	33.33
—	9	855 »	—	51	66.66	—	62	35.48
85°	84	1.19	—	50	70 »	—	61	37.70
—	83	2.40	—	49	73.46	—	60	40 »
—	82	3.65	—	48	77.08	—	59	42.37
—	81	4.93	—	47	80.85	—	58	44.82
—	80	6.25	—	46	84.78	—	57	47.36
—	79	7.59	—	45	88.88	—	56	50 »
—	78	8.97	—	44	93.18	—	55	52.72
—	77	10.38	—	43	97.67	—	54	55.55
—	76	11.84	—	42	102.38	—	53	58.49
—	75	13.33	—	41	107.31	—	52	61.53
—	74	14.86	—	40	112.50	—	51	64.70
—	73	16.43	—	9	844 »	—	50	68 »
—	72	18.05	84°	83	1.20	—	49	71.42
—	71	19.71	—	82	2.43	—	48	75 »
—	70	21.42	—	81	3.70	—	47	78.72
—	69	23.18	—	80	5 »	—	46	82.60

degré du spiritueux	degré a obtenir	quantité d'eau a ajouter	degré du spiritueux	degré a obtenir	quantité d'eau a ajouter	degré du spiritueux	degré a obtenir	quantité d'eau a ajouter
de	a	litres-cent.	de	a	litres-cent.	de	a	litres-cent.
84°	45	86.66	83°	55	50.90	82°	64	28.12
	44	90.90		54	53.70		63	30.15
	43	95.34		53	56.60		62	32.25
	42	100 »		52	59.61		61	34.42
	41	104.87		51	62.74		60	36.66
	40	110 »		50	66 »		59	38.98
	9	833 »		49	69.38		58	41.37
83°	82	1.21		48	72.91		57	43.85
	81	2.46		47	76.59		56	46.42
	80	3.75		46	80.43		55	49.09
	79	5.06		45	84.44		54	51.85
	78	6.41		44	88.63		53	54.71
	77	7.79		43	93.02		52	57.69
	76	9.21		42	97.61		51	60.78
	75	10.66		41	102.43		50	64 »
	74	12.16		40	107.50		49	67.34
	73	13.69		9	822 »		48	70.83
	72	15.27	82°	81	1.23		47	74.46
	71	16.90		80	2.50		46	78.26
	70	18.57		79	3.79		45	82.22
	69	20.28		78	5.12		44	86.36
	68	22.05		77	6.49		43	90.69
	67	23.88		76	7.89		42	95.23
	66	25.75		75	9.33		41	100 »
	65	27.69		74	10.81		40	105 »
	64	29.68		73	12.32		9	811 »
	63	31.74		72	13.88	81°	80	1.25
	62	33.87		71	15.49		79	2.53
	61	36.06		70	17.14		78	3.84
	60	38.33		69	18.84		77	5.19
	59	40.67		68	20.58		76	6.59
	58	43.10		67	22.38		75	8 »
	57	45.61		66	24.34		74	9.45
	56	48.21		65	26.15		73	10.95

Degré du spiritueux	degré à obtenir	quantité d'eau à ajouter	Degré du spiritueux	degrés à obtenir	quantité d'eau à ajouter	Degré du spiritueux	degrés à obtenir	quantité d'eau à ajouter
de	à	litres-cent.	de	à	litres-cent.	de	à	litres-cent.
81°	72	12.50	80°	79	1.26	80°	45	77.77
—	71	14.08	—	78	2.56	—	44	81.81
—	70	15.71	—	77	3.89	—	43	86.04
—	69	17.39	—	76	5.26	—	42	90.47
—	68	19.11	—	75	6.66	—	41	95.12
—	67	20.89	—	74	8.10	—	40	100 »
—	66	22.72	—	73	9.58	—	9	788 »
—	65	24.61	—	72	11.11	79°	78	1.28
—	64	26.56	—	71	12.67	—	77	2.59
—	63	28.57	—	70	14.28	—	76	3.94
—	62	30.64	—	69	15.94	—	75	5.33
—	61	32.78	—	68	17.64	—	74	6.75
—	60	35 »	—	67	19.40	—	73	8.21
—	59	37.28	—	66	21.21	—	72	9.72
—	58	39.65	—	65	23.07	—	71	11.26
—	57	42.10	—	64	25 »	—	70	12.85
—	56	44.64	—	63	26.98	—	69	14.49
—	55	47.27	—	62	29.03	—	68	16.17
—	54	50 »	—	61	31.14	—	67	17.91
—	53	52.83	—	60	33.33	—	66	19.69
—	52	55.76	—	59	35.59	—	65	21.53
—	51	58.82	—	58	37.93	—	64	23.43
—	50	62 »	—	57	40.35	—	63	25.39
—	49	65.30	—	56	42.85	—	62	27.41
—	48	68.75	—	55	45.45	—	61	29.50
—	47	72.34	—	54	48.14	—	60	31.66
—	46	76.08	—	53	50.94	—	59	33.89
—	45	80 »	—	52	53.84	—	58	36.20
—	44	84.09	—	51	56.86	—	57	38.59
—	43	88.37	—	50	60 »	—	56	41.07
—	42	92.85	—	49	63.26	—	55	43.63
—	41	97.56	—	48	66.66	—	54	46.29
—	40	102.50	—	47	70.21	—	53	49.05
—	9	800 »	—	46	73.91	—	52	51.92

degré du spiritueux	degrés à obtenir	quantité d'eau à ajouter	degré du spiritueux	degrés à obtenir	quantité d'eau à ajouter	degré du spiritueux	degrés à obtenir	quantité d'eau à ajouter
de	a	litres-cent.	de	a	litres-cent.	de	a	litres-cent.
79°	51	54.90	78°	55	41.81	77°	58	32.75
	50	58 »	—	54	44.44	—	57	35.08
	49	61.22	—	53	47.16	—	56	37.50
	48	64.58	—	52	50 »	—	55	40 »
	47	68.08	—	51	52.94	—	54	42.59
	46	71.73	—	50	56 »	—	53	45.28
	45	75.55	—	49	59.18	—	52	48.07
	44	79.54	—	48	62.50	—	51	50.98
	43	83.72	—	47	65.95	—	50	54 »
	42	88.09	—	46	69.56	—	49	57.14
	41	92.68	—	45	73.33	—	48	60.41
	40	97.50	—	44	77.27	—	47	63.82
78°	77	1.29	—	43	81.39	—	46	67.39
	76	2.63	—	42	85.71	—	45	71.11
	75	4 »	—	41	90.24	—	44	75 »
	74	5.40	—	40	95 »	—	43	79.06
	73	6.84	77°	76	1.31	—	42	83.33
	72	8.33	—	75	2.66	—	41	87.80
	71	9.85	—	74	4.05	—	40	92 »
	70	11.42	—	73	5.47	76°	75	1.33
	69	13.04	—	72	6.94	—	74	2.70
	68	14.70	—	71	8.45	—	73	4.10
	67	16.41	—	70	10 »	—	72	5.55
	66	18.18	—	69	11.59	—	71	7.04
	65	20 »	—	68	13.23	—	70	8.57
	64	21.87	—	67	14.92	—	69	10.14
	63	23.80	—	66	16.66	—	68	11.76
	62	25.80	—	65	18.46	—	67	13.43
	61	27.86	—	64	20.31	—	66	15.15
	60	30 »	—	63	22.22	—	65	16.92
	59	32.20	—	62	24.19	—	64	18.75
	58	34.48	—	61	26.22	—	63	20.63
	57	36.84	—	60	28.33	—	62	22.58
	56	39.28	—	59	30.50	—	61	24.59

degré du spiritueux	degrés à obtenir	quantité d'eau à ajouter	degré du spiritueux	degrés à obtenir	quantité d'eau à ajouter	degré du spiritueux	degrés à obtenir	quantité d'eau à ajouter
de		litres-cent.		à	litres-cent.	de	à	litres-cent.
76°	60	26.66	75°	61	22.95	74°	61	21.31
—	59	28.81	—	60	25 »	—	60	23.33
—	58	31.03	—	59	27.11	—	59	25.42
—	57	33.33	—	58	29.31	—	58	27.58
—	56	35.71	—	57	31.57	—	57	29.82
—	55	38.18	—	56	33.92	—	56	32.14
—	54	40.74	—	55	36.36	—	55	34.54
—	53	43.39	—	54	38.88	—	54	37.03
—	52	46.15	—	53	41.50	—	53	39.62
—	51	49.01	—	52	44.23	—	52	42.30
—	50	52 »	—	51	47.05	—	51	45.09
—	49	55.10	—	50	50 »	—	50	48 »
—	48	58.33	—	49	53.06	—	49	51.02
—	47	61.70	—	48	56.25	—	48	54.16
—	46	65.21	—	47	59.57	—	47	57.44
—	45	68.88	—	46	63.04	—	46	60.86
—	44	72.72	—	45	66.66	—	45	64.44
—	43	76.74	—	44	70.45	—	44	68.18
—	42	80.95	—	43	74.41	—	43	72.09
—	41	85.36	—	42	78.57	—	42	76.19
—	40	90 »	—	41	82.92	—	41	80.48
75°	74	1.35	—	40	87.50	—	40	85 »
—	73	2.73	74°	73	1.36	73°	72	1.38
—	72	4.16	—	72	2.77	—	71	2.81
—	71	5.63	—	71	4.22	—	70	4.28
—	70	7.14	—	70	5.71	—	69	5.94
—	69	8.69	—	69	7.24	—	68	7.35
—	68	10.29	—	68	8.82	—	67	8.95
—	67	11.94	—	67	10.44	—	66	10.60
—	66	13.63	—	66	12.12	—	65	12.30
—	65	15.38	—	65	13.84	—	64	14.06
—	64	17.18	—	64	15.62	—	63	15.87
—	63	19.04	—	63	17.46	—	62	17.74
—	62	20.96	—	62	19.35	—	61	19.67

degré du spiritueux	degrés à obtenir	quantité d'eau à ajouter	degré du spiritueux	degrés à obtenir	quantité d'eau à ajouter	degré du spiritueux	degrés à obtenir	quantité d'eau à ajouter
de	a	litres-cent.	de	a	litre-cent.	de	a	litres-cent.
73°	60	21.66	72°	58	24.13	71°	55	29.09
—	59	23.72	—	57	26.31	—	54	31.48
—	58	25.86	—	56	28.57	—	53	33.96
—	57	28.07	—	55	30.90	—	52	36.53
—	56	30.35	—	54	33.33	—	51	39.21
—	55	32.72	—	53	35.84	—	50	42 »
—	54	35.18	—	52	38.46	—	49	44.89
—	53	37.54	—	51	41.17	—	48	47.91
—	52	40.38	—	50	44 »	—	47	51.06
—	51	43.13	—	49	46.93	—	46	54.34
—	50	46 »	—	48	50 »	—	45	57.77
—	49	48.97	—	47	53.19	—	44	61.36
—	48	52.08	—	46	56.52	—	43	65.11
—	47	55.32	—	45	60 »	—	42	69.04
—	46	58.79	—	44	63.63	—	41	73.17
—	45	62.22	—	43	67.44	—	40	77.50
—	44	65.90	—	42	71.42	70°	69	1.44
—	43	69.76	—	41	75.60	—	68	2.94
—	42	73.80	—	40	80 »	—	67	4.47
—	41	78.04	71°	70	1.42	—	66	6.06
—	40	82.50	—	69	2.89	—	65	7.69
72°	71	1.40	—	68	4.41	—	64	9.37
—	70	2.85	—	67	5.97	—	63	11.11
—	69	4.34	—	66	7.57	—	62	12.90
—	68	5.88	—	65	9.23	—	61	14.75
—	67	7.46	—	64	10.93	—	60	16.66
—	66	9.09	—	63	12.69	—	59	18.64
—	65	10.76	—	62	14.51	—	58	20.68
—	64	12.50	—	61	16.39	—	57	22.80
—	63	14.28	—	60	18.33	—	56	25 »
—	62	16.12	—	59	20.33	—	55	27.27
—	61	18.03	—	58	22.41	—	54	29.62
—	60	20 »	—	57	24.56	—	53	32.07
—	59	22.03	—	56	26.78	—	52	34.61

degrés du spiritueux	degrés a obtenir	quantité d'eau a ajouter
de	a	litres cent.
70°	51	37.25
	50	40 »
	49	42.85
	48	45.83
	47	48.93
	46	52.17
	45	55.55
	44	59.09
	43	62.79
	42	66.66
	41	70.73
	40	75 »
69°	68	1.47
	67	2.98
	66	4.54
	65	6.15
	64	7.81
	63	9.52
	62	11.29
	61	13.11
	60	15 »
	59	16.94
	58	18.96
	57	21.05
	56	23.21
	55	25.45
	54	27.77
	53	30.18
	52	32.69
	51	35.29
	50	38 »
	49	40.81
	48	43.75
	47	46.80

degrés du spiritueux	degrés a obtenir	quantité d'eau a ajouter
de	a	litres cent.
69°	46	50 »
	45	53.33
	44	56.81
	43	60.46
	42	64.28
	41	68.29
	40	72.50
68°	67	1.49
	66	3.03
	65	4.61
	64	6.25
	63	7.93
	62	9.67
	61	11.47
	60	13.33
	59	15.25
	58	17.24
	57	19.29
	56	21.42
	55	23.63
	54	25.92
	53	28.30
	52	30.76
	51	33.33
	50	36 »
	49	38.77
	48	41.66
	47	44.68
	46	47.82
	45	51.11
	44	54.54
	43	58.13
	42	61.90
	41	65.85

degrés du spiritueux	degrés a obtenir	quantité d'eau a ajouter
de	a	litres cent.
68°	40	70 »
67°	66	1.51
	65	3.07
	64	4.68
	63	6.34
	62	8.06
	61	9.83
	60	11.66
	59	13.55
	58	15.51
	57	17.54
	56	19.64
	55	21.81
	54	24.07
	53	26.41
	52	28.84
	51	31.37
	50	34 »
	49	36.73
	48	39.58
	47	42.55
	46	45.65
	45	48.88
	44	52.27
	43	55.81
	42	59.52
	41	63.41
	40	67.50
66°	65	1.53
	64	3.12
	63	4.76
	62	6.45
	61	8.19
	60	10 »

degrés du spiritueux	degrés à obtenir	quantité d'eau à ajouter	dgré du spiritueux	degrés à obtenir	quantité d'eau à ajouter	degré du spiritueux	degrés à obtenir	quantité d'eau à ajouter
de	a	litres cent.	de	a	litres cent.	de	a	litres cent.
66°	59	11.86	65°	50	30 »	64°	40	60 »
—	58	13.79	—	49	32.65	63°	62	1.61
—	57	15.78	—	48	35.41	—	61	3.27
—	56	17.85	—	47	38.29	—	60	5 »
—	55	20 »	—	46	41.30	—	59	6.77
—	54	22.22	—	45	44.44	—	58	8.62
—	53	24.52	—	44	47.72	—	57	10.52
—	52	26.92	—	43	51.16	—	56	12.50
—	51	29.41	—	42	54.76	—	55	14.54
—	50	32 »	—	41	58.53	—	54	16.66
—	49	34.69	—	40	62.50	—	53	18.86
—	48	37.50	64°	63	1.58	—	52	21.15
—	47	40.42	—	62	3.22	—	51	23.52
—	46	43.47	—	61	4.91	—	50	26 »
—	45	46.66	—	60	6.66	—	49	28.57
—	44	50 »	—	59	8.47	—	48	31.25
—	43	53.48	—	58	10.34	—	47	34.04
—	42	57.14	—	57	12.28	—	46	36.95
—	41	60.97	—	56	14.28	—	45	40 »
—	40	65 »	—	55	16.36	—	44	43.18
65°	64	1.56	—	54	18.51	—	43	46.51
—	63	3.17	—	53	20.75	—	42	50 »
—	62	4.83	—	52	23.07	—	41	53.65
—	61	6.55	—	51	25.49	—	40	57.50
—	60	8.33	—	50	28 »	62°	61	1.63
—	59	10.16	—	49	30.61	—	60	3.33
—	58	12.06	—	48	33.33	—	59	5.08
—	57	14.03	—	47	36.17	—	58	6.89
—	56	16.07	—	46	39.13	—	57	8.77
—	55	18.18	—	45	42.22	—	56	10.71
—	54	20.37	—	44	45.45	—	55	12.72
—	53	22.64	—	43	48.83	—	54	14.81
—	52	25 »	—	42	52.38	—	53	16.98
—	51	27.45	—	41	56.09	—	52	19.23

degré du spiritueux	degrés a obtenir	quantité d'eau a ajouter	degré du spiritueux	degrés a obtenir	quantité d'eau a ajouter	degré du spiritueux	degrés a obtenir	quantité d'eau a ajouter
de	a	litres cent.	de	a	litres cent.	de	a	litres cent.
62°	51	21.56	60°	58	3.44	59°	43	37.20
—	50	24 »	—	57	5.26	—	42	40.47
—	49	26.53	—	56	7.14	—	41	43.90
—	48	29.16	—	55	9.09	—	40	47.50
—	47	31.91	—	54	11.11	58°	57	1.75
—	46	34.78	—	53	13.20	—	56	3.57
—	45	37.77	—	52	15.38	—	55	5.45
—	44	40.90	—	51	17.64	—	54	7.40
—	43	44.18	—	50	20 »	—	53	9.43
—	42	47.61	—	49	22.44	—	52	11.53
—	41	51.21	—	48	25 »	—	51	13.72
—	40	55 »	—	47	27.65	—	50	16 »
61°	60	1.66	—	46	30.43	—	49	18.36
—	59	3.38	—	45	33.33	—	48	20.83
—	58	5.17	—	44	36.36	—	47	23.40
—	57	7.01	—	43	39.53	—	46	26.08
—	56	8.92	—	42	42.85	—	45	28.88
—	55	10.90	—	41	46.34	—	44	31.81
—	54	12.96	—	40	50 »	—	43	34.88
—	53	15.09	59°	58	1.72	—	42	38.09
—	52	17.30	—	57	3.50	—	41	41.46
—	51	19.60	—	56	5.35	—	40	45 »
—	50	22 »	—	55	7.27	57°	56	1.78
—	49	24.48	—	54	9.25	—	55	3.63
—	48	27.08	—	53	11.32	—	54	5.55
—	47	29.78	—	52	13.46	—	53	7.54
—	46	32.60	—	51	15.68	—	52	9.61
—	45	35.55	—	50	18 »	—	51	11.76
—	44	38.63	—	49	20.40	—	50	14 »
—	43	41.86	—	48	22.91	—	49	16.32
—	42	45.23	—	47	25.53	—	48	18.75
—	41	48.78	—	46	28.26	—	47	21.27
—	40	52.58	—	45	31.11	—	46	23.91
60°	59	1.69	—	44	34.09	—	45	26.66

degrés du spiritueux	degrés a obtenir	quantité d'eau a ajouter	degré du spiritueux	degrés a obtenir	quantité d'eau a ajouter	degré du spiritueux	degrés a obtenir	quantité d'eau a ajouter
de	a	litres cent.	de	a	litres cent.	de	a	litres cent.
57°	44	29.54	55°	41	34.14	52°	46	13.04
—	43	32.55	—	40	37.50	—	45	15.55
—	42	35.71	54°	53	1.88	—	44	18.18
—	41	39.02	—	52	3.88	—	43	20.93
—	40	42.50	—	51	5.88	—	42	23.80
56°	55	1.81	—	50	8 »	—	41	26.82
—	54	3.70	—	49	10.20	—	40	30 »
—	53	5.66	—	48	12.50	51°	50	2 »
—	52	7.69	—	47	14.89	—	49	4.08
—	51	9.80	—	46	17.39	—	48	6.25
—	50	12 »	—	45	20 »	—	47	8.51
—	49	14.28	—	44	22.72	—	46	10.86
—	48	16.66	—	43	25.58	—	45	13.33
—	47	19.14	—	42	28.57	—	44	15.90
—	46	21.73	—	41	31.70	—	43	18.60
—	45	24.44	—	40	35 »	—	42	21.42
—	44	27.27	53°	52	1.92	—	41	24.39
—	43	30.23	—	51	3.92	—	40	27.50
—	42	33.33	—	50	6 »	50°	49	2.04
—	41	36.58	—	49	8.16	—	48	4.16
—	40	40 »	—	48	10.41	—	47	6.38
55°	54	1.85	—	47	12.76	—	46	8.69
—	53	3.77	—	46	15.21	—	45	11.11
—	52	5.76	—	45	17.77	—	44	13.63
—	51	7.84	—	44	20.45	—	43	16.27
—	50	10 »	—	43	23.25	—	42	19.04
—	49	12.24	—	42	26.19	—	41	21.95
—	48	14.58	—	41	29.26	—	40	25 »
—	47	17.02	—	40	32.50	49°	48	2.08
—	46	19.56	52°	51	1.96	—	47	4.25
—	45	22.22	—	50	4 »	—	46	6.52
—	44	25 »	—	49	6.12	—	45	8.88
—	43	27.90	—	48	8.33	—	44	11.36
—	42	30.95	—	47	10.63	—	43	13.95

degré du spiritueux	degrés à obtenir	quantité d'eau à ajouter	degré du spiritueux	degrés à obtenir	quantité d'eau à ajouter	degré du spiritueux	degré à obtenir	quantité d'eau à ajouter
de	a	litres-cent.	de	a	litres-cent.	de	a	litres-cent.
49°	42	16.66	47°	44	6.81	45°	42	7.14
—	41	19.51	—	43	9.30	—	41	9.75
—	40	22.50	—	42	11.90	—	40	12.50
48°	47	2.12	—	41	14 63	44°	43	2.32
—	46	4.34	—	40	17.50	—	42	4.76
—	45	6.66	46°	45	2.22	—	41	7.31
—	44	9.09	—	44	4.54	—	40	10 »
—	43	11.62	—	43	6.97	43°	42	2.38
—	42	14.28	—	42	9.52	—	41	4.87
—	41	17.07	—	41	12.19	—	40	7.50
—	40	20 »	—	40	15 »	42°	41	2.43
47°	46	2.17	45°	44	2.27	—	40	5 »
—	45	4.44	—	43	4.65	41°	40	2.50

Autres exemples : On donne 6 hectos 20 de trois-six à 91°, pour convertir en eau-de-vie à 51°; combien faut-il ajouter d'eau?

Nous voyons d'après le tableau précédent, que pour réduire à 51°, 100 litres de 91°; il faut ajouter 78 litres 43 centilitres d'eau distillée; donc, pour réduire 6 hectos 20 du même esprit il faudra prendre.

$$\frac{78.43 \times 620}{100} = 486 \text{ litres d'eau distillée.}$$

Preuve.

Eau distillée............ 486 litres
Esprit trois-six à 91°   620 litres

Total........ 1.106 $\times$ 51° = 564 litres d'alcool pur.
620 $\times$ 91° = 564 litres d'alcool pur.

Le volume total du mélange multiplié par son degré et le volume de l'esprit multiplié par son degré, doivent donner le même volume d'alcool pur pour que le calcul soit exact.

Combien faut-il ajouter d'eau à 75 litres d'eau-de-vie ayant 61° pour réduire à 48° ?

Le tableau nous indique que pour réduire 100 litres du même spiritueux au degré demandé, il faut prendre 27 litres 08 centilitres d'eau distillée; donc, pour réduire 75 litres, il faudra :

$$\frac{27.08 \times 75}{100} = 20 \text{ litres 3 décilitres d'eau distillée.}$$

Preuve :

Eau distillée   20.3
Eau-de-vie à 61°   75

Volume total...   95.3 $\times$ 48° = 45.7 alcool pur.
75 $\times$ 61° = 45.7 alcool pur.

109. — RÉDUCTION DES SPIRITUEUX AVEC LES PETITES EAUX

OU UN SPIRITUEUX PLUS FAIBLE EN DEGRÉ ALCOOLIQUE.

Lorsqu'on veut réduire le degré alcoolique d'un spiritueux quelconque dont le volume et le degré sont connus, avec une eau-de-vie plus faible en degré pour obtenir un degré demandé, il faut suivre la règle générale suivante.

1° Multiplier le volume du spiritueux par la différence du degré moyen au degré supérieur ; 2° diviser le produit par la différence du degré inférieur au degré moyen ; ensuite, le quotient donne l'eau-de-vie faible qu'il faut mélanger.

1er EXEMPLE : On demande de réduire à 60°, 100 litres d'esprit à 86° avec de l'eau-de-vie ayant 45° ; combien faut-il en ajouter ?

$$100 \times \frac{86° - 60°}{60° - 45°} \text{ ou bien } \frac{100 \times 26}{15} = 173 \text{ litres 3}.$$

Il faut ajouter aux 100 litres d'esprit à 86°, 173 litres 3 décilitres d'eau-de-vie à 45° et l'on obtient 273 litres 3 d'eau-de-vie à 60°

Preuve :

$$\left. \begin{array}{l} 100 \text{ litres} \times 86° = 86 \text{ litres} \\ 173.3 \quad\quad \times 45° = 77.98 \end{array} \right\} 163 \text{ lit. 98 d'alcool pur}$$

Volume total 273.3 $\times$ 60° = ⋯⋯ 163 lit. 98 d'alcool pur

Ce qui démontre l'exactitude du calcul.

2me EXEMPLE : Combien faut-il de petites eaux à 9° pour réduire à 51° 630 litres d'esprit fin à 90° ?

$$630 \times \frac{90° - 51°}{51° - 9°} = 630 \times \frac{39}{42} = 585 \text{ litres de petites eaux à 9°}$$

Preuve :

Petites eaux   585 lit. $\times$ 9° $=$ 52 lit. 65 }
Esprit à 90°   630 lit. $\times$ 90° $=$ 567 litres } 619 lit. 65 d'alcool pur

Volume total à 51° 1215 lit. $\times$ 51° $=$ 619 lit. 65 d'alcool pur

3me EXEMPLE : On demande de réduire à 48° avec des petites eaux à 9° 350 litres de cognac à 61° ; Combien faut-il en ajouter ?

$$350 \times \frac{61° - 48°}{48° - 9°} = \frac{350 \times 13}{39} = 116 \text{ litres 6 de petites eaux à } 9°$$

Preuve :

Petites eaux   116,6 $\times$ 9° $=$ 10.4 }
Eau-de-vie à 61°   350 $\times$ 61° $=$ 213.5 } 223 lit. 9 d'alcool pur.

Volume total à 48° 466.6 $\times$ 48° $=$ 223 lit. 9 d'alcool pur.

4me EXEMPLE : Combien faut-il d'eau-de-vie à 41° pour réduire à 56° 15 hectos d'eau-de-vie à 62° ?

$$1.500 + \frac{62° - 56°}{56° - 41°} = 1.500 \times \frac{6}{15} = 600 \text{ litres eau-de-vie à } 41°.$$

Preuve :

Eau-de-vie à 41°   600 $\times$ 41° $=$ 246 }
Eau-de-vie à 62°   1.500 $\times$ 62° $=$ 930 } 1176 litres d'alcool pur.

Volume total....   2.100 $\times$ 56° $=$ 1176 litres d'alcool pur.

Observation : La manière d'opérer est la même que celle indiquée au n° 20 de la (première partie, réduction d'un vin capiteux avec un vin plus faible en titre alcoolique.)

110. — TABLEAU de la réduction des Eaux-de-vie indiquant la quautité d'eau-de-vie faible à ajouter par hectolitre d'eau-de-vie ayant un degré connu et plus élevé, pour réduire à un degré désiré depuis 61° jusqu'à 42°.

degré a réduire	degrés a obtenir	degré faible	quantité d'eau-de-vie faible a ajouter	degré a réduire	degré a obtenir	degré faible	quantité d'eau-de-vie faible a ajouter
de	a	avec du	litres cent.	de	a	avec du	litres cent.
61°	60	41°	5.26	61°	48	42°	216.66
—	59	—	11.11	—	47	—	280 »
—	58	—	17.64	—	46	—	375 »
—	57	—	25 »	—	45	—	533.33
—	56	—	33.33	—	44	—	850 »
—	55	—	42.85	—	43	—	1800 »
—	54	—	53.84	61°	60	43°	5.88
—	53	—	66.66	—	59	—	12.50
—	52	—	81.81	—	58	—	20 »
—	51	—	100 »	—	57	—	28.57
—	50	—	122.22	—	56	—	38.46
—	49	—	150 »	—	55	—	50 »
—	48	—	185.71	—	54	—	63.63
—	47	—	233.33	—	53	—	80 »
—	46	—	300 »	—	52	—	100 »
—	45	—	400 »	—	51	—	125 »
—	44	—	566.66	—	50	—	157.14
—	43	—	900 »	—	49	—	200 »
—	42	—	1900 »	—	48	—	260 »
61°	60	42°	5.55	—	47	—	350 »
—	59	—	11.76	—	46	—	500 »
—	58	—	18.75	—	45	—	800 »
—	57	—	26.66	—	44	—	1700 »
—	56	—	35.71	61°	60	44°	6.25
—	55	—	46.15	—	59	—	13.33
—	54	—	58.33	—	58	—	21.42
—	53	—	72.72	—	57	—	30.76
—	52	—	90 »	—	56	—	41.66
—	51	—	111.11	—	55	—	54.54
—	50	—	137.50	—	54	—	70 »
—	49	—	171.42	—	53	—	88.88

degré a réduire	degrés a obtenir	degré faible	quantité d'eau-de-vie faible a ajouter
de	a	avec du	litres cent.
61°	52	44°	112.50
—	51	—	142.85
—	50	—	183.33
—	49	—	240 »
—	48	—	325 »
—	47	—	466.66
—	46	—	750 »
—	45	—	1600 »
61°	60	45°	6.66
—	59	—	14.28
—	58	—	23.07
—	57	—	33.33
—	56	—	45.45
—	55	—	60 »
—	54	—	77.77
—	53	—	100 »
—	52	—	128.57
—	51	—	166.66
—	50	—	220 »
—	49	—	300 »
—	48	—	433.33
—	47	—	700 »
—	46	—	1500 »
61°	60	46°	7.14
—	59	—	15.38
—	58	—	25 »
—	57	—	36.36
—	56	—	50 »
—	55	—	66.66
—	54	—	87.50
—	53	—	114.28
—	52	—	150 »
—	51	—	200 »
—	50	—	275 »
—	49	—	400 »

degré a réduire	degrés a obtenir	degré faible	quantité d'eau-de-vie faible a ajouter
de	a	avec du	litres cent.
61°	48	46°	650 »
—	47	—	1400 »
61°	60	47°	7.69
—	59	—	16.66
—	58	—	27.27
—	57	—	40 »
—	56	—	55.55
—	55	—	75 »
—	54	—	100 »
—	53	—	133.33
—	52	—	180 »
—	51	—	250 »
—	50	—	366.66
—	49	—	600 »
—	48	—	1300 »
61°	60	48°	8.33
—	59	—	18.18
—	58	—	30 »
—	57	—	44.44
—	56	—	62.50
—	55	—	85.71
—	54	—	116.66
—	53	—	160 »
—	52	—	225 »
—	51	—	333.33
—	50	—	550 »
—	49	—	1200 »
61°	60	49°	9.09
—	59	—	20 »
—	58	—	33.33
—	57	—	50 »
—	56	—	71.42
—	55	—	100 »
—	54	—	140 »
—	53	—	200 »

degré a réduire	degrés a obtenir	degré faible	quantité d'eam-de-vie faible a ajouter	degré a réduire	degrés a obtenir	degré faible	quantité d'eau-de-vie faible a ajouter
de	a	avec du	litres cent.	de	a	avec du	litres cent.
61°	52	49°	300 »	61°	55	53°	300 »
—	51	—	500 »	—	54	—	700 »
—	50	—	1100 »	61°	60	54°	16.66
61°	60	50°	10 »	—	59	—	40 »
—	59	—	22.22	—	58	—	75 »
—	58	—	37.50	—	57	—	133.33
—	57	—	57.14	—	56	—	250 »
—	56	—	83.33	—	55	—	600 »
—	55	—	120 »	61°	60	55°	20 »
—	54	—	175 »	—	59	—	50 »
—	53	—	266.66	—	58	—	100 »
—	52	—	450 »	—	57	—	200 »
—	51	—	1000 »	—	56	—	500 »
61°	60	51°	11.11	61°	60	56°	25 »
—	59	—	25 »	—	59	—	66.66
—	58	—	42.85	—	58	—	150 »
—	57	—	66.66	—	57	—	400 »
—	56	—	100 »	61°	60	57°	33.33
—	55	—	150 »	—	59	—	100 »
—	54	—	233.33	—	58	—	300 »
—	53	—	400 »	61°	60	58°	50 »
—	52	—	900 »	—	59	—	200 »
61°	60	52°	12.50	61°	60	59°	100 »
—	59	—	28.57	60°	59	41°	5.55
—	58	—	50 »	—	58	—	11.76
—	57	—	80 »	—	57	—	18.75
—	56	—	125 »	—	56	—	26.66
—	55	—	200 »	—	55	—	35.71
—	54	—	350 »	—	54	—	46.15
—	53	—	800 »	—	53	—	58.33
61°	60	53°	14.28	—	52	—	72.72
—	59	—	33.33	—	51	—	90 »
—	58	—	60 »	—	50	—	111.11
—	57	—	100 »	—	49	—	137.50
—	56	—	166.66	—	48	—	171.42

degré a réduire	degrés a obtenir	degré faible	quantité d'eau-de-vie faible a ajouter	degré a réduire	degrés a obtenir	degré faible	quantité d'eau-de-vie faible a ajouter
de	a	avec du	litres cent.	de	a	avec du	litres cent.
60°	47	41°	216.66	60°	57	44°	23.07
—	46	—	280 »	—	56	—	33.33
—	45	—	375 »	—	55	—	45.45
60°	59	42°	5.88	—	54	—	60 »
—	58	—	12.10	—	53	—	77.77
—	57	—	20 »	—	52	—	100 »
—	56	—	28.57	—	51	—	128.57
—	55	—	38.46	—	50	—	166.66
—	54	—	50 »	—	49	—	220 »
—	53	—	63.63	—	48	—	300 »
—	52	—	80 »	—	47	—	433.33
—	51	—	100 »	—	46	—	700 »
—	50	—	125 »	—	45	—	1500 »
—	49	—	157.14	60°	59	45°	7.14
—	48	—	200 »	—	58	—	15.38
—	47	—	260 »	—	57	—	25 »
—	46	—	350 »	—	56	—	36.36
—	45	—	500 »	—	55	—	50 »
60°	59	43°	6.25	—	54	—	66.66
—	58	—	13.33	—	53	—	87.50
—	57	—	21.42	—	52	—	114.28
—	56	—	30.76	—	51	—	150 »
—	55	—	41.66	—	50	—	200 »
—	54	—	54.54	—	49	—	275 »
—	53	—	70 »	—	48	—	400 »
—	52	—	88.88	—	47	—	650 »
—	51	—	112.50	—	46	—	1400 »
—	50	—	142.85	60°	59	46°	7.69
—	49	—	183.33	—	58	—	16.66
—	48	—	240 »	—	57	—	27.27
—	47	—	325 »	—	56	—	40 »
—	46	—	466.66	—	55	—	55.55
—	45	—	750 »	—	54	—	75 »
60°	59	44°	6.66	—	53	—	100 »
—	58	—	14.28	—	52	—	133.33

degré à réduire	degrés à obtenir	degré faible	quantité d'eau-de-vie faible à ajouter	
de	a	avec du	litres	cent.
60°	51	46°	180	»
—	50	—	250	»
—	49	—	366.66	
—	48	—	600	»
—	47	—	1300	»
60°	59	47°	8.33	
—	58	—	18.18	
—	57	—	30	»
—	56	—	44.44	
—	55	—	62.50	
—	54	—	85.71	
—	53	—	116.66	
—	52	—	160	»
—	51	—	225	»
—	50	—	333.33	
—	49	—	550	»
—	48	—	1200	»
60°	59	48°	9.09	
—	58	—	20	»
—	57	—	33.33	
—	56	—	50	»
—	55	—	71.42	
—	54	—	100	»
—	53	—	140	»
—	52	—	200	»
—	51	—	300	»
—	50	—	500	»
—	49	—	1100	»
60°	59	49°	10	»
—	58	—	22.22	
—	57	—	37.50	
—	56	—	57.14	
—	55	—	83.33	
—	54	—	120	»
—	53	—	175	»

degré à réduire	degrés à obtenir	degré faible	quantité d'eau-de-vie faible à ajouter	
de	a	avec du	litres	cent.
60°	52	49°	266.66	
—	51	—	450	»
—	50	—	1000	»
60°	59	50°	11.11	
—	58	—	25	»
—	57	—	42.85	
—	56	—	66.66	
—	55	—	100	»
—	54	—	150	»
—	53	—	233.33	
—	52	—	400	»
—	51	—	900	»
60°	59	51°	12.50	
—	58	—	28.57	
—	57	—	50	»
—	56	—	80	»
—	55	—	125	»
—	54	—	200	»
—	53	—	350	»
—	52	—	800	»
60°	59	52°	14.28	
—	58	—	33.33	
—	57	—	60	»
—	56	—	100	»
—	55	—	166.66	
—	54	—	300	»
—	53	—	700	»
60°	59	53°	16.66	
—	58	—	40	»
—	57	—	75	»
—	56	—	133.33	
—	55	—	250	»
—	54	—	600	»
60°	59	54°	20	»
—	58	—	50	»

degré à réduire	degrés à obtenir	degré faible	quantité d'eau-de-vie faible à ajouter	degré à réduire	degré à obtenir	degré faible	quantité d'eau-de-vie faible à ajouter
de	a	avec du	litres cent.	de	a	avec du	litres cent.
60°	57	54°	100 »	59°	50	42°	112.50
—	56	—	200 »	—	49	—	142.85
—	55	—	500 »	—	48	—	183.33
60°	59	55°	25 »	—	47	—	240 »
—	58	—	66.66	—	46	—	325 »
—	57	—	150 »	—	45	—	466.66
—	56	—	400 »	69°	58	43°	6.66
60°	59	56°	33.33	—	57	—	14.28
—	58	—	100 »	—	56	—	23.07
—	57	—	300 »	—	55	—	33.33
60°	59	57°	50 »	—	54	—	45.45
—	58	—	200 »	—	53	—	60 »
60°	59	58°	100 »	—	52	—	77.77
59°	58	41°	5.88	—	51	—	100 »
—	57	—	12.50	—	50	—	128.57
—	56	—	20 »	—	49	—	166.66
—	55	—	28.57	—	48	—	220 »
—	54	—	38.46	—	47	—	300 »
—	53	—	50 »	—	46	—	433.33
—	52	—	63.63	—	45	—	700 »
—	51	—	80 »	59°	58	44°	7.14
—	50	—	100 »	—	57	—	15.38
—	49	—	125 »	—	56	—	25 »
—	48	—	157.14	—	55	—	36.36
—	47	—	200 »	—	54	—	50 »
—	46	—	260 »	—	53	—	66.66
—	45	—	350 »	—	52	—	87.50
59°	58	42°	6.25	—	51	—	114.28
—	57	—	13.33	—	50	—	150 »
—	56	—	21.42	—	49	—	200 »
—	55	—	30.76	—	48	—	275 »
—	54	—	41.66	—	47	—	400 »
—	53	—	54.54	—	46	—	650 »
—	52	—	70 »	—	45	—	1400 »
—	51	—	88.88	59°	58	45°	7.69

degré a réduire	degré a obtenir	degré faible	quantité d'eau-de-vie faible a ajouter
de	a	avec du	litres cent.
59°	57	45°	16.66
—	56	—	27.27
—	55	—	40 »
—	54	—	55.55
—	53	—	75 »
—	52	—	100 »
—	51	—	133.33
—	50	—	180 »
—	49	—	250 »
—	48	—	366.66
—	47	—	600 »
—	46	—	1300 »
59°	58	46°	8.33
—	57	—	18.18
—	56	—	30 »
—	55	—	44.44
—	54	—	62 50
—	53	—	85.71
—	52	—	116.66
—	51	—	160 »
—	50	—	225 »
—	49	—	333.33
—	48	—	550 »
—	47	—	1200 »
59°	58	47°	9.09
—	57	—	20 »
—	56	—	33.33
—	55	—	50 »
—	54	—	71.42
—	53	—	100 »
—	52	—	140 »
—	51	—	200 »
—	50	—	300 »
—	49	—	500 »
—	48	—	1100 »

degré a réduire	degrés a obtenir	degré faible	quantité d'eau-de-vie faible a ajouter
de	a	avec du	litres cent.
59°	58	48°	10 »
—	57	—	22.22
—	56	—	37.50
—	55	—	57.14
—	54	—	83.33
—	53	—	120 »
—	52	—	175 »
—	51	—	266.66
—	50	—	450 »
—	49	—	1000 »
59°	58	49°	11.11
—	57	—	25 »
—	56	—	42.85
—	55	—	66.66
—	54	—	100 »
—	53	—	150 »
—	52	—	233.33
—	51	—	400 »
—	50	—	900 »
59°	58	50°	12.50
—	57	—	28.57
—	56	—	50 »
—	55	—	80 »
—	54	—	125 »
—	53	—	200 »
—	52	—	350 »
—	51	—	800 »
59°	58	51°	14.28
—	57	—	33.33
—	56	—	60 »
—	55	—	100 »
—	54	—	166.66
—	53	—	300 »
—	52	—	700 »
59°	58	52°	16.66

degré à réduire	degrés à obtenir	degré faible	quantité d'eau-de-vie faible à ajouter	degré à réduire	degrés à obtenir	degré faible	quantité d'eau-de-vie faible à ajouter
de	a	avec du	litres cent.	de	a	avec du	litres cent.
59°	57	52°	40 »	58°	55	42°	23.07
—	56	—	75 »	—	54	—	33.33
—	55	—	133.33	—	53	—	45.45
—	54	—	250 »	—	52	—	60 »
—	53	—	600 »	—	51	—	77.77
59°	58	53°	20 »	—	50	—	100 »
—	57	—	50 »	—	49	—	128.57
—	56	—	100 »	—	48	—	166.66
—	55	—	200 »	—	47	—	220 »
—	54	—	500 »	—	46	—	300 »
59°	58	54°	25 »	—	45	—	433.33
—	57	—	66.66	58°	57	43°	7.14
—	56	—	150 »	—	56	—	15.38
—	55	—	400 »	—	55	—	25 »
59°	58	55°	33.33	—	54	—	36.36
—	57	—	100 »	—	53	—	50 »
—	56	—	300 »	—	52	—	66.66
59°	58	56°	50 »	—	51	—	87.50
—	57	—	200 »	—	50	—	114.28
59°	58	57°	100 »	—	49	—	150 »
58°	57	41°	6.25	—	48	—	200 »
—	56	—	13.13	—	47	—	275 »
—	55	—	21.42	—	46	—	400 »
—	54	—	30.76	—	45	—	650 »
—	53	—	41.66	58°	57	44°	7.69
—	52	—	54.54	—	56	—	16.16
—	51	—	70 »	—	55	—	27.27
—	50	—	88.88	—	54	—	40 »
—	49	—	112.50	—	53	—	55.55
—	48	—	142.85	—	52	—	75 »
—	47	—	183.33	—	51	—	100 »
—	46	—	240 »	—	50	—	133.33
—	45	—	325 »	—	49	—	180 »
58°	57	42°	6.66	—	48	—	250 »
—	56	—	14.28	—	47	—	366.66

degré a réduire	degré a obtenir	degré faible	quantité d'eau-de-vie faible a ajouter	degré a réduire	degrés a obtenir	degré fuible	quantité d'eau-de-vie faible a ajouter
de	a	avec du	litres cent.	de	a	avec du	litres cent.
58°	46	44°	600 »	58°	57	48°	11.11
—	45	—	1300 »	—	56	—	25 »
58°	57	45°	8.33	—	55	—	42.85
—	56	—	18.18	—	54	—	66.66
—	55	—	30 »	—	53	—	100 »
—	54	—	44.44	—	52	—	150 »
—	53	—	63.50	—	51	—	233.33
—	52	—	85.71	—	50	—	400 »
—	51	—	116.66	—	49	—	900 »
—	50	—	160 »	58°	57	49°	12.50
—	49	—	225 »	—	56	—	28.57
—	48	—	333.33	—	55	—	50 »
—	47	—	550 »	—	54	—	80 »
—	46	—	1200 »	—	53	—	125 »
58°	57	46°	9.09	—	52	—	200 »
—	56	—	20 »	—	51	—	350 »
—	55	—	33.33	—	50	—	800 »
—	54	—	50 »	58°	57	50°	14.28
—	53	—	71.42	—	56	—	33 33
—	52	—	100 »	—	55	—	60 »
—	51	—	140 »	—	54	—	100 »
—	50	—	200 »	—	53	—	166.66
—	49	—	300 »	—	52	—	300 »
—	48	—	500 »	—	51	—	700 »
—	47	—	1100 »	58°	57	51°	16.66
58°	57	47°	10 »	—	56	—	40 »
—	56	—	22.22	—	55	—	75 »
—	55	—	37.50	—	54	—	133.33
—	54	—	57.14	—	53	—	250 »
—	53	—	83.33	—	52	—	600 »
—	52	—	120 »	58°	57	52°	20 »
—	51	—	175 »	—	56	—	50 »
—	50	—	266.66	—	55	—	100 »
—	49	—	450 »	—	54	—	200 »
—	48	—	1000 »	—	53	—	500 »

degré a reduire	degrés a obtenir	degré faible	quantité d'eau-de-vie faible a ajouter	degré a réduirs	degrés a obtenir	degré faible	quantité d'eau-de-vie faible a ajouter
de	a	avec du	litres cent.	de	a	avec du	litres cent.
58°	57	53°	25 »	57°	55	43°	16.66
—	56	—	66.66	—	54	—	27.27
—	55	—	150 »	—	53	—	40 »
—	54	—	400 »	—	52	—	55.55
58°	57	54°	33.33	—	51	—	75 »
—	56	—	100 »	—	50	—	100 »
—	55	—	300 »	—	49	—	133.33
58°	57	55°	50 »	—	48	—	180 »
—	56	—	200 »	—	47	—	250 »
58°	57	56°	100 »	—	46	—	366.66
57°	56	41°	6.66	—	45	—	600 »
—	55	—	14.28	57°	56	44°	8.33
—	54	—	23.07	—	55	—	18.18
—	53	—	33.33	—	54	—	30 »
—	52	—	45.45	—	53	—	44.44
—	51	—	60 »	—	52	—	62.50
—	50	—	77.77	—	51	—	85.71
—	49	—	100 »	—	50	—	116.66
—	48	—	128.57	—	49	—	160 »
—	47	—	166.66	—	48	—	225 »
—	46	—	220 »	—	47	—	333.33
—	45	—	300 »	—	46	—	550 »
57°	56	42°	7.14	—	45	—	1200 »
—	55	—	15.38	57°	56	45°	9.09
—	54	—	25 »	—	55	—	20 »
—	53	—	36.36	—	54	—	33.33
—	52	—	50 »	—	53	—	50 »
—	51	—	66.66	—	52	—	71.42
—	50	—	87.50	—	51	—	100 »
—	49	—	114.28	—	50	—	140 »
—	48	—	150 »	—	49	—	200 »
—	47	—	200 »	—	48	—	300 »
—	46	—	275 »	—	47	—	500 »
—	45	—	400 »	—	46	—	1100 »
57°	56	43°	7.69	57°	56	46°	10 »

degré a réduire	degrés a obtenir	degré faible	quantité d'eau-de-vie faible a ajouter
de	a	avec du	litres cent.
57°	55	46°	22.22
—	54	—	37.50
—	53	—	57.14
—	52	—	83.33
—	51	—	120 »
—	50	—	175 »
—	49	—	266.66
—	48	—	450 »
—	47	—	1000 »
57°	56	47°	11.11
—	55	—	25 »
—	54	—	42.85
—	53	—	66.66
—	52	—	100 »
—	51	—	150 »
—	50	—	233.33
—	49	—	400 »
—	48	—	900 »
57°	56	48°	12.50
—	55	—	28.57
—	54	—	50 »
—	53	—	80 »
—	52	—	125 »
—	51	—	200 »
—	50	—	350 »
—	49	—	800 »
57°	56	49°	14.28
—	55	—	33.33
—	54	—	60 »
—	53	—	100 »
—	52	—	166.66
—	51	—	300 »
—	50	—	700 »
57°	56	50°	16.66
—	55	—	40 »

degré a réduire	degrés a obtenir	degré faible	quantité d'eau-de-vie faible a ajouter
de	a	avec du	litres cent.
57°	54	50°	75 »
—	53	—	133.33
—	52	—	250 »
—	51	—	600 »
57°	56	51°	20 »
—	55	—	50 »
—	54	—	100 »
—	53	—	200 »
—	52	—	500 »
57°	56	52°	25 »
—	55	—	66.66
—	54	—	150 »
—	53	—	400 »
57°	56	53°	33.33
—	55	—	100 »
—	54	—	300 »
57°	56	54°	50 »
—	55	—	200 »
57°	53	55°	100 »
56°	55	41°	7.14
—	54	—	15.38
—	53	—	25 »
—	52	—	36.36
—	51	—	50 »
—	50	—	66.66
—	49	—	87.50
—	48	—	114.28
—	47	—	150 »
—	46	—	200 »
—	45	—	275 »
56°	55	42°	7.69
—	54	—	16.66
—	53	—	27.27
—	52	—	40 »
—	51	—	55.55

degré à réduire	degrés à obtenir	degré faible	quantité d'eau-de-vie faible à ajouter	degré à réduire	degrés à obtenir	degré faible	quantité d'eau-de-vie faible à ajouter
de	à	avec du	litres-cent.	de	à	avec du	litres-cent.
56°	50	42°	75 »	56°	48	45°	266.66
—	49	—	100 »	—	47	—	450 »
—	48	—	133.33	—	46	—	1000 »
—	47	—	180 »	56°	55	46°	11.11
—	46	—	250 »	—	54	—	25 »
—	45	—	366.66	—	53	—	42.85
56°	55	43°	8.33	—	52	—	66.66
—	54	—	18.18	—	51	—	100 »
—	53	—	30 »	—	50	—	150 »
—	52	—	44.44	—	49	—	233.33
—	51	—	62.50	—	48	—	400 »
—	50	—	85.71	—	47	—	900 »
—	49	—	116.66	56°	55	47°	12.50
—	48	—	160 »	—	54	—	28.57
—	47	—	225 »	—	53	—	50 »
—	46	—	333.33	—	52	—	80 »
—	45	—	550 »	—	51	—	125 »
56°	55	44°	9.09	—	50	—	200 »
—	54	—	20 »	—	49	—	350 »
—	53	—	33.33	—	48	—	800 »
—	52	—	50 »	56°	55	48°	14.28
—	51	—	71.42	—	54	—	33.33
—	50	—	100 »	—	53	—	60 »
—	49	—	140 »	—	52	—	100 »
—	48	—	200 »	—	51	—	166.66
—	47	—	300 »	—	50	—	300 »
—	46	—	500 »	—	49	—	700 »
—	45	—	1100 »	56°	55	49°	16.66
56°	55	45°	10 »	—	54	—	40 »
—	54	—	22.22	—	53	—	75 »
—	53	—	37.50	—	52	—	133.33
—	52	—	57.14	—	51	—	250 »
—	51	—	83.33	—	50	—	600 »
—	50	—	120 »	56°	55	50°	20 »
—	49	—	175 »	—	54	—	50 »

degré a réduire	degrés a obtenir	degré faible	quantité d'eau-de-vie faible a ajouter	degré a réduire	degrés a obtenir	degré faible	quantité d'eau-de-vie faible a ajouter
de	a	avec du	litres cent.	de	a	avec du	litres cent.
56°	53	50°	100 »	55°	52	43°	33.33
—	52	—	200 »	—	51	—	50 »
—	51	—	500 »	—	50	—	71.42
56°	55	51°	25 »	—	49	—	100 »
—	54	—	66.66	—	48	—	140 »
—	53	—	150 »	—	47	—	200 »
—	52	—	400 »	—	46	—	300 »
56°	55	52°	33.33	—	45	—	500 »
—	54	—	100 »	55°	54	44°	10 »
—	53	—	300 »	—	53	—	22.22
56°	55	53°	50 »	—	52	—	37.50
—	54	—	200 »	—	51	—	57.14
56°	55	54°	100 »	—	50	—	83.33
55°	54	41°	7.69	—	49	—	120 »
—	53	—	16.66	—	48	—	175 »
—	52	—	27.27	—	47	—	266.66
—	51	—	40 »	—	46	—	450 »
—	50	—	55.55	—	45	—	1000 »
—	49	—	75 »	55°	54	45°	11.11
—	48	—	100 »	—	53	—	25 »
—	47	—	133.33	—	52	—	42.85
—	46	—	180 »	—	51	—	66.66
—	45	—	250 »	—	50	—	100 »
55°	54	42°	8.33	—	49	—	150 »
—	53	—	18.18	—	48	—	233.33
—	52	—	30 »	—	47	—	400 »
—	51	—	44.44	—	46	—	900 »
—	50	—	62.50	55°	54	46°	12.50
—	49	—	85.71	—	53	—	28.57
—	48	—	116.66	—	52	—	50 »
—	47	—	160 »	—	51	—	80 »
—	46	—	225 »	—	50	—	125 »
—	45	—	333.33	—	49	—	200 »
55°	54	43°	9.09	—	48	—	350 »
—	53	—	20 »	—	47	—	800 »

degré a réduire	degrés a obtenir	degré faible	quantité d'eau-de-vie faible a ajouter		degré a réduire	degrés a obtenir	degré faible	quantité d'eau-de-vie faible a ajouter
de	a	avec du	litres cent.		de	a	avec du	litres cent.
55°	54	47°	14.28		54°	46	41°	160 »
—	53	—	33.33		—	45	—	225 »
—	52	—	60 »		54°	53	42°	9.09
—	51	—	100 »		—	52	—	20 »
—	50	—	166.66		—	51	—	33.33
—	49	—	300 »		—	50	—	50 »
—	48	—	700 »		—	49	—	71.42
55°	54	48°	16.66		—	48	—	100 »
—	53	—	40 »		—	47	—	140 »
—	52	—	75 »		—	46	—	200 »
—	51	—	133.33		—	45	—	300 »
—	50	—	250 »		54°	53	43°	10 »
—	49	—	600 »		—	52	—	22.22
55°	54	49°	20 »		—	51	—	37.50
—	53	—	50 »		—	50	—	57.14
—	52	—	100 »		—	49	—	83.33
—	51	—	200 »		—	48	—	120 »
—	50	—	500 »		—	47	—	175 »
55°	54	50°	25 »		—	46	—	266.66
—	53	—	66.66		—	45	—	450 »
—	52	—	150 »		54°	53	44°	11.11
—	51	—	400 »		—	52	—	25 »
55°	54	51°	33.33		—	51	—	42.85
—	53	—	100 »		—	50	—	66.66
—	52	—	300 »		—	49	—	100 »
55°	54	52°	50 »		—	48	—	150 »
—	53	—	200 »		—	47	—	233.33
55°	54	53°	100 »		—	46	—	400 »
54°	53	41°	8.33		—	45	—	900 »
—	52	—	18.18		54°	53	45°	12.50
—	51	—	30 »		—	52	—	28.57
—	50	—	44.44		—	51	—	50 »
—	49	—	62.50		—	50	—	80 »
—	48	—	85.71		—	49	—	125 »
—	47	—	116.66		—	48	—	200 »

degré a réduire	degrés a obtenir	degré faible	quantité d'eau-de-vie faible à ajouter	degré a réduire	degrés a obtenir	degré faible	quantité d'eau-de-vie faible à ajouter
de	a	avec du	litres cent.	de	a	avec du	litres cent.
54°	47	45°	350 »	53°	47	41°	100 »
—	46	—	800 »	—	46	—	140 »
54°	53	46°	14.28	—	45	—	200 »
—	52	—	33.33	53°	52	42°	10 »
—	51	—	60 »	—	51	—	22.22
—	50	—	100 »	—	50	—	37.50
—	49	—	166.66	—	49	—	57.14
—	48	—	300 »	—	48	—	83.33
—	47	—	700 »	—	47	—	120 »
54°	53	47°	16.66	—	46	—	175 »
—	52	—	40 »	—	45	—	266.66
—	51	—	75 »	53°	52	43°	11.11
—	50	—	133.33	—	51	—	25 »
—	49	—	250 »	—	50	—	42.85
—	48	—	600 »	—	49	—	66.66
54°	53	48°	20 »	—	48	—	100 »
—	52	—	50 »	—	47	—	150 »
—	51	—	100 »	—	46	—	233.43
—	50	—	200 »	—	45	—	400 »
—	49	—	500 »	53°	52	44	12.50
54°	53	49°	25 »	—	51	—	28.57
—	52	—	66.66	—	50	—	50 »
—	51	—	150 »	—	49	—	80 »
—	50	—	400 »	—	48	—	125 »
54°	53	50°	33.33	—	47	—	200 »
—	52	—	100 »	—	46	—	350 »
—	51	—	300 »	—	45	—	800 »
54°	53	51°	50 »	53°	52	45°	14.28
—	52	—	200 »	—	51	—	33.33
54°	53	52°	100 »	—	50	—	60 »
53°	52	41°	9.09	—	49	—	100 »
—	51	—	20 »	—	48	—	166.66
—	50	—	33.33	—	47	—	300 »
—	49	—	50 »	—	46	—	700 »
—	48	—	71.42	53°	52	46°	16.66

degré a réduire	degrés a obtenir	degré faible	quantité d'eau-de-vie faible a ajouter	
de	a	avec du	litres	cent.
53°	51	46°	40	»
—	50	—	75	»
—	49	—	133.33	
—	48	—	250	»
—	47	—	600	»
53°	52	47°	20	»
—	51	—	50	»
—	50	—	100	»
—	49	—	200	»
—	48	—	500	»
53°	52	48°	25	»
—	51	—	66.66	
—	50	—	150	»
—	49	—	400	»
53°	52	49°	33.33	
—	51	—	100	»
—	50	—	300	»
53°	52	50°	50	»
—	51	—	200	»
53°	52	51°	100	»
52°	51	41°	10	»
—	50	—	22.22	
—	49	—	37.50	
—	48	—	57.14	
—	47	—	83.33	
—	46	—	120	»
—	45	—	175	»
52°	51	42°	11.11	
—	50	—	25	»
—	49	—	42.85	
—	48	—	66.66	
—	47	—	100	»
—	46	—	150	»
—	45	—	233.33	
52°	51	43°	12.50	

degré a réduire	degrés a obtenir	degré faible	quantité d'eau-de-vie faible a ajouter	
de	a	avec du	litres	cent.
52°	50	43°	28.57	
—	49	—	50	»
—	48	—	80	»
—	47	—	125	»
—	46	—	200	»
—	45	—	350	»
52°	51	44°	14.28	
—	50	—	33.33	
—	49	—	60	»
—	48	—	100	»
—	47	—	166.66	
—	46	—	300	»
—	45	—	700	»
52°	51	45°	16.66	
—	50	—	40	»
—	49	—	75	»
—	48	—	133.33	
—	47	—	250	»
—	46	—	600	»
52°	51	46°	20	».
—	50	—	50	»
—	49	—	100	»
—	48	—	200	»
—	47	—	500	»
52°	51	47°	25	»
—	50	—	66.66	
—	49	—	150	»
—	48	—	400	»
52°	51	48°	33.33	
—	50	—	100	»
—	49	—	300	»
52°	51	49°	50	»
—	50	—	200	»
52°	51	50°	100	»
51°	50	41°	11.11	

degré a réduire	degrés a obtenir	degré faible	quantité d'eau-de-vie faible a ajouter
de	a	avec du	litres cent.
51°	49	41°	25 »
—	48	—	42.85
—	47	—	66.66
—	46	—	100 »
—	45	—	150 »
51°	50	42°	12.50
—	49	—	28.57
—	48	—	50 »
—	47	—	80 »
—	46	—	126 »
—	45	—	200 »
51°	50	43°	14.28
—	49	—	33.33
—	48	—	60 »
—	47	—	100 »
—	46	—	166.66
—	45	—	300 »
51°	50	44°	16.66
—	49	—	40 »
—	48	—	75 »
—	47	—	133.33
—	46	—	250 »
—	45	—	600 »
75°	50	45°	20 »
—	49	—	50 »
—	48	—	100 »
—	47	—	200 »
—	46	—	500 »
51°	50	46°	25 »
—	49	—	66.66
—	48	—	150 »
—	47	—	400 »
51°	50	47°	33.33
—	49	—	100 »
—	48	—	300 »

degré a réduire	degrés a obtenir	degré faible	quantité d'eau-de-vie faible a ajouter
de	à	avec du	litres cent.
51°	50	48°	50 »
—	49	—	200 »
51°	50	49°	100 »
50°	49	41°	12.50
—	48	—	28.57
—	47	—	50 »
—	46	—	80 »
—	45	—	125 »
50°	49	42°	14.28
—	48	—	33.33
—	47	—	60 »
—	46	—	100 »
—	45	—	166.66
50°	49	43°	16.66
—	48	—	40 »
—	47	—	75 »
—	46	—	133.33
—	45	—	250 »
50°	49	44°	20 »
—	48	—	50 »
—	47	—	100 »
—	46	—	200 »
—	45	—	500 »
50°	49	45°	25 »
—	48	—	66.66
—	47	—	150 »
—	46	—	400 »
50°	49	46°	33.33
—	48	—	100 »
—	47	—	300 »
50°	49	47°	50 »
—	48	—	200 »
50°	49	48°	100 »
49°	48	49°	14.28
—	47	—	33.33

degré a réduire	degrés a obtenir	degré faible	quantité d'eau-de-vie faible a ajouter	degré a réduire	degrés a obtenir	degré faible	quantité d'eau-de-vie faible a ajouter
de	a	avec du	litres cent.	de	a	avec du	litres cent.
49°	46	41°	60 o	48°	46	42°	50 »
—	45	—	100 »	—	45	—	100 »
49°	48	42°	16.66	48°	47	43°	25 »
—	47	—	40 »	—	46	—	66.66
—	46	—	75 »	—	45	—	150 »
—	45	—	133.33	48°	47	44°	33.33
49°	48	43°	20 »	—	46	—	100 »
—	47	—	50 »	—	45	—	300 »
—	46	—	100 »	48°	47	45°	50 »
—	45	—	200 »	—	46	—	200 »
49°	48	44°	25 »	48°	47	46°	100 »
—	47	—	66.66	47°	46	41°	20 »
—	46	—	150 »	—	45	—	50 »
—	45	—	400 »	47°	46	42°	25 »
49°	48	45°	33.33	—	45	—	66.66
—	47	—	100 »	47°	46	43°	33.33
—	46	—	300 »	—	45	—	100 »
49°	48	46°	50 »	47°	46	44°	50 »
—	47	—	200 »	—	45	—	200 »
49°	48	47°	100 »	47°	46	45°	100 »
48°	47	41°	16.66	46°	45	41°	25 »
—	46	—	40 »	46°	45	42°	33.33
—	45	—	75 »	46°	45	43°	50 »
48°	47	42°	20 »	46°	45	44°	100 »

111. — USAGE DU TABLEAU PRÉCÉDENT.

Lorsqu'on veut, par exemple, réduire à 48°, un hectolitre d'eau-de-vie à 59° avec du 43°; il suffit de prendre dans la première colonne du tableau, qui indique le degré de l'eau-de-vie qu'on veut réduire; et qui se trouve, dans ce cas, 59°; puis, on descend dans la deuxième colonne indiquant les degrés à obtenir, jusqu'au degré 48° bien entendu dans l'intervalle où se trouve le degré de l'eau-de-vie faible indiqué dans la troisième colonne et qui est ici 43°; ensuite, on prend le nombre qui se trouve dans la quatrième colonne en regard du degré à obtenir 48°, et nous voyons immédiatement qu'il faut 220 litres de 43° pour réduire à 48° un hecto d'eau-de-vie à 59°.

AUTRES EXEMPLES : On donne du 60°, — 350 litres qu'il faut réduire à 58° degré avec du 45°; combien faut-il ajouter de cette eau-de-vie faible?

Cherchons d'abord dans la première colonne de l'intervalle où se trouve le degré faible 45°, le degré à réduire qui est ici 60°; descendons jusqu'au degré à obtenir 58°, et prenons dans la quatrième colonne, le nombre 15.38 qui se trouve en regard où qui lui correspond, et qui indique que pour réduire 100 litres de 60° à 58° avec du 45°, il faut ajouter 15 litres 38 de cette eau-de-vie faible; mais comme l'énoncé de la question donne 350 litres; il suffit de multiplier 15.38 par 350 et diviser le produit par 0/0, en portant la virgule de deux rangs à gauche; ainsi;

$$\frac{15.38 \times 350}{100} = 53 \text{ litres } 83 \text{ d'eau-de-vie à } 45°.$$

Preuve :

Eau-de-vie à 45°	53 litres 83 $\times$ 45° = 24.22	234 lit. 22 alcool pur.
Eau-de-vie à 60°	350 litres $\times$ 60° = 210	
Vol. eau-de-vie à 58° 403	83 $\times$ 58° =	234 lit. 22 alcool pur.

Ainsi, lorsqu'il y a une quantité quelconque d'eau-de-vie, dont le degré est connu, pour convertir en eau-de-vie d'un degré plus faible avec une eau-de-vie dont le degré alcoolique est inférieur au degré à obtenir, il suffit de prendre dans le tableau la quantité d'eau-de-vie faible, nécessaire pour réduire 100 litres d'eau-de-vie à degré supérieur; puis, multiplier cette quantité indiquée sur le tableau par celle de l'eau-de-vie à réduire, et diviser le produit par 0/0 en portant la virgule de deux rangs à gauche.

On donne 60 litres de 61° pour les réduire à 52° avec du 44°; combien faut-il ajouter de cette eau-de-vie faible ?

Le tableau nous indique que pour réduire 100 litres de 61° à 52° avec du 44°, il faut ajouter 112 litres 50 de cette dernière eau-de-vie faible; donc, pour 60 liires de 61°, il faudra :

$$\frac{60 \times 112.50}{100} = 67 \text{ litres } 50 \text{ d'eau-de-vie à } 44°.$$

Preuve :

Eau-de-vie à 44°.... $67.50 \times 44° = 29.7$ ⎫
Eau-de-vie à 61°.... $60 \text{ » } \times 61° = 36.6$ ⎬ 66 lit. 30 d'alcool pur.

Vol. eau-de-vie à 52° $127.50 \times 52° =$ 66 lit. 30 d'alcool pur.

112. — RÉDUCTION DES SPIRITUEUX PAR ADDITION SIMULTANÉE D'UN SPIRITUEUX PLUS FAIBLE ET D'EAU DISTILLÉE.

Premier cas, lorsque le volume de spiritueux faible est connu.

1er EXEMPLE : On donne 2.800 litres d'esprit fin, à 86° pour les réduire à 60° avec 600 litres d'Armagnac à 51°, et de l'eau distillée; combien faut-il ajouter d'eau pour obtenir le degré désiré ?

Opération :

Quantité à degré supr 2.800 $\times$ 86° = 240.800
Quantité à degré infr. 600 $\times$ 51° = 30.600
____
271.400 somme des produits.

Somme des quantités 3.400 $\times$ 60° = 204.000 produit.

DIFFÉRENCE...... 67.400 : 60° = 1123 lit. d'eau.

Il faut donc ajouter 1.123 litres d'eau pour obtenir le degré demandé.

Ainsi, règle générale : Lorsqu'on veut réduire un spiritueux quelconque, dont le volume et le degré sont connus, avec un autre spiritueux plus faible, dont le volume et le degré sont également connus, et de l'eau distillée, il faut : 1° Multiplier chaque quantité de spiritueux par son degré ; 2° d'un côté, faire la somme des produits partiels, et de l'autre la somme des quantités ; 3° ensuite, multiplier la somme des quantités par le degré à obtenir, et soustraire le produit de la somme des produits partiels ; 4° enfin, diviser cette différence par le degré moyen ou à obtenir ; le quotient donne la quantité d'eau distillée qu'il faut ajouter.

Preuve :

Quantité à 86°.... 2.800 $\times$ 86° = 2.408 ⎫
Quantité à 51°.... 600 $\times$ 51° = 305 ⎬ 1.714 lit. d'alcool pur.
Quantité d'eau... 1.123 $\times$ 0° = 0 ⎭
____
Vol. total à 60°... 4.523 $\times$ 60° = 2.714 lit. d'alcool pur.

Pour que l'opération soit exacte, il faut que le volume total du spiritueux, multiplié par le degré à obtenir, donne la même quantité d'alcool pur, que celle produite par la somme de l'alcool pur de chaque quantité partielle, multipliée par son degré.

2me EXEMPLE : Ayant 1.200 litres de Cognac, à 62° qu'on veut réduire à 51°, avec 300 litres de vieil Armagnac à 45°, et de l'eau distillée; combien faut-il ajouter de ce dernier liquide ?

Opération :

$$1.200 \times 62° = 74.400$$
$$300 \times 45° = 13.500$$
$$87.900$$
$$1.500 \times 51° = 76.500$$
$$11.400 : 51° = 223 \text{ lit. } 5 \text{ d'eau.}$$

Ainsi, il faut ajouter aux différents spiritueux 223 lit. 5 d'eau pour obtenir 51°.

Preuve :

$$1.200 \text{ » } \times 62° = 744$$
$$300 \text{ » } \times 45° = 135 \quad \} \quad 879 \text{ litres alcool pur.}$$
$$223.5 \times 0° = 0$$

Volume total à 51° 1.723.5 $\times$ 51° .... 879 litres   id.

3me EXEMPLE : On veut réduire 34 hectolitres d'esprit à 90°, au degré 60° avec 12 hectos de petites eaux à 9°, et de l'eau distillée ; combien fant-il ajouter d'eau ?

Opération :

$$3.400 \times 90° = 306.000$$
$$1.200 \times 9° = 10.800$$
$$316.800$$
$$4.600 \times 60° = 276.000$$
$$48.800 : 60° = 680 \text{ lit. d'eau.}$$

Ainsi, nous trouvons qu'en ajoutant 680 litres d'eau distillée, à un mélange de 30 hectos d'esprit à 90°, et 12 hectos de petites eaux à 90°, on obtient un volume total de 5.280 litres d'eau-de-vie à 60°, qui est le degré demandé.

Preuve :

$$3.400 \times 90° = 3.060$$
$$1.200 \times 9° = 108$$
$$680 \times 0° = 0$$

3.168 litres alcool pur.

Volume total à 60° 5.280 $\times$ 60° = ... 3.168 litres   id.

Ce qui démonlre l'exactitude de l'opération.

113. — 2me CAS QUI SE TROUVE L'INVERSE DU PRÉCÉDENT : LE VOLUME D'EAU DISTILLÉE ÉTANT CONNU, TROUVER LE VOLUME D'EAU-DE-VIE FAIBLE QU'IL FAUT AJOUTER.

1er EXEMPLE : Dans une cnve on a mélangé 750 litres d'ean distillée à 2.400 litres d'esprit à 88°; combien fau-il ajouter de petites eaux a 9°, pour réduire ce mélange a 52°?

Opération :

$$2\ 400 \times 88° - 52° \text{ ou bien } 2.400 \times 36 = 86.400$$
$$750 \times 52° = ... 39.000$$

DIFFÉRENCE.......... 47.400

et $\dfrac{47.400}{52° - 9°}$ ou bien 47.400 : 41 = 1.102 litres de petites eaux.

Donc, règle générale : lorsqu'on veut réduire une quantité quelconque de spiritueux, dont le degré est connu, avec une quantité déterminée d'eau distillée et un spiritueux plus faible : 1° On multiplie la quantité de spiritueux, par la différence du degré à obtenir au degré supérieur ; 2° on multiplie la quantité d'eau distillée par le degré à obtenir ; ensuite, on prend la différence des deux produits qu'on divise, par la différence du degré inférieu au degré moyen ou à obtenir ; le quotient donne la quantité d'eau-de-vie faible à ajouter.

Ainsi, nous voyons dans l'exemple précédent, que 2.400 multiplié par 88°, moins 52° ou bien, ce qui revient au même, par 36° donne au produit 86.400 ; 750, volume de l'eau multiplié par 52° donne au produit 39.000 ; la différence entre ces deux produits égale 47.400 :

Enfin, cette différence 47.400 divisée par 52° moins 9°, ou bien, ce qui revient au même, par 43, donne au quotient 1.102 litres 3, qui est la quantité de spiritueux faible à ajouter.

Preuve :

$$
\begin{array}{rcl}
2.400 \times 88° &=& 2.112 \\
750 \times 0° &=& 0 \\
1.102,3 \times 9° &=& 99
\end{array}
\left.\right\} \ 2.211 \text{ litres d'alcool pur.}
$$

$$42.52,3 \times 52° = \qquad 2.211 \text{ litres} \qquad \text{id.}$$

2me EXEMPLE : Ayant ajouté 4 hectos d'eau distillée à 12 hectos d'esprit à 87°, combien me faut-il encore d'eau-de-vie à 43°, pour réduire le tout a 58° ?

Opération :

$$1.200 \times 87° - 58° \text{ ou bien } 1.200 \times 29 = 34.800$$
$$400 \times 58° = \qquad 23.200$$
$$\text{DIFFÉRENCE} \ldots\ldots\ldots 11.600$$

$$\frac{11.600}{58° - 43°} \text{ ou bien } \frac{11.600}{15} = 773 \text{ litres d'eau-de-vie à 43°.}$$

Il faut donc ajouter aux quantités désignées d'eau et d'esprit à 87°, 773 litres d'eau-de-vie à 43°, pour obtenir un mélange à 58°.

Preuve :

$$
\begin{array}{rcl}
1.200 \times 87° &=& 1.044 \\
400 \times 0° &=& 0 \\
773 \times 43° &=& 332
\end{array}
\left.\right\} \ 1.376 \text{ litres alcool pur.}
$$

$$2.373 \times 58° = \qquad 1.376 \text{ litres alcool pur.}$$

3me EXEMPLE : On ajoute 7 hectos d'eau distillée à 15 hectos d'esprit à 92°; combien faut-il ajouter encore d'eau-de-vie à 45° pour faire un mélange à 60°?

Opération :

$$1.500 \times 92° - 60° = 1.500 \times 32 = 48.000$$
$$700 \times 60° = 42.000$$

DIFFÉRENCE............ 6.000

$$\frac{6.000}{60° - 45°} \text{ ou bien } \frac{6.000}{15} = 400 \text{ litres d'eau-de-vie à } 45°.$$

Preuve :

$$1.500 \times 92° = 1.380$$
$$700 \times 0° = 0$$
$$400 \times 45° = 180$$

1.560 litres alcool pur.

$$\overline{2.600 \times 60°} = 1.560 \text{ litres alcool pur.}$$

114. — REMONTAGE OU ÉLÉVATION DU DEGRÉ ALCOOLIQUE D'UN SPIRITUEUX, AVEC UN AUTRE SPIRITUEUX PLUS ALCOOLIQUE.

Lorsqu'on veut remonter le degré alcoolique d'un spiritueux quelconque, dont le volume et le degré sont connus, avec un spiritueux plus élevé, en degré, pour obtenir un degré demandé; il faut suivre la règle générale indiquée au n° 21, première partie : 1° Multiplier la quantité de spiritueux, par la différence du degré inférieur au degré moyen ou à obtenir; 2° diviser ce produit par la différence du degré moyen, ou à obtenir au degré supérieur; ensuite, le quotient donne la quantité de spiritueux à degré élevé qu'il faut ajouter.

1er EXEMPLE : Combien faut-il d'esprit à 86° pour élever à 62°, 25 hectos d'eau-de-vie à 53°?

Opération :

$$2.500 \times \frac{62° - 53°}{86° - 62°} \text{ ou bien } \frac{2.500 \times 9°}{24°} = 937 \text{ lit. } 5 \text{ d'esprit à } 86°.$$

Pour obtenir le résultat demandé, il fau. mélanger 937 litres d'esprit à 86°.

Preuve :

$$
\begin{array}{l}
2.500 \text{ »} \times 53° = 1.325 \\
937\ 5 \times 86° = 806
\end{array} \Big\} \ 2.131 \text{ litres alcool pur.}
$$

$$
\overline{3.437\ 5 \times 62° = } \qquad 2.131 \text{ litres alcool pur.}
$$

2me EXEMPLE : Combien faut-il d'eau-de-vie à 63° pour remonter à 52°, 85 litres d'eau-de-vie à 47° ?

Opération :

$$
85 \times \frac{52° - 47°}{86° - 52°} = \frac{85 \times 5}{11} = 38 \text{ lit. } 6 \text{ d'eau-de-vie à } 63°.
$$

Il faut donc ajouter aux 85 litres de 47°, 38 litres 6 décilitres d'eau-de-vie à 63°, et l'on obtient 123 litres 6 d'eau-de-vie à 52°.

Preuve :

$$
\begin{array}{l}
85 \times 47° = 39.95 \\
38.6 \times 63° = 24.33
\end{array} \Big\} \ 64 \text{ litres } 27 \text{ alcool pur.}
$$

$$
\overline{123.6 \times 52° = } \qquad 64 \text{ litres } 27 \text{ alcool pur.}
$$

3me EXEMPLE : On donne du 91° pour remonter à 59°, 320 litres d'eau-de-vie à 59° ; combien faut-il ajouter de cet esprit?

Opération :

$$
320 \times \frac{59° - 50°}{91° - 59°} = \frac{320 \times 9}{32} = 90° \text{ litres d'esprit à } 91°.
$$

Ainsi, 90 litres de 91° mélangés avec 320 litres de 50°, donnent 410 litres d'eau-de-vie à 59°.

Preuve :

$$
\begin{array}{l}
320 \times 50° = 160 \text{ »} \\
90 \times 91° = 81.9
\end{array} \Big\} \ 241 \text{ litres } 9 \text{ d'alcool pur.}
$$

$$
\overline{410 \times 59° = } \qquad 241 \text{ litres } 9 \text{ d'alcool pur.}
$$

Observation : On trouve ci-après, le tableau du remontage ou de l'élévation du degré d'un spiritueux, indiquant la quantité d'esprit de 85° à 92°, qu'il faut ajouter par hectolitre d'eau-de-vie, dont le degré est connu, pour la remonter à un degré demandé depuis 45° jusqu'à 62°.

115. — TABLEAU du remontage ou de l'élévation du degré alcoolique d'un spiritueux avec un autre spiritueux plus alcoolique, depuis 45° jusqu'à 61°, avec des esprits à 85°, 86°, 87°, 88°, 89°, 90°, 91° et 92°.

degré a remonter	degrés a obtenir	degré de l'esprit	quantité d'esprit a ajouter	degré a remonter	degrés a obtenir	degré de l'esprit	quantité d'esprit a ajouter
de	a	avec du	litres cent.	de	à	avec du	litres cent.
45°	46	85°	2.56	45°	61	86°	64 »
—	47	—	5.26	45°	46	87°	2.43
—	48	—	8.10	—	47	—	5 »
—	49	—	11.11	—	48	—	7.69
—	50	—	14.28	—	49	—	10.52
—	51	—	17.64	—	50	—	13.51
—	52	—	21.21	—	51	—	16.66
—	53	—	25 »	—	52	—	20 »
—	54	—	29.03	—	53	—	23.52
—	55	—	33.33	—	54	—	27.27
—	56	—	37.93	—	55	—	31.25
—	57	—	42.85	—	56	—	35.48
—	58	—	48.14	—	57	—	40 »
—	59	—	53.84	—	58	—	44.82
—	60	—	60 »	—	59	—	50 »
—	61	—	66.66	—	60	—	55.55
45°	46	86°	2.50	—	61	—	61.53
—	47	—	5.12	45°	46	88°	2.38
—	48	—	7.89	—	47	—	4.87
—	49	—	10.81	—	48	—	7.50
—	50	—	13.88	—	49	—	10.25
—	51	—	17.14	—	50	—	13.15
—	52	—	20.58	—	51	—	16.21
—	53	—	24.24	—	52	—	19.44
—	54	—	28.12	—	53	—	22.85
—	55	—	32.25	—	54	—	26.47
—	56	—	36.66	—	55	—	30.30
—	57	—	41.37	—	56	—	34.37
—	58	—	46.42	—	57	—	38.70
—	59	—	51.85	—	58	—	43.33
—	60	—	57.69	—	59	—	48.27

degré a remonter	degrés a obtenir	degré de l'esprit	quantité d'esprit a ajouter	degré a remonter	degrés a obtenir	degré de l'esprit	quantité d'esprit a ajouter
de	a	avec du	litres cent.	de	a	avec du	litres cent.
45°	60	88°	53.57	45°	47	91°	4.54
—	61	—	59.25	—	48	—	6.97
45°	46	89°	2.32	—	49	—	9.52
—	47	—	4.76	—	50	—	12.19
—	48	—	7.31	—	51	—	15 »
—	49	—	10 »	—	52	—	17.94
—	50	—	12.82	—	53	—	21.05
—	51	—	15.78	—	54	—	24.32
—	52	—	18.91	—	55	—	27.77
—	53	—	22.22	—	56	—	31.42
—	54	—	25.71	—	57	—	35.29
—	55	—	29.41	—	58	—	39.39
—	56	—	33.33	—	59	—	43.75
—	57	—	37.50	—	60	—	48.38
—	58	—	41.93	—	61	—	53.33
—	59	—	46.66	45°	46	92°	2.17
—	60	—	51.72	—	47	—	4.44
—	61	—	57.14	—	48	—	6.81
45°	46	90°	2.27	—	49	—	9.30
—	47	—	4.65	—	50	—	11.90
—	48	—	7.14	—	51	—	14.63
—	49	—	9.75	—	52	—	17.50
—	50	—	12.50	—	53	—	20.51
—	51	—	15.38	—	54	—	23.68
—	52	—	18.42	—	55	—	27.02
—	53	—	21.62	—	56	—	30.55
—	54	—	25 »	—	57	—	34.28
—	55	—	28.57	—	58	—	38.23
—	56	—	32.35	—	59	—	42.42
—	57	—	36.36	—	60	—	46.87
—	58	—	40.62	—	61	—	51.61
—	59	—	45.16	46°	47	85°	2.63
—	60	—	50 »	—	48	—	5.40
—	61	—	55.17	—	49	—	8.33
45°	46	91°	2.22	—	50	—	11.42

degré à remonter	degrés à obtenir	degré de l'esprit	quantité d'esprit à ajouter
de	a	avec du	litres cent.
46°	51	85°	14.70
—	52	—	18.18
—	53	—	21.87
—	54	—	25.80
—	55	—	30 »
—	56	—	34.48
—	57	—	39.28
—	58	—	44.44
—	59	—	50 »
—	60	—	56 »
—	61	—	62.50
46°	47	86°	2.56
—	48	—	5.26
—	49	—	8.10
—	50	—	11.11
—	51	—	14.28
—	52	—	17.64
—	53	—	21.21
—	54	—	25 »
—	55	—	29.03
—	56	—	33.33
—	57	—	37.93
—	58	—	42.85
—	59	—	48.14
—	60	—	53.84
—	61	—	60 »
46°	47	87°	2.50
—	48	—	5.12
—	49	—	7.89
—	50	—	10.81
—	51	—	13.88
—	52	—	17.14
—	53	—	20.58
—	54	—	24.24
—	55	—	28.12

degré à remonter	degrés à obtenir	degré de l'esprit	quantité d'esprit à ajouter
de	a	avec du	litres cent.
46°	56	87°	32.25
—	57	—	36.66
—	58	—	41.37
—	59	—	46.42
—	60	—	51.85
—	61	—	57.69
46°	47	88°	2.43
—	48	—	5 »
—	49	—	7.69
—	50	—	10.52
—	51	—	13.51
—	52	—	16.66
—	53	—	20 »
—	54	—	23.52
—	55	—	27.27
—	56	—	31.25
—	57	—	35.48
—	58	—	40 »
—	59	—	44.82
—	60	—	50 »
—	61	—	55.55
46°	47	89°	2.38
—	48	—	4.87
—	49	—	7.50
—	50	—	10.25
—	51	—	13.15
—	52	—	16.21
—	53	—	19.44
—	54	—	22.85
—	55	—	26.47
—	56	—	30.30
—	57	—	34.37
—	58	—	38.70
—	59	—	43.33
—	60	—	48.27

degré a remonter	degrés a obtenir	degré de l'esprit	quantité d'esprit a ajouter	degré a remonter	degrés a obtenir	degré de l'esprit	quantité d'esprit a ajouter
de	a	avec du	litres cent.	de	a	avec du	litres cent.
46°	61	89°	53.57	46°	51	92°	12.19
46°	47	90°	2.32	—	52	—	15 »
—	48	—	4.76	—	53	—	17.94
—	49	—	7.31	—	54	—	21.05
—	50	—	10 »	—	55	—	24.92
—	51	—	12.81	—	56	—	27.77
—	52	—	15.78	—	57	—	31.42
—	53	—	18.91	—	58	—	35.29
—	54	—	22.22	—	59	—	39.39
—	55	—	25.71	—	60	—	43.75
—	56	—	29.41	—	61	—	48.38
—	57	—	33.33	47°	48	85°	2.70
—	58	—	37.50	—	49	—	5.55
—	59	—	41.93	—	50	—	8.57
—	60	—	46.66	—	51	—	11.76
—	61	—	51.72	—	52	—	15.15
46°	47	91°	2.27	—	53	—	18.75
—	48	—	4.65	—	54	—	22.58
—	49	—	7.14	—	55	—	26.66
—	50	—	9.75	—	56	—	31.03
—	51	—	12.50	—	57	—	35.71
—	52	—	15.38	—	58	—	40.74
—	53	—	18.42	—	59	—	46.15
—	54	—	21.62	—	60	—	52 »
—	55	—	25 »	—	61	—	58.33
—	56	—	28.57	47°	48	86°	2.63
—	57	—	32.35	—	49	—	5.40
—	58	—	36.36	—	50	—	8.33
—	59	—	40.62	—	51	—	11.42
—	60	—	45.16	—	52	—	14.70
—	61	—	50 »	—	53	—	18.18
46°	47	92°	2.22	—	54	—	21.87
—	48	—	4.54	—	55	—	25.80
—	49	—	6.97	—	56	—	30 »
—	50	—	9.5	—	57	—	34.48

degré a remonter	degrés a obtenir	degré de l'esprit	quantité d'esprit a ajouter	degré a remonter	degrés a obtenir	degré de l'esprit	quantité d'esprit a ajouter
de	a	avec du	litres cent.	de	a	avec du	litres cent.
47°	58	86°	39.28	47°	51	89°	10.52
—	59	—	44.44	—	52	—	13.51
—	60	—	50 »	—	53	—	16.66
—	61	—	56 »	—	54	—	20 »
47°	48	87°	2.56	—	55	—	23.52
—	49	—	5.26	—	56	—	27.27
—	50	—	8.10	—	57	—	31.25
—	51	—	11.11	—	58	—	35.48
—	52	—	14.28	—	59	—	40 »
—	53	—	17.64	—	60	—	44.82
—	54	—	21.21	—	61	—	50 »
—	55	—	25 »	47°	48	90°	2.38
—	56	—	29.03	—	49	—	4.87
—	57	—	33.33	—	50	—	7.50
—	58	—	37.93	—	51	—	10.25
—	59	—	42.85	—	52	—	13.15
—	60	—	48.14	—	53	—	16.21
—	61	—	53.84	—	54	—	19.44
47°	48	88°	2.50	—	55	—	22.85
—	49	—	5.12	—	56	—	26.47
—	50	—	7.89	—	57	—	30.30
—	51	—	10.81	—	58	—	34.37
—	52	—	13.88	—	59	—	38.70
—	53	—	17.14	—	60	—	43.33
—	54	—	20.58	—	61	—	48.27
—	55	—	24.24	47°	48	91°	2.32
—	56	—	28.12	—	49	—	4.76
—	57	—	32.25	—	50	—	7.31
—	58	—	36.66	—	51	—	10 »
—	59	—	41.37	—	52	—	12.82
—	60	—	46.42	—	53	—	15.78
—	61	—	51.85	—	54	—	18.91
47°	48	89°	2.43	—	55	—	22.22
—	49	—	5 »	—	56	—	25.71
—	50	—	7.69	—	57	—	29.41

degré a remonter	degrés a obtenir	degré de l'esprit	quantité d'esprit a ajouter	degré a remonter	degrés a obtenir	degré de l'esprit	quantité d'esprit a ajouter
de	a	avec du	litres cent.	de	à	avec du	litres cent.
47°	58	91°	33.33	48°	53	86°	15.15
—	59	—	37.50	—	54	—	18.75
—	60	—	41.93	—	55	—	22.58
—	61	—	46.66	—	56	—	26.66
47°	48	92°	2.27	—	57	—	31.03
—	49	—	4.65	—	58	—	35.71
—	50	—	7.14	—	59	—	40.74
—	51	—	9.75	—	60	—	46.15
—	52	—	12.50	—	61	—	52 »
—	53	—	15.38	48°	49	87°	2.63
—	54	—	18.42	—	50	—	5.40
—	55	—	21.62	—	51	—	8.33
—	56	—	25 »	—	52	—	11.42
—	57	—	28.57	—	53	—	14.70
—	58	—	32.35	—	54	—	18.18
—	59	—	36.36	—	55	—	21.87
—	60	—	40.62	—	56	—	25.80
—	61	—	45.16	—	57	—	30 »
48°	49	85°	2.77	—	58	—	34.48
—	50	—	5.71	—	59	—	39.28
—	51	—	8.82	—	60	—	44.44
—	52	—	12.12	—	61	—	50 »
—	53	—	15.62	48°	49	88°	2.56
—	54	—	19.35	—	50	—	5.26
—	55	—	23.33	—	51	—	8.10
—	56	—	27.58	—	52	—	11.11
—	57	—	32.14	—	53	—	14.28
—	58	—	37.03	—	54	—	17.64
—	59	—	42.30	—	55	—	21.21
—	60	—	48 »	—	56	—	25 »
—	61	—	54.16	—	57	—	29.03
48°	49	86°	2.70	—	58	—	33.33
—	50	—	5.55	—	59	—	37.93
—	51	—	8.57	—	60	—	42.85
—	52	—	11.76	—	61	—	48.14

degré à remonter	degrés à obtenir	degré de l'esprit	quantité d'esprit à ajouter
de	a	avec du	litres cent.
48°	49	89°	2.50
—	50	—	5.12
—	51	—	7.89
—	52	—	10.81
—	53	—	13.88
—	54	—	17.14
—	55	—	20.58
—	56	—	24.24
—	57	—	28.12
—	58	—	32.25
—	59	—	36.66
—	60	—	41.37
—	61	—	46.42
48°	49	90°	2.43
—	50	—	5 »
—	51	—	7.69
—	52	—	10.52
—	53	—	13.51
—	54	—	16.66
—	55	—	20 »
—	56	—	23.52
—	57	—	27.27
—	58	—	31.25
—	59	—	25.48
—	60	—	40 »
—	61	—	44.82
48°	49	91°	2.38
—	50	—	4.87
—	51	—	7.50
—	52	—	10.25
—	53	—	13.15
—	54	—	16.21
—	55	—	19.44
—	56	—	22.85
—	57	—	26.47

degré à remonter	degrés à obtenir	degré de l'esprit	quantité d'esprit à ajouter
de	a	avec du	litres cent.
48°	58	91°	30.30
—	59	—	34.37
—	60	—	38.70
—	61	—	43.33
48°	49	92°	2.32
—	50	—	4.76
—	51	—	7.31
—	52	—	10 »
—	53	—	12.82
—	54	—	15.78
—	55	—	18.91
—	56	—	22.22
—	57	—	25.71
—	58	—	29.41
—	59	—	33.33
—	60	—	37.50
—	61	—	41.93
49°	50	85°	2.85
—	51	—	5.88
—	52	—	9.09
—	53	—	12.50
—	54	—	16.12
—	55	—	20 »
—	56	—	24.13
—	57	—	28.57
—	58	—	33.33
—	59	—	38.46
—	60	—	44 »
—	61	—	50 »
49°	50	86°	2.77
—	51	—	5.71
—	52	—	8.82
—	53	—	12.12
—	54	—	15.62
—	55	—	19.35

degré à remonter (de)	degrés à obtenir (a)	degré de l'esprit (avec du)	quantité d'esprit à ajouter (litres cent.)
49°	56	86°	23.33
—	57	—	27.58
—	58	—	32.14
—	59	—	37.03
—	60	—	42.30
—	61	—	48 »
49°	50	87°	2.70
—	51	—	5.55
—	52	—	8.57
—	53	—	11.76
—	54	—	15.15
—	55	—	18.75
—	56	—	22.58
—	57	—	26.66
—	58	—	31.03
—	59	—	35.71
—	60	—	40.74
—	61	—	46.15
49°	50	88°	2.63
—	51	—	5.40
—	52	—	8.33
—	53	—	11.42
—	54	—	14.70
—	55	—	18.18
—	56	—	21.87
—	57	—	25.80
—	58	—	30 »
—	59	—	34.48
—	60	—	39.28
—	61	—	44.44
49°	50	89°	2.56
—	51	—	5.26
—	52	—	8.10
—	53	—	11.11
—	54	—	14.28

degré à remonter (de)	degrés à obtenir (a)	degré de l'esprit (avec du)	quantité d'esprit à ajouter (litres cent.)
49°	55	89°	17.64
—	56	—	21.21
—	57	—	25 »
—	58	—	29.03
—	59	—	33.33
—	60	—	27.93
—	61	—	42.85
49°	50	90°	2.50
—	51	—	5.12
—	52	—	7.89
—	53	—	10.81
—	54	—	13.83
—	55	—	17.14
—	56	—	20.58
—	57	—	24.24
—	58	—	28.12
—	59	—	32.25
—	60	—	36.66
—	61	—	41.37
49°	50	91°	2.43
—	51	—	5 »
—	52	—	7.69
—	53	—	10.52
—	54	—	13.51
—	55	—	16.66
—	56	—	20 »
—	57	—	23.52
—	58	—	27.27
—	59	—	31.25
—	60	—	35.48
—	61	—	40 »
49°	50	92°	2.38
—	51	—	4.87
—	52	—	7.50
—	53	—	10.25

degré a remonter	degrés a obtenir	degré de l'esprit	quantité d'esprit a ajouter
de	a	avec du	litres cent.
49°	54	92°	13.15
—	55	—	16.21
—	56	—	19.44
—	57	—	22.85
—	58	—	26.47
—	59	—	30.30
—	60	—	34.37
—	61	—	38.70
50°	51	85°	2.94
—	52	—	6.06
—	53	—	9.37
—	54	—	12.90
—	55	—	16.66
—	56	—	20.68
—	57	—	25 »
—	58	—	29.62
—	59	—	34.61
—	60	—	40 »
—	61	—	45.83
50°	51	86°	2.85
—	52	—	5.88
—	53	—	9.09
—	54	—	12.50
—	55	—	16.12
—	56	—	20 »
—	57	—	24.13
—	58	—	28.57
—	59	—	33.33
—	60	—	38.46
—	61	—	44 »
55°	51	87°	2.77
—	52	—	5.71
—	53	—	8.82
—	54	—	12.12
—	55	—	15.62

degré a remonter	degrés a obtenir	degré de l'esprit	quantité d'esprit à ajouter
de	a	avec du	litres cent.
50°	56	87°	19.35
—	57	—	23.33
—	58	—	27.58
—	59	—	32.14
—	60	—	37.03
—	61	—	42.30
50°	51	88°	2.70
—	52	—	5.55
—	53	—	8.57
—	54	—	11.76
—	55	—	15.15
—	56	—	18.75
—	57	—	22.58
—	58	—	26.66
—	59	—	31.03
—	60	—	35.71
—	61	—	40.74
50°	51	89°	2.63
—	52	—	5.40
—	53	—	8.33
—	54	—	11.42
—	55	—	14.70
—	56	—	18.18
—	57	—	21.87
—	58	—	25.80
—	59	—	30 »
—	60	—	34.48
—	61	—	39.28
50°	51	90°	2.56
—	52	—	5.26
—	53	—	8.10
—	54	—	11.11
—	55	—	14.28
—	56	—	17.64
—	57	—	21.21

degré a remonter	degrés a obtenir	degré de l'esprit	quantité d'esprit a ajouter	degré a réduire	degrés a obtenir	degré de l'esprit	quantité d'esprit a ajouter
de	a	avec du	litres cent.	de	a	avec du	litres cent.
50°	58	90°	25 »	51°	61	85°	41.66
—	59	—	29.03	51°	25	86°	2.94
—	60	—	33.33	—	53	—	6.06
—	61	—	37.93	—	54	—	9.37
50°	51	91°	2.50	—	55	—	12.90
—	52	—	5.12	—	56	—	16.66
—	53	—	7.89	—	57	—	20.68
—	54	—	10.81	—	58	—	25 »
—	55	—	13.88	—	59	—	29.62
—	56	—	17.14	—	60	—	34.61
—	57	—	20.58	—	61	—	40 »
—	58	—	24.24	51°	52	87°	2.85
—	59	—	28.12	—	53	—	5.88
—	60	—	32.25	—	54	—	9.09
—	61	—	36.66	—	55	—	12.50
50°	51	92°	2.43	—	56	—	16.12
—	52	—	5 »	—	57	—	20 »
—	53	—	7.69	—	58	—	24.13
—	54	—	10.52	—	59	—	28.57
—	55	—	13.51	—	60	—	33.33
—	56	—	16.66	—	61	—	38.46
—	57	—	20 »	51°	52	88°	2.77
—	58	—	23.52	—	53	—	5.71
—	59	—	27.27	—	54	—	8.82
—	60	—	31.25	—	55	—	12.12
—	61	—	35.48	—	56	—	15.62
51°	52	85°	3.03	—	57	—	19.35
—	53	—	6.25	—	58	—	23.33
—	54	—	9.67	—	59	—	27.58
—	55	—	13.13	—	60	—	32.14
—	56	—	17.24	—	61	—	37.03
—	57	—	21.42	51°	52	89°	2.70
—	58	—	25.92	—	53	—	5.55
—	59	—	30.76	—	54	—	8.57
—	60	—	36 »	—	55	—	11.76

degré a remonter	degrés a obtenir	degré de l'esprit	quantité d'esprit a ajouter	degré a remonter	degrés a obtenir	degré de l'esprit	quantité d'esprit a ajouter
de	a	avec du	litres cent.	de	a	avec du	litres cent.
51°	56	89°	15.15	51°	61	92°	32.25
—	57	—	18.75	52°	53	85°	3.12
—	58	—	22.58	—	54	—	6.45
—	59	—	26.66	—	55	—	10 »
—	60	—	31.03	—	56	—	13.79
—	61	—	35.71	—	57	—	17.85
51°	52	90°	2.63	—	58	—	22.22
—	53	—	5.40	—	59	—	26.92
—	44	—	8.33	—	60	—	32 »
—	55	—	11.42	—	61	—	37.50
—	56	—	14.70	52°	53	86°	3.03
—	57	—	18.18	—	54	—	6.25
—	58	—	21.87	—	54	—	9.67
—	59	—	25.80	—	56	—	13.33
—	60	—	30 »	—	57	—	17.24
—	61	—	34.48	—	58	—	21.42
51°	52	91°	2.56	—	59	—	25.92
—	53	—	5.26	—	60	—	30.76
—	54	—	8.10	—	61	—	36 »
—	55	—	11.11	52°	53	87°	2.94
—	56	—	14.28	—	54	—	6.06
—	57	—	17.64	—	55	—	9.37
—	58	—	21.21	—	56	—	12.90
—	59	—	25 »	—	57	—	16.66
—	60	—	29.03	—	58	—	20.68
—	61	—	33.33	—	59	—	25 »
51°	52	92°	2.50	—	60	—	29.62
—	53	—	5.12	—	61	—	34.61
—	54	—	7.89	52°	53	88°	2.85
—	55	—	10.81	—	54	—	5.88
—	56	—	13.88	—	55	—	9.09
—	57	—	17.14	—	56	—	12.50
—	58	—	20.58	—	57	—	16.12
—	59	—	24.24	—	58	—	20 »
—	60	—	28.12	—	59	—	24.13

degré à remonter	degrés à obtenir	degré de l'esprit	quantité d'esprit à ajouter	degré à réduire	degrés à obtenir	degré de l'esprit	quantité d'esprit à ajouter
de	à	avec du	litres cent.	de	à	avec du	litres cent.
52°	60	88°	28.57	52°	59	92°	21.21
—	61	—	33.33	—	60	—	25 »
52°	53	89°	2.77	—	61	—	29.03
—	54	—	5.71	53°	54	85°	3.22
—	55	—	8.82	—	55	—	6.66
—	56	—	12.12	—	56	—	10.34
—	57	—	15.62	—	57	—	14.28
—	58	—	19.35	—	58	—	18.51
—	59	—	23.33	—	59	—	23.07
—	60	—	27.58	—	60	—	28 »
—	61	—	32.14	—	61	—	33.33
52°	53	90°	2.70	53°	54	86°	3.12
—	54	—	5.55	—	55	—	6.45
—	55	—	8.57	—	56	—	10 »
—	56	—	11.76	—	57	—	13.79
—	57	—	15.15	—	58	—	17.85
—	58	—	18.75	—	59	—	22.22
—	59	—	22.58	—	60	—	26.92
—	60	—	26.66	—	61	—	32 »
—	61	—	31.03	53°	54	87°	3.03
52°	53	91°	2.63	—	55	—	6.25
—	54	—	5.40	—	56	—	9.67
—	55	—	8.33	—	57	—	13.33
—	56	—	11.42	—	58	—	17.24
—	57	—	14.70	—	59	—	21.42
—	58	—	18.18	—	60	—	25.92
—	59	—	21.87	—	61	—	30.76
—	60	—	25.80	53°	54	88°	2.94
—	61	—	30 »	—	55	—	6.06
52°	53	92°	2.56	—	56	—	9.37
—	54	—	5.26	—	57	—	12.90
—	55	—	8.10	—	58	—	16.66
—	56	—	11.11	—	59	—	20.68
—	57	—	14.28	—	60	—	25 »
—	58	—	17.64	—	61	—	29.62

degré à remonter	degrés à obtenir	degré de l'esprit	quantité d'esprit à ajouter
de	a	avec du	litres cent.
53°	54	89°	2.85
—	55	—	5.88
—	56	—	9.09
—	57	—	12.50
—	58	—	16.12
—	59	—	20 »
—	60	—	24.13
—	61	—	28.57
53°	54	90°	2.77
—	55	—	5.71
—	56	—	8.82
—	57	—	12.12
—	58	—	15.62
—	59	—	19.35
—	60	—	23.33
—	61	—	27.58
53°	54	91°	2.70
—	55	—	5.55
—	56	—	8.57
—	57	—	11.76
—	58	—	15.15
—	59	—	18.75
—	60	—	22.58
—	61	—	26.66
53°	54	92°	2.03
—	55	—	5.40
—	56	—	8.33
—	57	—	11.42
—	58	—	14.70
—	59	—	18.18
—	60	—	21.87
—	61	—	25.80
54°	55	85°	3.33
—	56	—	6.89
—	57	—	10.71

degré à remonter	degrés à obtenir	degré du l'esprit	quantité d'esprit à ajouter
de	a	avec du	litres cent.
54°	58	85°	14.81
—	59	—	19.23
—	60	—	24 »
—	61	—	29.16
54°	55	86°	3.22
—	56	—	6.66
—	57	—	10.34
—	58	—	14.28
—	59	—	18.51
—	60	—	23.07
—	61	—	28 »
54°	55	87°	3.12
—	56	—	6.45
—	57	—	10 «
—	58	—	13.79
—	59	—	17.85
—	60	—	22.22
—	61	—	26.92
54°	55	88°	3.03
—	56	—	6.25
—	57	—	9.67
—	58	—	13.33
—	59	—	17.24
—	60	—	21.42
—	61	—	25.92
54°	55	89°	2.94
—	56	—	6.06
—	57	—	9.37
—	58	—	12.90
—	59	—	16.66
—	60	—	20.63
—	61	—	25 »
54°	55	90°	2.85
—	56	—	5.88
—	57	—	9.09

degré a remonter	degrés a obtenir	degré de l'esprit	quantité d'esprit a ajouter	degré a remonter	degrés a obtenir	degrés a obtenir	quantité d'esprit a ajouter
de	a	avec du	litres cent.	de	a	avec du	litres cent.
54°	58	52°	12.50	55°	61	87°	23.07
—	59	—	16.12	55°	56	88°	3.12
—	60	—	20 »	—	57	—	6.45
—	61	—	24.13	—	58	—	10 »
54°	55	91°	2.77	—	59	—	13.79
—	56	—	5.71	—	60	—	17.85
—	57	—	8.82	—	61	—	22.22
—	58	—	12.12	55°	56	89°	3.03
—	59	—	15.62	—	57	—	6.25
—	60	—	19.35	—	58	—	9.67
—	61	—	23.33	—	59	—	13.33
54°	55	92°	2.70	—	60	—	17.24
—	56	—	5.55	—	61	—	21.42
—	57	—	8.57	55°	56	90°	2.94
—	58	—	11.76	—	57	—	6.06
—	59	—	15.15	—	58	—	9.37
—	60	—	18.75	—	59	—	12.90
—	61	—	22.58	—	60	—	16.66
55°	56	85°	3.44	—	61	—	20.68
—	57	—	7.14	55°	56	91°	2.85
—	58	—	11.11	—	57	—	5.88
—	59	—	15.38	—	58	—	9.09
—	60	—	20 »	—	59	—	12.50
—	61	—	25 »	—	60	—	16.12
55°	56	86°	3.33	—	61	—	20 »
—	57	—	6.89	55°	56	92°	2.77
—	58	—	10.71	—	57	—	5.71
—	59	—	14.81	—	58	—	8.82
—	60	—	19.23	—	59	—	12.12
—	61	—	24 »	—	60	—	15.62
55°	56	87°	3.22	—	61	—	19.35
—	57	—	6.66	56°	57	85°	3.57
—	58	—	10.34	—	58	—	7.40
—	59	—	14.28	—	59	—	11.53
—	60	—	18.51	—	60	—	16 »

degré a remonter	degré a obtenir	degré de l'esprit	quantité d'esprit a ajouter	degré a remonter	degrés a obtenir	degré de l'esprit	quantité d'esprit a ajouter
de	a	avec du	litres cent.	de	a	avec du	litres cent.
55°	61	85°	20.83	56°	61	92°	16.12
56°	57	86°	3.44	57°	58	85°	3.70
—	58	—	7.14	—	59	—	7.69
—	59	—	11.11	—	60	—	12 »
—	60	—	15.38	—	61	—	16.66
—	61	—	20 »	57°	58	86°	3.57
56°	57	87°	3.33	—	59	—	7.40
—	58	—	6.89	—	60	—	11.53
—	59	—	10.71	—	61	—	16 »
—	60	—	14.81	57°	58	87°	3.44
—	61	—	19.23	—	59	—	7.14
56°	57	88°	3.22	—	60	—	11.11
—	58	—	6.66	—	61	—	15.38
—	59	—	10.34	57°	58	88°	3.33
—	60	—	14.28	—	59	—	6.89
—	61	—	18.51	—	60	—	10.71
56°	57	89°	3.12	—	61	—	14.81
—	58	—	6.45	57°	58	89°	3.22
—	59	—	10 »	—	59	—	6.66
—	60	—	13.79	—	60	—	10.34
—	61	—	17.85	—	61	—	14.28
56°	57	90°	3.03	57°	58	90°	3.12
—	58	—	6.25	—	59	—	6.45
—	59	—	9.67	—	60	—	10 »
—	60	—	13.33	—	61	—	13.79
—	61	—	17.24	57°	58	91°	3.03
56°	57	91°	2.94	—	59	—	6.25
—	58	—	6.06	—	60	—	9.67
—	59	—	9.37	—	61	—	13.33
—	60	—	12.90	57°	58	92°	2.94
—	61	—	16.66	—	59	—	6.06
56°	57	92°	2.85	—	60	—	9.37
—	58	—	5.88	—	61	—	12.90
—	59	—	9.09	58°	59	85°	3.84
—	60	—	12.50	—	60	—	8 »

degré a remonter	degrés a obtenir	degré de l'esprit	quantité d'esprit a ajouter	degré a remonter	degrés a obtenir	degré de l'esprit	quantité d'esprit a ajouter
de	a	avec du	litres cent.	de	a	avec du	litres cent.
58°	61	85°	12.50	59°	61	85°	8.33
58°	59	86°	3.70	59°	60	86°	3.84
—	60	—	7.69	—	61	—	8 »
—	61	—	12 »	59°	60	87°	3.70
58°	59	87°	3.57	—	61	—	7.69
—	60	—	7.40	59°	60	88°	3.57
—	61	—	11.53	—	61	—	7.40
58°	59	88°	3.44	59°	60	89°	3.44
—	60	—	7.14	—	61	—	7.14
—	61	—	11.11	59°	60	90°	3.33
58°	59	89°	3.33	—	61	—	6.89
—	60	—	6.89	59°	60	91°	3.22
—	61	—	10.71	—	61	—	6.66
58°	59	90°	3.22	59°	60	92°	3.12
—	60	—	6.66	—	61	—	6.45
—	61	—	10.34	60°	61	85°	4.16
58°	59	91°	3.12	60°	61	86°	4 »
—	60	—	6.45	60°	61	87°	3.84
—	61	—	10 »	60°	61	88°	3.70
58°	59	92°	3.03	60°	61	89°	3.57
—	60	—	6.25	60°	61	90°	3.44
—	61	—	9.67	60°	61	91°	3.33
59°	60	85°	4 »	60°	61	92°	3.22

116. — MANIÈRE DE SE SERVIR DE CE TABLEAU.

L'usage en est très-simple; comme nous allons le voir.

Ainsi, veut-on, par exemple, remonter à 60°, 100 litres d'eau-de-vie à 46° avec de l'esprit trois-six à 89°; il suffit de prendre dans la première colonne du tableau, le degré de l'eau-de-vie qu'on veut élever ou remonter et qui se trouve compris dans l'intervalle où est placé, à la troisième colonne, le degré supérieur qui doit servir à remonter, puis, on descend dans la deuxième colonne indiquant les degrés à obtenir, jusqu'au degré demandé qui est ici 60°, et l'on trouve en regard ou bien sur la même ligne, quatrième colonne, la quantité d'esprit dont le degré est connu, qu'il faut ajouter par hectolitre d'eau-de-vie. Nous voyons qu'il faut 48 litres 27 d'esprit à 89° qui, mélangés avec 100 litres d'ean-de-vie à 46°, produiront 148 litres 27 d'eau-de-vie à 60°.

Preuve :

$$\left.\begin{array}{l} 100 \quad \text{»} \times 46° = 46 \text{ »} \\ 48.27 \times 89° = 42.96 \end{array}\right\} \text{alcool pur.}$$

$$\overline{148.27 \times 60° = 88.96} \text{ alcool pur.}$$

2ᵐᵉ EXEMPLE : On donne 720 litres de 47° à remonter à 52° avec de l'esprit à 91°; combien doit-on en ajouter ?

Cherchons premièrement dans la première colonne de l'intervalle où se trouve placé le degré supérieur 91°; le degré à remonter qui est dans ce cas 47°; puis, descendons dans la deuxième colonne jusqu'au degré à obtenir 52°, et prenons ensuite dans la quatrième colonne le nombre 12 litres 82 qui lui correspond et qui indique que pour remonter un hecto de 47° à 52° avec du 91°, il faut ajouter 12 litres 82 de cet esprit; mais, comme on se propose de remonter 720 litres de la même eau-de-vie, il suffit pour cela de multiplier 12.82 par 720 et diviser le produit par 100, en portant la virgule de deux rangs à gauche; ainsi :

Opération :

$$\frac{12.82 \times 720}{100} = 92 \text{ litres } 3 \text{ d'esprit à } 91\bullet$$

Ainsi : il faut ajouter 92 litres 3 d'esprit à 91° pour obtenir le résultat demandé.

Preuve :

$$\left. \begin{array}{l} 720 \times 47° = 338 \\ 92.3 \times 91° = \;\;84 \end{array} \right\} \; 422 \text{ litres aicool pur.}$$

$$\overline{812.3 \times 52° =} \qquad 422 \text{ litres alcool pur.}$$

3me EXEMPLE : On désire remonter à 54° avec du 86°, 60 litres d'eau-de-vie à 51° ; combien faut-il ajouter d'esprit ?

D'après le tableau, nous trouvons que pour élever 100 litres d'eau-de-vie de 51° à 54° avec du 86°, il faut ajouter 9 litres 37 de cet esprit ; donc, pour 60 litres il faudra :

Opération :

$$\frac{9.37 \times 60}{100} = 5 \text{ lit. } 62 \text{ d'esprit à } 86°$$

Preuve :

$$\left. \begin{array}{l} 60 \times 51° = 30.6 \\ 5.6 \times 86° = \;\;4.8 \end{array} \right\} \; 35 \text{ litres } 4 \text{ alcool pur.}$$

$$\overline{65.6 \times 54° =} \qquad 35 \text{ litres } 4 \text{ alcool pur.}$$

117. — CALCUL SERVANT A DÉTERMINER LE DEGRÉ ALCOOLIQUE D'UN MÉLANGE DE PLUSIEURS SPIRITUEUX DONT LE DEGRÉ EST CONNU.

Il faut opérer comme il a été indiqué au n° 18 de la première partie.

Règle générale : pour trouver le degré alcoolique d'un mélange de plusieurs spiritueux ayant différents degrés ; il faut, 1° multiplier chaque quantité par son degré ; 2° additionner les quantités d'un côté, et de l'autre, les produits des multiplications ; 3° ensuite, diviser la somme des produits par la somme des quantités : Le quotient donne le degré alcoolique du mélange.

1er EXEMPLE : On verse dans un foudre 400 litres cognac à 61°, 200 litres armagnac à 50° et 800 litres dédoublé fin à 54° ; quel sera le degré alcoolique du mélange ?

Opération :

$$400 \times 61° = 24.400$$
$$200 \times 50° = 10.000$$
$$800 \times 54° = 43.200$$

$$1400 \qquad 77.600 : 1.400 = 55° 4$$

Ainsi, ce mélange aura 55° couvert.

Preuve :

$$400 \times 61° = 244$$
$$200 \times 50° = 100$$
$$800 \times 54° = 432$$

776 litres alcool pur.

$$1.400 \times 55°4 = \qquad 776 \text{ litres alcool pur.}$$

2me EXEMPLE : Ayant mélangé des restants de partis pour n'en faire qu'un seul ; 200 litres cognac à 61° ; 120 litres cognac rassis à 57° ; 75 litres vieux cognac à 51° ; 150 litres armagnac à 52° ; 80 litres armagnac à 48° et 630 litres dédoublé fin à 50° ; quel est le degré alcoolique de ce mélange ?

Opération :

$$200 \times 61° = 12.200$$
$$120 \times 57° = 6.840$$
$$75 \times 51° = 3.825$$
$$150 \times 52° = 7.800$$
$$80 \times 48° = 3.840$$
$$630 \times 50° = 31.500$$

$$1.255 \qquad 66.005 : 1.255 = 52°.6$$

Réponse : Le mélange possède 52°.6.

Preuve :

$$200 \times 61° = 122 \text{ »}$$
$$120 \times 57° = 68.40$$
$$75 \times 51° = 38.25$$
$$150 \times 52° = 78 \text{ »}$$
$$80 \times 48° = 38.40$$
$$630 \times 50° = 315 \text{ »}$$

$$\overline{1.255 \times 52°{,}6 =} \qquad 660.05 \qquad \text{id.}$$

660.05 d'alcool pur.

Quel que soit le nombre des spiritueux à différents degrés, il faut toujours opérer d'une manière analogue.

118. — CALCUL POUR DÉTERMINER LE PRIX D'UN MÉLANGE DE PLUSIEURS SPIRITUEUX A DES PRIX DIFFÉRENTS.

Il faut opérer comme précédemment et comme il a été déjà indiqué au numéro 19, première partie : ainsi, règle générale, pour avoir le prix moyen d'un mélange de plusieurs à des prix différents ; il faut, 1° multiplier chaque quantité par son prix afin d'obtenir la valeur ; 2° additionner d'un côté les quantités, et de l'autre, les valeurs ; 3° ensuite, diviser la somme des valeurs par la somme des quantités ; le quotient donne le prix cherché.

Ainsi, prenons le 2ᵐᵉ exemple précédent :

Ayant mélangé 200 litres cognac à 150 fr. l'hecto ; 120 litres cognac à 220 fr. l'hecto ; 75 litres cognac à 350 fr. l'hecto ; 150 litres armagnac à 110 fr. l'hecto ; 80 litres armagnac à 180 fr. l'hecto et 630 litres dédoublé fin à 48 fr. l'hecto ; quel est le prix d'un hectolitre de ce mélange ?

Opération :

$$2^h.00 \text{ »} \times 150^f = 300^f \text{ »}$$
$$1^h.20 \text{ »} \times 220^f = 264^f \text{ »}$$
$$75 \text{ »} \times 350^f = 262.50$$
$$1^h.50 \text{ »} \times 110^f = 165^f \text{ »}$$
$$80 \text{ »} \times 180^f = 144^f. \text{ »}$$
$$6^h.30 \text{ »} \times 48^f = 302.40$$

$$\overline{12^h55 \text{ »}} \qquad \overline{1437.90} : 12^h.55 = 114^f.57 \text{ l'hecto.}$$

Preuve :

1.255 litres $\times$ 114^f.57 = 1.437^f.9.

Pour que l'opération soit exacte, il faut que le volume total multiplié par le prix d'un hecto reproduise la valeur du mélange.

AUTRE EXEMPLE : Quel est le prix d'un hectolitre d'un mélange composé de 20 hectos cognac à 130 fr., 6 hectos armagnac à 95 fr. et 30 hectos dédoublé fin à 50 fr. ?

Opération :

20^h.00 » $\times$ 130^f = 2.600^t
6^h.00 » $\times$ 95^f = 570^f
30^h.00 » $\times$ 50^f = 1.500^f
____
56^h.00 »   4.670^f : 56.00 l'hecto = 83^f.4.

Ainsi, l'hecto de ce mélange revient à 83 fr. 40.

Preuve :

56 hecto $\times$ 83^f.4 = 4.670^t.

AUTRE EXEMPLE : j'ai méllangé 10 hectos esprit fin à 95 fr; 7 hectos cognac à 125 fr; 4 hectos armagnac à 90 fr. et 8 hectos petites eaux à 10 fr. l'hecto; quel est le prix moyen dn cette opération ?

Opération :

10^h $\times$ 95^f = 950^f
7^h $\times$ 125^f = 875^f
4^h $\times$ 90^f = 360^f
8^h $\times$ 10^f = 80^f
____
29^h 2.265^f : 29^h = 78^f.10 l'hecto.

Le prix d'un hecto est 78 fr. 10 c.

Preuve :

29^h $\times$ 78^f.1 = 2.265^f.

AUTRE EXEMPLE : Quel sera le prix de l'hecto d'un mélange composé comme suit : 1.200 litres cognac à 180 fr. ; 300 liires armagnac à 105 fr. ; 1.200 litres esprit fin à 94 fr. et 640 litres eau distillée à 2 fr. l'hecto ?

Opération :

$$12^h \text{ »} \times 180^f = 2.160^f \text{ »}$$
$$3^h \text{ »} \times 105^f = 315^f \text{ »}$$
$$12^h \text{ »} \times 94^f = 1.128^f \text{ »}$$
$$6^h.4 \times 2^f = 12^f.8$$

$$33^h.4 \qquad 3.615^f.8 : 33^h.4 = 108^f.26 \text{ l'hecto.}$$

Le prix d'un hecto de ce mélange sera donc 108 fr. 26.

Preuve :

$$108^f.26 \times 33^h.4 = 3.615^f.8.$$

119. — MÉLANGE DE DEUX SPIRITUEUX A DIFFÉRENTS TITRES OU DEGRÉS POUR OBTENIR UNE QUANTITÉ CONNUE DE SPIRITUEUX AYANT UN DEGRÉ DÉTERMINÉ.

Il faut opérer de la même manière qu'au n⁰ 22 de la première partie.

1ᵉʳ EXEMPLE : On veut faire 600 litres d'eau-de-vie à 50°, avec du vieil armagnac à 47° et de l'eau-de-vie à 55°; combien faut-il prendre de chacun de ces spiritueux?

Opération :   *Proportion :*

55°   3 parties   :: 3 : x = 225 litres d'eau-de-vie à 55°.
50°   8 : 600
47°   5 parties   :: 5 : x = 375 litres d'Armagnac à 47°.

     8 parties   600 litres d'eau-de-vie à 50°.

Donc, si l'on mélange 225 litres d'eau-de-vie à 55° et 375 litres d'Armagnac à 47°, on obtient 600 litres d'eau-de-vie à 50°?

Preuve :

$$225 \times 55° = 123.75$$
$$375 \times 47° = 176.25 \quad \} \ 300 \text{ litres alcool pur.}$$

$$600 \times 50° = \qquad 300 \text{ litres alcool pur.}$$

2me **EXEMPLE** : On donne du 91° et de l'eau distillée pour faire 650 litres d'eau-de-vie à 50° ; dans quelle proportion faut-il mélanger ces deux liquides ?

Opération :　　　　　　　Proportion :

```
91°   50 parties )              ( : : 50 : x = 357 litres  esprit à 91°.
                 } 91° : 650 {
 50°             )              (
 0°   41 parties )              ( : : 41 : x = 293 litres  eau    à  0°.
      ————                        ———————
       91                         650 litres eau-de-vie à 50°.
```

Mais, pour obtenir les 650 litres, il faut tenir compte de la diminution de volume produite par la contraction de l'eau et l'alcool dans le mélange ; voir pour cela, mes indications du numéro 102, deuxième partie.

Preuve :

```
357 × 91° = 325 )
                } 325 litres alcool pur.
293 ×  0° =   0 )
————————————
650 × 50° =         325      id.
```

3me **EXEMPLE** : On veut faire 450 litres d'eau-de-vie à 52°, avec un mélange de cognac à 63° et de petites eaux à 8° ; combien faut-il de chacun de ces liquides ?

Opération :　　　　　　　Proportion :

```
63°   44 parties )              ( : : 44 : x = 360 litres eau-devie à 63°
                 } 55 : 450 {
 52°             )              ( : : 11 : x =  90 litres petite eau à  8°
 8°   11 parties )                            ——————
      ————                                    450 litres eau-de-vie à 52°
       55
```

Preuve :

```
360 × 63° = 226.80 )
                   } 234 litres alcool pur.
 90 ×  8° =   7.20 )
————————————
450 × 52° =            234 litres    id.
```

120 — MÉLANGE DE TROIS SPIRITUEUX A DIFFÉRENTS DEGRÉS POUR OBTENIR UNE QUANTITÉ CONNUE AYANT UN DEGRÉ DÉVERMINÉ.

La manière d'opérer est la même qu'au numéro 23 de la première partie.

1er EXEMPLE : Un foudre dépotant 1.800 litres, doit être rempli avec du cognac à 63°, du cognac à 56° et du dédoublé fin à 50° pour obtenir 58°; combien faut-il prendre de chacun de ces spiritueux?

Opération :

63°   8 + 2 = 10
58°
56°   5
50°   5
              ──
              20

Proportion :

:: 10 : x = 900 litres d'eau-de-vie à 63°.
:: 5 : x = 450 litres d'eau-de-vie à 56°.
:: 5 : x = 450 litres d'eau-de-vie à 50°.
1.800 litres d'eau-de-vie à 58°.

20 : 1.800

Ainsi, il faut prendre 900 litres de cognac à 63°, 450 litres de cognac à 56° et 450 litres d'eau-de-vie à 50° qui, mélangés, donneront 1.800 litres d'eau-de-vie à 58°

Preuve :

900 × 63° = 567
450 × 56° = 252   1.044 litres alcool pur.
450 × 50° = 225

1.800 × 58° =   1.044 litres alcool pur.

2me EXEMPLE : On désire faire 2.400 litres d'eau-de-vie à 62°, avec du cognac à 58°, de l'esprit fin à 90° et de l'eau distillée ; dans quelles proportions doit-on mélanger ces liquides?

Opération :

90°   62 + 4 = 66
62°
58°   28
0°   28
               ──
               122

Proportion :

:: 66 : x = 1.298 litres 4 d'esprit à 90°.
:: 28 : x = 550 lit. 8 d'eau-de-vie à 58°
:: 28 : x = 550 lit. 8 d'eau à ...... 0°
2.400 lit d'eau-de-vie à 62°.

122 : 2.400

Il faut mélanger ensemble 1.298 litres 4 d'esprit à 90°, 550 litres 8 de Cognac à 58° et 550 litres 8 d'eau pure pour obtenir 2.400 litres d'eau-de-vie à 62°.

Preuve :

$$
\left.
\begin{aligned}
1.298.4 \times 90^\circ &= 1.168.5 \\
550.8 \times 58^\circ &= 319.5 \\
550.8 \times 0^\circ &= 0^\circ
\end{aligned}
\right\} \quad 1.488 \text{ litres d'alcool pur.}
$$

$$
\overline{2.400 \text{ » } \times 62^\circ =} \qquad 1.488 \text{ litres d'alcool pur.}
$$

121. — MÉLANGE DE QUATRE SPIRITUEUX A DIFFÉRENTS DEGRÉS POUR OBTENIR UNE QUANTITÉ DONNÉE AYANT UN DEGRÉ DÉTERMINÉ

La manière d'opérer est la même qu'au n° 24 de la première partie.

1er EXEMPLE : Une cuve dépotant 95 hectos, doit être remplie avec du cognac à 57°, de l'esprit-de-vin a 86°, de l'esprit de mélasse à 92°, et de l'eau distillée pour faire un mélange à 61° ; combien doit on prendre de chacun de ces liquides ?

Opération :

$$
\left.
\begin{aligned}
92^\circ \quad &61 \\
86^\circ \quad &4 \\
&61^\circ \\
57^\circ \quad &25 \\
0^\circ \quad &31
\end{aligned}
\right\} \; 121 : 9.500.
$$

$$
\overline{121}
$$

Proportion :

$$
\begin{aligned}
: : 61 : x &= 4.789.3 \text{ à } 92^\circ. \\
: : 4 : x &= 314 \text{ » à } 86^\circ. \\
: : 25 : x &= 1.962.8 \text{ à } 57^\circ. \\
: : 31 : x &= 2.433.9 \text{ à } 0^\circ. \\
&\overline{9.500 \text{ » à } 61^\circ,}
\end{aligned}
$$

Preuve :

$$
\left.
\begin{aligned}
4.789.3 \times 92^\circ &= 4.406.2 \\
314 \text{ » } \times 86^\circ &= 270 \text{ »} \\
1.962.8 \times 57^\circ &= 1.118.8 \\
2.433.9 \times 0^\circ &= 0 \text{ »}
\end{aligned}
\right\} \quad 5.795 \text{ litres alcool pur.}
$$

Total. $\overline{9.500 \text{ » } \times 61^\circ =}$ \qquad 5.795 litres alcool pur.

2me EXEMPLE : Quelle quantité faut-il prendre d'eau-de-vie à 55°, de cognac vieux à 51°, d'armagnac vieux à 46° et d'esprit fin à 86°, pour faire un mélange de 35 hectos d'eau-de-vie à 60° ?

Opération :   *Proportion :*

```
86°   14 + 9 + 5 = 28                    :: 28 : x = 924.5 à 86°.
   60°
55°                       26                :: 26 : x = 858.5 à 55°.
51°                       26  } 106 : 3.500  :; 26 : x = 858.5 à 51°.
46°                       26                :: 26 : x = 858.5 à 46°.
                         ───                          ──────
                         106                          3.500 » à 60°.
```

Ainsi, pour obtenir le résultat demandé, il faut mélanger ensemble 924 lit. de 86°, 858 lit. de 55°, 858 litres de 51° et 858 litres de 46°.

Preuve :

```
924.5 × 86° =  795.1 ⎫
858.5 × 55° =  472.2 ⎬  2.100 litres alcool pur.
858.5 × 51° =  437.8 ⎪
858.5 × 46° =  394.9 ⎭
─────
3.500 » × 60° =         2.100 litres alcool pur.
```

122. — MÉLANGE D'UN NOMBRE QUELCONQUE DE LIQUIDE A DIFFÉRENTS DEGRÉS POUR OBTENIR UNE QUANTITÉ DONNÉE DE SPIRITUEUX AYANT UN DEGRÉ DÉTERMINÉ.

Il faut toujour opérer d'une manière analogue.

1er EXEMPLE : Une cuve dépotant 130 hectos, doit être remplie avec du cognac à 56°, du cognac à 50°, de l'armagnac à 52° et à 47°, de l'esprit à 86° et à 90°, des petites eaux à 9° pour faire un mélange à 62° ; combien faut-il prendre de chacun de ces liquides ?

Opération :   *Proportion :*

```
90°   53 + 15 + 12 + 10 = 90              :: 90 : x = 5.043 lit. à 90°.
86°                      6                 ::  6 : x =   336  » à 86°.
   62°
56°                      24                :: 24 : x = 1.345  » à 56°.
52°                      28  } 232 : 13.000 :: 28 : x = 1.569  » à 52°.
50°                      28                :: 28 : x = 1.569  » à 50°.
47°                      28                :: 28 : x = 1.569  » à 47°.
9°                       28                :: 28 : x = 1.569  » à 9°.
                        ───                          ──────
                        232                          13.000 » à 62°.
```

Preuve :

$$5.043 \times 90° = 4.538.7$$
$$336 \times 86° = 389 \,\text{«}$$
$$1.345 \times 56° = 753.2$$
$$1.569 \times 52° = 816 \,\text{»}$$
$$1.569 \times 50° = 784.5$$
$$1.569 \times 47° = 737.4$$
$$1.569 \times 9° = 141.2$$

8.060 litres alcool pur.

$$13.000 \times 62° = \qquad\qquad 8.060 \text{ litres alcool pur.}$$

123. — MÉLANGE D'UN NOMBRE QUELCONQUE DE SPIRITUEUX A DIFFÉRENTS PRIX POUR OBTENIR UN PRIX DÉSIRÉ.

Nous ne donnerons ici qu'un exemple, car la manière d'opérer est absolument la même qu'au n° 26, 27 et 28 de la première partie:

Ainsi, on désire faire 45 hectos d'eau-de-vie fine au prix de 425 fr. l'hecto avec des spiritueux, cognac, armagnac et dédoublé qui ont coûté 150 fr., 200 fr., 325 fr., 120 fr., 92 fr., et 43 fr., l'hecto ; dans quelles proportions faut-il les mélanger ?

Opération :   *Proportion :*

325ᶠ	82	: : 82 : x = 878 litres 6 à 325ᶠ.
200ᶠ	33	: : 33 : x = 353 litres 6 à 200ᶠ.
150ᶠ	5	: : 5 : x = 53 litres 6 à 150ᶠ.
125ᶠ		420 : 4.500
120ᶠ	25	: : 25 : x = 267 litres 8 à 120ᶠ.
92ᶠ	75	: : 75 : x = 803 litres 6 à 92ᶠ.
43ᶠ	200	: : 200 : x = 2.142 litres 8 à 43ᶠ.
	420	4.500 litres à 125ᶠ.

Nous voyons que pour obtenir 45 hectos à 125 fr. l'un, il faut mélanger ensemble 878 litres à 325 fr. l'hecto ; 353 litres à 200 fr. l'hecto ; 53 litres à 150 fr. l'hecto ; 267 litres à 120 fr. l'hecto ; 803 litres à 92 fr. l'hecto et 2.142 litres à 43 fr. l'hecto.

Preuve :

878 litres	6	×	325ᶠ	=	2.855ᶠ 4	
353	»	6	×	200ᶠ	=	707ᶠ 2	
53	»	6	×	150ᶠ	=	80ᶠ 4	
267	»	8	×	120ᶠ	=	321ᶠ 3	} 5.625 francs.
803	»	6	×	92ᶠ	=	739ᶠ 3	
2.142	»	8	×	43ᶠ	=	921ᶠ 4	

4.500 » » × 125ᶠ =   5.625 francs.

124. — RÉDUCTION D'UN NOMBRE QUELCONQUE DE SPIRITUEUX DONT LE DEGRÉ EST CONNU, AVEC DE L'EAU DISTILLÉE OU DES PETITES EAUX, POUR OBTENIR UN DEGRÉ DEMANDÉ.

1ᵉʳ cas, par addition d'eau distillée.

1ᵉʳ EXEMPLE : On se propose de mélanger 350 lirtres à 63ᵇ degré ; 250 litres à 52° et 250 litres à 86° ; combien faut-il d'eau pour réduire le tout à 60° ?

Il suffit de déterminer premièrement le degré qu'aura le mélange, comme il a été indiqué au numéro 117 ; puis, réduire ce degré de le manière indiquée au numéro 106.

Opération :

$$350 \times 63° = 22.050$$
$$250 \times 52° = 13.000$$
$$258 \times 86° = 21.500$$
$$850 \qquad 56.550 : 850 = 66°.5.$$

Degré du mélange, 66°.5.

Ainsi, 66°.5 — 60° = 6.5 ; et $850 \times \dfrac{6.5}{60}$ = 92 litres d'eau distillée.

Nous trouvons que 92 litres d'eau donneront le résultat demandé.

Preuve :

$$850 \times 66°.5 = 565.2$$
$$92 \times 0° = 0$$

} 565 litres 2 cent. alcool pur.

Mélange total. 942 × 60° » =   565   id.   id.

2ᵉ EXEMPME : On désire mélanger 4 hectos à 62°; 3 hectos à 56°; 2 hectos à 53°; 4 hectos à 52° et 7 hectos à 90°; combien faudra-il ajouter d'eau distillée pour obtenir un mélange à 61°?

Opération :

$$4 \times 62° = 248$$
$$3 \times 56° = 168$$
$$2 \times 53° = 106$$
$$4 \times 52° = 208$$
$$7 \times 90° = 630$$
$$\overline{20} \qquad \overline{1.360} : 20 = 68°.$$

Le mélange des spiritueux donne 68°; et le volume d'eau nécessaire sera :

$$68° - 61° = 7 \text{ et } \frac{2.000 \times 7}{61°} = 229 \text{ litres } 5 \text{ cent. d'eau distillée.}$$

Donc, en ajoutant 229 litres d'eau, on obtient le degré demandé.

Preuve :

$$\begin{array}{llll} 2.000 & \text{litres} \times 68° = 1.360 \\ 229.5 & \text{»} \times 0° = \qquad 0 \end{array} \left.\begin{array}{l} \\ \end{array}\right\} 1.360 \text{ litres d'alcool pur}$$

$$\text{Vol. total}\dots 2.229.5 \text{ » } \times 61° = \qquad 1.360 \qquad \text{id.}$$

2ᵐᵉ cas ; réduction à l'aide de petites eaux.

1ᵉʳ EXEMPLE : ayant à mélanger 350 litres à 60°; 250 litres à 55°; 250 litres à 52° et 600 litres à 88°; combien faut-il ajouter de petites eaux à 9° pour obtenir une eau-de-vie pesant 58°?

Il faut, 1° déterminer le degré qu'aura le mélange, comme il est indiqué au numéro 117; 2° chercher la quantité nécessaire de petites eaux pour réduire au degré désiré, comme il est démontré au numéro 109. Ainsi :

Opération :

$$350 \times 60° = 21.000$$
$$250 \times 55° = 13.750$$
$$250 \times 52° = 13.000$$
$$600 \times 88° = 52.800$$
$$\overline{1.450} \qquad \overline{100.550} : 1.450 = 69°.3.$$

Le mélange des spiritueux donne 1.450 litres à 69°.3; et le volume de petites eaux à 9° sera :

$$1.450 \times \frac{69°.3 - 58°}{58° \text{ » } - 9°} = \frac{1.450 \times 11.3}{49} = 334^l.3 \text{ de petites eaux à } 9°$$

Ainsi, en ajoutant à 1.450 litres n'eau-devie à 69°, 334 litres de petites eaux à 9°; nous obtenons 1.784 litres d'eau-de-vie à 58°, titre demandé.

Preuve :

$$
\begin{array}{l}
1.450 \quad \times \; 69°.3 \; = \; 1004.8 \\
\;\; 334.3 \times \;\; 9° \text{ » } = \;\;\;\; 30 \text{ » }
\end{array}
\left.\begin{array}{l} \\ \\ \end{array}\right\} 1.034^l.8 \text{ d'alcool pur.}
$$

$$1.784.3 \times 58° \text{ » } = \qquad 1.034.8 \qquad \text{id,}$$

2me EXEMPLE : Pour réduire à 51° avec des petites eaux à 8°; 5 hectos de 61°; 4 hectos de 56°; 2 hectos de 54°; 7 hectos de 52°; 7 hectos de 86° et 5 hectos de 91°; combien faut-il en ajouter?

Opération :

$$
\begin{array}{rcccr}
5 & \text{hectos} & \times & 61° & = & 305 \\
4 & \text{»} & \times & 56° & = & 224 \\
2 & \text{»} & \times & 54° & = & 108 \\
7 & \text{»} & \times & 52° & = & 364 \\
7 & \text{»} & \times & 86° & = & 602 \\
5 & \text{»} & \times & 91° & = & 455 \\
\hline
30 & & & & & 2.058 \; : 30 = 68°6.
\end{array}
$$

Le mélange des spiritueux donne 30 hectolitres à 68° 6, et le volume des petites eaux à 8° sera :

$$3.000 \times \frac{68°6 - 51°}{51° - 8°} = \frac{3.000 \times 17.6}{43} = 1.227 \text{ lit. 9 de petites eaux à } 8°.$$

Il faut donc ajouter à 3.000 litres de spiritueux à 68° 6; 1,227 litres 9 de petites eaux à 8°, et l'on obtient 4.227 litres 9 d'eau-de-vie à 51°, titre demandé.

Preuve :

$$3.000 \times 68°6 = 2.058$$
$$1.227.9 \times 8° = 98.2$$ } alcool pur.

$$4.227.9 \times 51° = 2.156.2 \quad \text{alcool pur.}$$

125. — RÉDUCTION DU DEGRÉ ALCOOLIQUE D'UN SPIRITUEUX QUELCONQUE DANS SON FUT D'EXPÉDITION POUR LIVRER A UN DEGRÉ DEMANDÉ.

Premier cas par remplacement d'eau distillée.

Règle générale : Pour trouver la quantité d'eau qui doit remplacer dans le fût une égale quantité de spiritueux afin d'obtenir un degré désiré ; 1° On multiplie le dépotage du fût par la différeuce du degré à obtenir au degré supérieur ; 2° puis, on divise le produit par le degré supérieur ; le quotient donne la quantité d'eau cherchée.

1er EXEMPLE : Un fût dépotant 475 litres à 57°, doit être livré à 52° ; quelle quantité doit-on ôter et remplacer par une égale quantité d'eau distillée pour obtenir le degré demandé ?

Opération :

$$475 \times \frac{57° - 52°}{57°} \quad \text{ou bien} \quad \frac{475 \times 5°}{57°} = 41 \text{ litres } 65.$$

Ainsi, il faut, le fût étant plein, dégarnir de 41 ou 42 litres et remplacer ce spiritueux par une égale quantité d'eau pure, et l'on obtient 475 litres à 52° titre demandé. (Dans la pratique, on peut négliger la fraction).

Preuve :

$$475 - 41.65 = 433.35.$$

$$433.35 \times 57° = 247$$
$$41.65 \times 0° = 0$$ } 247 litres alcool pur.

$$475 \quad » \quad \times 52° = 247 \text{ litres alcool pur.}$$

2me **EXEMPLE** : Uu fût contenant 325 litres eau-de-vie. ou tafia, ou rhum à 63°, doit être livré à 54° ; quelle quantité doit-on ôter et remplacer par une égale quantité d'eau distillée pour obtenir le degré désiré ?

Opération :

$$325 \times \frac{63° - 54°}{63°} \text{ ou bien } \frac{325 \times 9}{63°} = 46 \text{ litres } 4.$$

Il faut donc dégarnir de 46 litres et remplacer le spiritueux par une égale quantité d'eau pure ; et l'on obtient le degré demandé.

Preuve :

325 moins 46.4 donne 278 litres 6 d'eau-de-vie à 63°.

$$278.6 \times 63° = 175.5 \left.\vphantom{\begin{matrix}1\\1\end{matrix}}\right\} 175 \text{ litres } 5 \text{ d'alcool pur.}$$
$$46.4 \times 0° = 0 »$$

$$325 » \times 54° = \qquad 175 \text{ litres } 5 \text{ d'alcool pur.}$$

Observation : Pour bien opérer le mélange dans la futaille, voici la manière de s'y prendre : On ôte la quantité trouvée par le calcul que l'on remplace par l'eau distillée ; puis, on dégarnit d'un décalitre environ, on donne un coup de fouet et l'on remplit de nouveau avec le même liquide ; quelques instants plus tard le spiritueux a repris sa limpidité.

Quel que soit le nombre de fûts dont on veut réduire le degré des spiritueux qu'ils contiennent, si le dépotage et le degré alcoolique sont les mêmes pour tous, et qu'ils doivent être réduits au même degré, alors, un seul calcul indique la quantité d'eau qui est évidemment la même pour tous les fûts ; mais dans le cas contraire, c'est-à-dire lorsque chaque fût a un dépotage et un degré différents et qu'il faut réduire soit à un même degré ou à des degrés différents, alors on opère pour chaque fût ou dépotage, comme il vient d'être indiqué précédemment.

On peut aussi obtenir le même résultat en opérant d'une autre manière ; pour cela, il faut : 1° Multiplier le dépotage par le degré à obtenir ; 2° puis, diviser le produit par le degré du spiritueux ; 3° ensuite, soustraire ce quotient du dépotage du fût ; la différence donne la quantité cherchée.

Ainsi, prenons le 2° exemple précédent : dépotage 325 litres à 63° ; réduisez dans le même fût à 54°?

Opération :

$$\frac{325 \times 54°}{63°} = 278.6 \text{ et } 325 - 278.6 = 46^l.4.$$

Nous voyons que le résultat est le même, il faut dégarnir la futaille de 46 litres et remplacer cette quantité de spiritueux avec l'eau distillée.

2° *Cas* : réduction dans le fût d'expédition avec des petites eaux ou un spiritueux plus faible en degré.

Règle générale : Pour trouver la quantité de spiritueux faible ou de petites eaux qui doit remplacer dans le fût une égale quantité de spiritueux plus élevé en degré afin d'obtenir un degré demandé ; il faut, 1° multiplier le dépotage du fût par la différence du degré à obtenir au degré supérieur ; 2° diviser le produit par la différence du degré inférieur au degré supérieur ; le quotient donne la quantité de spiritueux faible ou de petites eaux qu'il faut employer.

Observation : Il faut bien faire attention, avant de dégarnir le fût, de s'assurer s'il est plein ou à très-peu près ; dans ce cas, on peut ensuite remplir avec le liquide faible sons le mesurer ; et l'on est certain de remettre la même quantité ou bien, une quantité égale à celle qu'on a ôtée.

1er EXEMPLE : Un fût dépotant 400 litres à 60°, on doit livrer à 50° ; combien doit-on ôter d'eau-de-vie pour la remplacer avec des petites eaux à 8° afin d'obtenir le degré voulu ?

Opération :

$$400 \times \frac{60° - 50°}{60° - 8°} \text{ ou bien } \frac{400 \times 10}{52} = 77 \text{ litres.}$$

Il faut dégarnir de 77 litres de spiritueux à 60° qu'on remplace par une égale quantité de petites eaux à 8°; le fût contient alors le même volume de spiritueux réduit à 50°.

Preuve :

$$400 - 77 = 323.$$

$$\left. \begin{array}{l} 323 \times 60° = 193.8 \\ 77 \times 8° = 6.2 \end{array} \right\} \ 200 \text{ litres alcool pur.}$$

$$400 \times 50° = \qquad 200 \text{ id.} \qquad \text{id.}$$

2me EXEMPE : Un fût spiritueux, dépotant 580 litres à 63°; réduisez dans le même fût, à 54° avec des petites eaux à 9°; combien en faut-il?

Opération :

$$580 \times \frac{63° - 54°}{63° - 9°} = \frac{580 \times 9}{54} = 96^l.7.$$

Ainsi, il fant dégarnir le fût plein, de 96 litres d'eau-de-vie qu'on remplace par une égale quantité de petites eaux à 9°, et l'on obtient le titre demandé.

Preuve :

$$580 - 96.7 = 483.3.$$

$$\left. \begin{array}{l} 483.3 \times 63° = 304.3 \\ 96.7 \times 9° = 8.7 \end{array} \right\} \ 313^l.2 \text{ d'alcool pur.}$$

$$580 \text{ » } \times 54° = \qquad 313^l.2 \qquad \text{id.}$$

3me EXEMPLE : Un barril contenant 60 litres cognac à 62°, réduisez à 58° dans le même fût avec de l'armagnac à 47°; combien en faut-il?

Opération :

$$60 \times \frac{62° - 58°}{62° - 47°} = \frac{60 \times 4}{15} = 16 \text{ litres}$$

Il faut dégarnir de 16 litres cognac qu'on remplace par une égale quantité d'armagnac à 47° et l'on obtient le degré désiré.

Preuve :

$$606 - 16 = 44.$$

$$\left.\begin{array}{rcl}44 \times 62^{\circ} &=& 27.3 \\ 16 \times 47^{\circ} &=& 7.5\end{array}\right\} \text{34 litres 8 d'alcool pur.}$$

$$\overline{60 \times 58^{\circ}} = \quad\quad \text{34 litres 8 d'alcool pur.}$$

4ᵐᵉ EXEMPLE : Une pipe esprit contenant 620 litres à 90° ; réduisez à 60° dans le même fût, avec des petites eaux à 8° ; combien en faut-il ?

Opération :

$$620 \times \frac{90^{\circ} - 60^{\circ}}{90^{\circ} - 8^{\circ}} = \frac{620 \times 30}{82} = 226 \text{ litres 8}$$

Il faut ôter 226 |litres d'esprit qu'on remplace par une égale quantité de petites eaux à 8° et l'on obtient le degré demandé.

Preuxe :

$$620 - 226.8 = 393 \text{ litres 2.}$$

$$\left.\begin{array}{rcl}393.2 \times 90^{\circ} &=& 353.9 \\ 226.8 \times 8^{\circ} &=& 18.1\end{array}\right\} \text{372 litres alcool pur.}$$

$$\overline{620 \text{ » } \times 60^{\circ}} = \quad\quad \text{372 litres alcool pur.}$$

126. — ÉLÉVATION OU REMONTAGE DU DEGRÉ ALCOOLIQUE D'UN SPIRITUEUX QUELCONQUE DANS SON FUT D'EXPÉDITION POUR LIVRER AU DEGRÉ DEMANDÉ.

Règle générale : Pour trouver la quantité de spiritueux supérieur en degré, qui doit remplacer dans un fût, une égale quantité de spiritueux inférieur en degré, dans le but d'obtenir un degré moyen déterminé ; il faut : 1° multiplier le dépotage du fût par la différence du degré inférieur au degré moyen qu'on veut obtenir ; 2° ensuite, diviser le produit par la différence du degré inférieur au degré supérieur ; le quotient donne la réponse.

1er EXEMPLE : Un fût plein, dépotant 250 litres à 56°, doit-être livré à 62° ; combien faut-il d'esprit fin à 86° pour remonter dans le même fût au degré donné ?

Opération :

$$250 \times \frac{62° - 56°}{86° - 56°} \text{ ou bien } \frac{250 \times 6}{30} = 50 \text{ litres à 86°.}$$

Il faut donc remplacer 50 litres de spiritueux à 56° par une égale quantité d'esprit à 86°, et l'on obtient 62°.

Preuve :

$$250 - 50 = 200,$$

$$\begin{array}{l} 200 \times 56° = 112 \\ 50 \times 86° = 43 \end{array} \Big\} \ 155 \text{ litres alcool pur.}$$

$$250 \times 62° = 155 \text{ litres alcool pur.}$$

2me EXEMPLE : On veut remonter à 54° dans un fût plein, 450 litres spirituenx à 50° avec de l'esprit à 92° ; combien faut-il de ce dernier ?

Opération :

$$450 \times \frac{54° - 50°}{92° - 50°} = \frac{450 \times 4}{42} = 42 \text{ litres 8 à 92°}$$

On doit remplacer 42 litres de spiritueux par une égale quantité d'esprit à 92°, et l'on obtient 54°.

Preuve :

$$450 - 42.8 = 407.2$$

$$\begin{array}{l} 407.2 \times 50° = 203.6 \\ 42.8 \times 92° = 39.4 \end{array} \Big\} \ 243 \text{ litres Alcaol pur.}$$

$$450 \times 54° = 243 \text{ litres alcool pur.}$$

3me EXEMPLE : On veut remonter à 60° avec du 90°, un barril eau-de-vie contenant 75 litres à 50° ; combien faut-il mettre d'esprit en remplacement d'eau-de-vie ?

Opération :

$$75 \times \frac{60° - 50°}{90° - 50°} = \frac{75 \times 10}{40} = 18 \text{ litres } 7 \text{ ò } 90$$

Il faut mettre 18 litres de 90° en remplacement d'une même quantité de 50°.

Preuve :

$$75 - 18.7 = 56.3.$$

$$\left.\begin{array}{rcl} 56.3 \times 50° &=& 28.2 \\ 18.7 \times 90° &=& 16.8 \end{array}\right\} 45 \text{ litres alcool pur.}$$

$$\overline{75 \text{ » } \times 60°} = \qquad 45 \text{ litres alcool pur.}$$

Observation : Comme l'esprit a une densité moindre que celle de l'eau-de-vie, et que, dans ce cas, il est versé par dessus, il ne se mélange que difficilement à cette dernière qui est plus pesante ; il faut fouetter énergiquement, ce qui produit une évaporation plus ou moins grande selon qu'on opère en été ou en hiver. Voici un moyen qui permet de mélanger parfaitement l'esprit à l'eau-de-vie et qui accélère beaucoup le travail lorsqu'on opère sur plusieurs futailles : ayez un grand entonnoir en fer-blanc auquel on peut adapter et ôter à volonter un long tube de même métal, d'un diamètre et d'une longueur convenable pour pénétrer au besoin par le plus petit trou de bonde et jusqu'au fond d'une pipe, ayant l'extrémité inférieure fermée, et coudée de 20 à 30 centimètres. Cette partie du tube coudé qui pénètre jusqu'au fond de la pièce, doit être percée d'un grand nombre de petits trous, comme ceux de la pomme d'un arrosoir, ce qui oblige l'esprit à se diviser infiniment sous la masse du liquide et à se mélanger, pour ainsi dire de lui même ; surtout, si l'on a soin de faire tourner le tube sans l'élever pendant qu'un homme verse le liquide dans l'entonnoir : Lorsqu'on a introduit ainsi la quantité nécessaire d'esprit, il suffit de dégarnir d'un décalitre et de donner un léger coup de fouet pour que le mélange soit parfait ; ensuite, on met le dégarnissage avec un entonnoir ordinaire.

127. — UN NOMBRE QUELCONQUE DE SPIRITUEUX ÉTANT DONNÉ ET LEUR DEGRÉ CONNU, TROUVER LA QUANTITÉ D'ESPRIT DONT LE DEGRÉ EST COTNU ET LA QUANTITÉ D'EAU DISTILLÉE NÉCESSAIRE POUR PRODUIRE UNE QUANTITÉ DÉTERMINÉE AYANT UN DEGRÉ DONNÉ.

1er EXEMPLE : On désire faire 1.200 litres à 62° avec 700 litres cognac à 60° ; de l'esprit à 90° et de l'eau distillée ; combien faut-il ajouter de chacun de ces deux derniers liquides ?

Opération :

Quantité totale.............	1.200	× 62° =	74.400
Quantité partielle........	700	× 60° =	42.000
Différence..............	500	différence.	32.400 : 500 = 64°8

Il s'agit donc d'ajouter 500 litres d'eau-de-vie à 64° 8 afin d'obtenir par le mélange 1.200 litres à 62°.

Il suffit maintenant de trouver la quantité d'esprit à 90° et d'eau pure qui composent un mélange de 500 litres à 64°8 pour avoir la soluiion du problème.

Ainsi : $\dfrac{500 \times 64°8}{90°}$ = 360 litres d'esprit à 90° qu'il faut ajouter.

500 — 360 = 140 litres d'eau distillée à ajouter.

Réponse : En ajontant à 700 litres d'eau-de-vie à 60°, 360 litres d'esprit à 90° et 400 litres d'eau, on obtient 1.200 litres d'eau-de-vie à 62°.

Preuve :

700	× 60°	=	420	
360	× 90°	=	324	744 litres alcool pur.
140	× 0°	=	0	
1.200	× 62°	=		744 litres alcool pur.

Ainsi, règle générale : Un nombre quelconque de spiritueux étant donnés et leur degré connu, pour trouver la quantité d'esprit dont le degré est connu et d'eau nécessaire pour produire une quantité déterminée ayant un degré donné ; Il faut : 1° multiplier chaque quantité par son degré ; 2° d'un côté, retrancher la somme des quantités partielles de la quantité totale que doit avoir le mélange ; et de l'autre, la somme des produits des quantités partielles, du produit de la quantité totale ; 3° diviser la différence des produits par la différence des quantités, le quotient donne le degré que doit avoir le mélange des liquides à ajouter ; 4° ensuite, il faut multiplier la différence des quantités par le degré obtenu, et diviser le produit par le degré de l'esprit ; le quotient donne la quantité d'esprit à ajouter ; 5° Enfin, on retranche cette quantité d'esprit de la différence des quantités, et l'on obtient l'eau distillée nécessaire.

2me EXEMPLE : Un foudre dépotant 23 hectos, on veut le remplir à 61° avec 6 hectos cognac à 62°, 4 hectos fine champagne à 56° ; 2 hectos armagnac à 51° ; 2 hectos armagnac à 46° ; de l'esprit fin à 92° et de l'eau distillée ; combien faut-il de chacun de ces derniers liquides ?

Opération :

Quantité totale....	23 × 61° =		1.403
	6 × 62° =		372
Quantités	4 × 56° =		224
partielles	2 × 51° =		102
	2 × 46° =		92
TOTAL.............	14	TOTAL........	790

Différence des quantités........... 9   Différence des produits : 613 : 9 = 68°1.

Ainsi, en ajoutant 9 hectos à 68°1 à la somme des quantités partielles, nous obtiendrons 23 hectos à 61°, titre demandé.

Il sufit maintenant de chercher la quantité d'esprit à 92° et d'eau distillée qui doivent composer ce mélange.

Ainsi : $\dfrac{900 \times 68°1}{92}$ = 666 litres d'esprit à 92° qu'il faut ajouter.

900 — 666 = 234 litres d'eau distillée à ajouter.

Il faut donc mélanger aux 14 hectos de diverses eaux-de-vie données, 666 litres d'esprit à 92° et 234 litres d'eau ; obtenons ainsi 23 hectos à 61°.

Preuve

$$
\begin{array}{rcll}
1.400 \times \text{divers} &=& 790 & \\
666 \times 92° &=& 613 & \Big\} \ 1.403 \text{ litres d'alcool pur.} \\
234 \times 0° &=& 0 & \\
\hline
2.300 \times 61° &=& & 1.403 \text{ litres d'alcool pur.}
\end{array}
$$

3me EXEMPLE : Quelle quantité d'esprit fin à 86° et d'eau distillée, faut-il ajouter à 12 hectos à 60°, 9 hectos à 55° et 9 hectos à 52°, pour faire un mélange de 60 hectos à 50° ?

Opération :

$$
\text{Quantité totale.....} \quad 60 \times 50° = 3.000
$$

$$
\text{Quantités partielles}
\begin{cases}
12 \times 60° = & 720 \\
9 \times 55° = & 495 \\
9 \times 52° = & 468
\end{cases}
$$

$$
\text{TOTAL.............} \quad 30 \qquad \text{TOTAL.......} \quad 1.683
$$

Différence des quantités......... 30 Différence des produits 1.317 : 30 = 43°.9

puis, $\dfrac{30^h \times 43°9}{86°} = 1.531$ litres 3 d'esprit à 86° qu'il faut ajouter

Enfin, 3.000 lit. — 1.531 litres = 1.469 litres d'eau distillée à ajouter

R. Il faut mélanger aux quantités partielles d'eau-de-vie, 1.531 litres d'esprit à 86° et 1.469 litres d'eau distillée, pour obtenir 60 hectos à 50°

Preuve :

$$
\begin{array}{rcll}
3.000 \times \text{divers} &=& 1.683 & \\
1.531 \times 86° &=& 1.317 & \Big\} \ 3.000 \text{ litres alcool pur.} \\
1.469 \times 0° &=& 0 & \\
\hline
6.000 \times 50° &=& & 3.000 \text{ litres} \quad \text{id.}
\end{array}
$$

20

128. — UN NOMBRE QUELCONQUE DE SPIRITUEUX ÉTANT DONNÉ ET LEUR DEGRÉ CONNU, TROUVER LA QUANTITÉ D'ESPRITS DONT LE DEGRÉ EST CONNU ET LA QUANTITÉ DE PETITES EAUX NÉCESSAIRES POUR OBTENIR UNE QUANTITÉ DÉTERMINÉE AYANT UN DEGRÉ DONNÉ.

L'orsqu'on a trouvé le volume et le degré du spiritueux qu'il faut ajouter, ensuite, on cherche de la manière indiquée au numéro 119, la quantité d'esprit et de petites eaux qui doivent composer ce volume au degré nécessaire, pour obtenir un mélange définitif, ayant une importance et un degré déterminés.

EXEMPLE : Quelle quantité d'esprit fin à 90° et de petites eaux à 9° faut-il ajouter à 12 hectos à 60°, 12 hectos à 56° et 12 hectos à 52°, pour faire un mélange de 80 hectolitres d'eau-de-vie à 60°?

Opération :

$$\text{Quantité totale } 80 \times 60° = 4.800$$

$$\text{quantités partielles} \begin{cases} 12 \times 60° = & 720 \\ 12 \times 56° = & 672 \\ 12 \times 52° = & 624 \end{cases}$$

Total..............36   Total.......2.016

Différence des quantités....44 **Différence des produits.** 2.784 : 44 = 63.3.

Ainsi, en ajoutant 44 hectos à 63°.3 composés d'esprit à 90° et de petites eaux à 9°, nous obtiendrons 80 hectos d'eau-de-vie à 60°.

$$\begin{array}{ll} 90° & 54.3 \\ 63°.3 & \\ 9° & 26.7 \\ \hline & 81 \end{array} \Big\} 81 : 4.400 \Big\{ \begin{array}{l} : : 54.3 : x = 2.949.6 \text{ litres esprit à } 90°. \\ \\ : : 26.7 : x = 1.450.4 \text{ lit. petites eaux à } 9° \\ \hline 4.400 \text{ » lit. eau-de-vie à } 63°.3. \end{array}$$

Il faut donc mélanger aux quantités données, 2.949 litres d'esprit à 90°, et 1.450 litres petites eaux à 9°.

Preuve :

```
3.600   × divers  =  2.016 )
2.949.6 ×   90°   =  2.654 }  4.800 litres alcool pur.
1.450.4 ×    9°   =    130 )
─────────────────────────
8.000 » ×   60°   =         4.800   id.   id.
```

On peut encore résoudre les questions analogues en opérant d'une autre manière ; soit la question suivante.

Voulant remplir une cuve de 150 hectos à 62°, avec 30 hectos à 61 ; 20 hectos à 56°, 20 hectos à 53°, 10 hectos à 51°, 10 hectos à 48°, de l'esprit de vin à 86°, de l'esprit de mélasse à 90° et des petites eaux à 8° ; combien faut-il ajouter de chacun des trois derniers liquides ?

Ainsi, pour ne pas faire autant de multiplications qu'il y a de quantités données, il faut : 1° additionner d'un côté les quantités données, et de l'autre leur degré ; 2° diviser la somme des degrés des quantités données par leur nombre, pour obtenir le degré moyen de leur mélange ; ensuite, opérer comme il a été indiqué précédemment.

Opération :

30 + 20 + 10 + 10 = 90 hectos, sommes des quantités partielles, et 61° + 56° + 53° + 51° + 48° = 269 : 5 = 53°.8 degré moyen des quantités partielles. Puisqu'il y a 5 quantités données ayant chacune un degré différent ; il suffit de diviser par 5 la somme des degrés des quantités données pour obtenir le degré moyen de leur mélange. Puis.

```
            quantité totale 150 × 62°  = 9.300.
somme des quantités partielles  90 × 53°.8 = 4.842
                                        ─────────
Différence des quantités.......... 60 Dif. des prod. 4.458 : 60 = 74°.3.
```

Il faut maintenant chercher les quantités de 90°, de 86° et de 8° qui puissent composer 60 hectos à 74°3.

$$90° \quad\quad 66.3 \left.\begin{array}{}\ \\ \ \end{array}\right\} \quad\quad \begin{array}{} :: 66.3 : x = 2.486.2 \text{ à } 90° \\ :: 66.3 : x = 2.486.2 \text{ à } 86° \end{array}$$

$$86° \quad\quad 66.3$$

$$160 : 6.000$$

$$74°.3$$

$$8° \quad 15.7 + 11.7 = 27.4 \quad\quad :: 27.4 : x = 1.028 \text{ » à } 8°$$

$$\overline{\quad\quad\quad 160 \text{ »} \quad\quad\quad\quad\quad\quad\quad\quad 6.000.4 \text{ à } 74°.3}$$

Ainsi, il faut mélanger aux diverses eaux-de-vie données : 2.486 litres d'esprit à 90° 2.486 litres d'esprit à 86° et 1.028 litres de petites eaux à 8° ; le mélange définitif donne 150 hectos à 62°.

Preuve :

$$9.000 \quad\times\quad 53°8 \;=\; 4.842 \left.\begin{array}{}\ \\ \ \\ \ \\ \ \end{array}\right\}$$
$$2.486.2 \quad\times\quad 90° \;=\; 2.238$$
$$2.486.2 \quad\times\quad 83° \;=\; 2.133 \quad\quad 93 \text{ hectos alcool pur.}$$
$$1.028 \quad\times\quad 8° \;=\; 82$$

$$\overline{\quad 150^{\text{ h}} \quad\times\quad 62° \;=\; \quad\quad\quad 93 \text{ hectos alcool pur.}}$$

129. — MANIÈRE D'EMPLOYER LE CARAMEL AVEC PRÉCISION DANS LA COLORATION DES SPIRITUEUX BLANCS OU DÉJA COLORÉS POUR OBTENIR LA COULEUR DÉSIRÉE SANS TATONNEMENT.

Un litre de caramel pur pèse environ 1.380 grammes à la température de 15 centigrades.

Un litre de caramel dédoublé moitié par moitié avec de l'eau-de-vie à 50°, pèse environ 1.160 grammes à la température de 15 centigrades. (Voir au n° 73, la manière de fabriquer et de dédoubler le caramel.)

Pour obtenir avec precision et au premier coup, la nuance désirée, que le spiritueux soit blanc ou déjà coloré, il faut opérer comme suit :

44 centilitres de caramel dédoublé donnant la couleur paille ou jaune clair à 100 litres eau-de-vie blanche, et 40 centilitres de caramel dédoublé donnant la couleur rouge

foncé à la même quantité d'eau-de-vie blanche ; donc, en augmentant de 4 en 4 centilitres depuis 4 jusqu'à 40 centilitres, nons obtiendrons 10 nuances assez sensibles de l'une à l'autre et que nous nommerons : *Couleurs types.*

Pour cela, on prend 10 flacons en verre blanc et de même contenance, soit 15 ou 20 centilitres chacun ; puis, on place dans un bac bien propre un hectolitre de dédoublé blanc auquel on mélange exactement 4 centilitres de caramel dédoublé, et l'on en remplit un flacon qui est parfaitement bouché, mastiqué, et sur lequel on place une petite étiquette portanr le nº 4.

On mélange une deuxième fois 4 centilitres de caramel dédoublé à l'eau-de-vie du bac, et l'on en retire un deuxième flacon auquel on donne le nº 8.

On mélange une troisième fois 4 centilitres de caramel dédoublé à l'eau-de-vie du bac, et l'on en retire un troisième flacon qui porte le nº 12.

Enfin, on mélange successivement, toujours de 4 en 4 centilitres de caramel dédoublé, jusqu'à ce qu'on arrive à 40 centilitres ou bien au nº 40, en ayant soin, après chaque addition ou mélange, d'en retirer un flacon qui est immédiatement bouché, mastiqué et numéroté : on obtient de cette manière 10 couleurs types ou étalons pouvant servir de comparaison, savoir :

Nº 4 nuance produite avec 4 ceni. de car. dédoublé p, º/o d'eau-de-vie blanche
» 8   id.   8   id.   p. 0/0   id.
» 12   id.   12   id.   p. 0/0   id.
» 16   id.   16   id.   p. 0/0   id.
» 20   id.   20   id.   p. 0/0   id.
» 24   id.   24   id.   p. 0/0   id.
» 28   id.   28   id.   p. 0/0   id.
» 32   id.   32   id.   p. 0/0   id.
» 36   id.   36   id.   p. 0/0   id.
» 40   id.   40   id.   p. 0/0   id.

Connaissant ainsi la composition de chaque nuance depuis la plus pâle jusquà la plus foncée, il devient alors facile d'obtenir dans tous les cas, la nuance ou couleur désirée.

1ᵉʳ EXEMPLE : Une eau-de-vie blanche étant donnée, quelle que soit la quantité, si l'on désire par exemple, la nuance nº 32, il suffit alors d'ajouter 32 centilitres de caramel dédoublé par hectolitre d'eau-de-vie ; ainsi, supposons 8 hectos 50 ; il faut prendre dans ce cas, $\dfrac{8.50 \times 32}{100} = 2^{l}.72$ de caramel dédoublé qui, mélangés exactement aux 850 litres, donnent la couleur désirée.

2ᵐᵉ EXEMPLE : Soit maintenant à colorer une eau-de-vie de mélange dans un foudre ou la grande cuve : Quelle que soit la nuance que possède déjà le liquide, elle doit évidemment se rapprocher beaucoup ou être semblable à l'un des numéros des étalons ; ainsi, si le spiritueux de la pièce, foudre ou cuve, après avoir été bien mélangé, possède par exemple la nuance nº 12, et qu'on désire avoir la nuance nº 28 ; pour obtenir ce résultat, il suffit de soustraire 12 de 28 ; multiplier la différence par la quantité de spiritueux et diviser le produit par 0/0 en portant la virgule de deux rangs à gauche, le quotient donne la quantité de caramel qu'il faut employer.

Soit, une pipe contenant 630 litres eau-de-vie, ayant la couleur nº 12 ; on demande la couleur nº 28 ; combien faut-il ajouter de caramel dédoublé ?

$$38 - 12 = 16; \text{ et } \dfrac{630 \times 16}{100} = 1 \text{ litre de caramel dédoublé.}$$

3ᵐᵉ EXEMPLE : Un foudre contenant 17 hectos spiritueux ayant la nuance nº 8, mais on désire la nuance nº 36 ; combien doit-on ajouter de caramel dédoublé ?

$$36 - 8 = 28; \text{ et } \dfrac{17 \times 28}{100} = 4 \text{ litres 76 de caramel dédoublé.}$$

4me EXEMPLE : Enfin, une cuve contenant 145 hectos de spiritueux qui posséde la nuance n° 16; pour avoir la nuance n° 32, combien faut-il ajouter de caramel dédoublé?

$$32 - 16 = 16; \text{ et } \frac{145 \times 16}{100} = 23 \text{ litres 20 de caramel dédoublé}$$

Observation : Lorsqu'on a obtenu par le calcul la quantité de caramel dédoublé qu'il faut employer, ensuite, on le délaie dans une mesure ou un petit bac, avec 3 ou 4 fois son volume d'eau-de-vie, et on le mélange à la totalité du spiritueux.

130. — MANIÈRE DE MÉLANGER LES SPIRITUEUX, LES PETITES EAUX ET L'EAU DISTILLÉE.

Quel que soit le nombre de liquides, de spiritueux et d'eau qu'on se prépare de réunir dans un fût, foudre ou cuve, et quelle que soit la capacité de ces vaisseaux, il faut toujours verser le premier, le liquide le plus alcoolique, parce qu'il est le plus léger, et successivement on verse les plus alcooliques en commençant par le plus fort degré et finissant par le plus faible, parce qu'ils sont de plus en plus denses, se traversent et se mélangent d'eux-mêmes ; ainsi, prenons l'exemple deuxième du n° 128.

On désire remplir une cuve de 150 hectos avec du 61°, du 56°, du 53°, du 51°, du 48°, du 86°, dn 90° et des petites eaux à 8°.

Il faut donc envoyer le premier à la cuve, le 90°, puis le 86°, puis le 61° et donner un coup de fouet; ensuite on envoie successivement le 56°, le 53°, le 51° et l'on donne un deuxième coup de fouet; enfin, on verse le 48° et en dernier lieu les petites eaux ou l'eau distillée lorsqu'il en existe dans le mélange à faire; puis un dernier coup de fouet un peu énergique rend ce mélange parfait.

Mais lorsqu'on remonte dans son fût de livraison ou d'expédition un spiritueux faible avec un spiritueux plus alcoolique et par conséquent d'une densité moins élevée, ce dernier dans ce cas étant versé sur le liquide moins alcoolique ne se mélangerait que très-difficilement si l'on opérait comme il est indiqué à la note du n° 126.

131. — MANIÈRE DE PESER UN MÉLANGE ALCOOLIQUE.

Pour se rendre compte si un mélange est exact, il faut d'abord ôter par le robinet du foudre ou de la cuve, un ou deux décalitres qui sont versés par la bonde ; puis, on prend encore par le robinet un peu de spiritueux afin de s'assurer de son degré alcoolique que l'on note : ensuite, on prend par la bonde de la pièce à l'aide d'une sonde, un peu de spiritueux, et l'on examine également sa force alcoolique.

Si le degré de la partie inférieure et le degré de la partie supérieure de la masse spiritueuse sont semblables, il est évident que les différens liquides ont été mélangés dans l'ordre et de la manière indiquée ; mais, si le degré du bas se trouve inférieur à celui du haut de la masse, il faut alors brasser de nouveau à l'aide du fouet jusqu'à ce qu'une nouvelle pesée donne deux degrés identiques.

132. — DES DÉPOTOIRS.

Les dépotoirs en cuivre étamés intérieurement sont d'une grande commodité, soit pour le dépotage des barils, soit pour desservir les foudres ou la grande cuve dans des fûts de diverses capacité, etc. etc.; ils peuvent être mis en communication avec ces grands vaisseaux, et font connaître rapidement la contenance exacte des futailles :

Voici les dimensions d'un dépotoir de 2 hectos pour barillage.

Forme cylindrique, diamètre intérieur 505 millimètres (ou bien 50 centimètres 1/2); hauteur ou profondeur 1 mètre;

mais, il faut donner 1ᵐ05, ou bien 5 centimètres de plus à la hauteur, afin que le mouvement du liquide ne le fasse passer sur les bords.

Avec ces dimensions, la table placée et fixée près du tube indicateur en verre, contiendra 200 divisions sur 1 mètre de hauteur; chaque division sera de 5 millimètres (ou 1/2 centimètre 8 mil.) et indiquera 1 litre ou bien 1 décimètre cube; donc, 1 millimètre étant sensible à l'œil et représentant, dans ce cas, 20 centilitres, l'erreur devient alors imposible.

DIMENSIONS D'UN DÉPOTOIR POUR BARRIQUES,
MUIDS ET PIPES.

Dépotoir, forme cylindrique, étamé intérieurement, ayant 798 millimètres de diamètre intérieur (ou bien 79 cent. 8 mill.) sur 1 mètre 30 centimètres de hauteur, contient 650 litres ou décimètres cubes ; mais, il faut comme pour le dépotoir précédent, donner à la hauteur 5 centimètres en plus, afin que le liquide ne puisse passer sur les bords.

Avec ces dimensions, la table fixée contre le tube indicateur en verre contiendra 130 divisions sur 1ᵐ30 de hauteur, par conséquent, chaque division sera de 1 centimètre et indiquera 5 litres ou 1/2 décalitre, ou bien 5 décimètres cubes.

Ainsi, cet instrument étant bien gradué, un litre occupe deux millimètres de hauteur qui sont très-appréciables; il devient alors facile de dépoter, avec exactitude, les fûts d'une capacité inférieure à 650 litres.

133. — DES SURFORCES, CALCULS QUI S'Y RAPPORTENT.

Voici comment on calcule l'augmentation ou surforce de degrés.

1ᵉʳ EXEMPLE : Je vous achète un hectolitre d'esprit industriel au prix de 96 fr. à 90°, titre légal des esprits autres que ceux de vins ; vous me livrez à 93°. Comme il y a excédant de richesse alcoolique ou surforce, quelle est, dans ce cas, la valeur réelle de la marchandise ?

Pour avoir la surforce, il suffit de multiplier le volume du spiritueux par la différence du degré commercial au degré supérieur, et diviser le produit par le degré commercial ; le quotient donne la quantité de spiritueux qui doit être ajoutée. Ainsi :

$$\frac{93° - 90° \times 100}{90°} = 3 \text{ litres } 33 \text{ à ajouter.}$$

Nous voyons qu'un hectolitre à 93° équivaut à $100 + 3,33$ ou bien à 103 litres 33 à 90° titre commercial, et le montant de la facture, au lieu d'être 96 fr., devient :

$$\frac{103, 33 \times 96}{100} = 99 \text{ fr. } 19 \text{ cent.}$$

On aura donc à payer 99 fr. 19 cent.

2me EXEMPLE : Je demande 6 hectos cognac au **prix** de 160 fr. à 60°, on me livre à 63° ; quel est le montant de la facture ?

$$\frac{63° - 60° \times 600}{60°} = 30 \text{ litres à ajouter.}$$

Ainsi, 600 litres de cognac à 63° degrés équivalent à $600 + 30$ ou bien à 630 litres de cognac à 60° titre commercial ; et pour avoir la valeur réelle de la marchandise.

$$\frac{630 \times 160}{100} = 1.008^f$$

On aura donc à payer 1.008 fr.

3me EXEMPLE : J'achète 35 hectos de rhum au prix de 105 litres l'hecto à 54°, on me livre à 56° ; quelle est la valeur réelle de cette marchandise ?

$$\frac{56^o - 54^o \times 3.500}{54^o} = 129 \text{ lirres à ajouter.}$$

Ainsi, 35 hectos de spiritueux à 56° équivalent à 3.500 + 129 ou bien à 3.629 litres à 54° ; le montant de la facture devient :

$$\frac{3.629 \times 105}{100} = 3.810 \text{ francs 45 somme à payer.}$$

4me EXEMPLE : Je vous achète 17 hectos d'armagnac au prix de 95 francs à 52° ; vous me livrez à 53° 1/2 ; quel est le montant de la facture ?

$$\frac{53^o 1/2 - 52^o \times 1.700}{52} = 49 \text{ litres à ajouter.}$$

Nous trouvons que 17 hectos de spiritueux à 53° 5, équivalent à 1.700 + 49 ou bien à 1.749 litres au titre de 52° ; on doit donc chercher la valeur de la marchandise sur cette dernière quantité.

$$\frac{1.749 \times 95^f}{100} = 1.661 \text{ francs 55, montant de la facture.}$$

Observation : On peut encore obtenir le même résultat en opérant ainsi :

Prenons l'exemple précédent : je vous vends 17 hectos de spiritueux au prix de 95 francs à 52°, mais je vous livre au degré existant qui est de 53°5 ; sur quelle quantité doit-on chercher la valeur du liquide ou le montant de la facture ?

$$\frac{1.700 \times 53^o5}{52^o} = 1.749 \text{ litres}$$

Nous voyons comme précédemment, que 17 hectos à 53°5 équivalent à 1.749 litres à 52° ; donc, pour obtenir la valeur réelle du spiritueux, on multiplie le prix de l'hecto par la quantité équivalente trouvée et l'on divise le produit par 100 en portant la virgule de deux rangs à gauche.

Ainsi : $\dfrac{1.749 \times 95}{100}$ = 1.661 francs 55, montant de la facture.

Preuve :

17.00 $\times$ 53°5 = 969 litres 5 d'alcool pur.
17.49 $\times$ 52° = 909 litres 5 d'alcool pur.

134. — DES RÉFRACTIONS, CALCULS QUI S'Y RAPPORTENT.

1er EXEMMLE : Je vous achète un hecto d'esprit au prix de 95 francs à 90°, mais vous me livrez à 88°, quelle est dans ce cas la valeur réelle de cette marchandise ?

Pour trouver la réfraction il suffit de multiplier le volume du spiritueux par la différence du degré faible au degré commercial, et diviser le produit par le degré commercial ; le quotient donne la quantité de spiritueux à déduire,

$$\frac{90° - 88° \times 100}{90°} = 2 \text{ litres } 22 \text{ à déduire.}$$

La réfraction étant de 2 litres 22, alors 100 litres d'esprit à 88° équivalent à 100 — 2.22 ou bien à 97 litres 78 à 90° ; et le montant de la facture au lieu d'être 95 francs, devient :

$$\frac{97.78 \times 95}{100} = 92^f 89, \text{ montant de la facture.}$$

2me EXEMPLE : Je demande 38 hectos d'esprit-de-vin au prix de 83 francs l'hecto à 86°, on me livre à 84°5 ; quel est le montant de la facture ?

$$\frac{86° - 84°5 \times 3.800}{86°} = 66 \text{ litres à déduire.}$$

Ainsi, 38 hectos à 84°.5 équivalent à 3.800 — 66 ou bien à 3.734 litres à 86°, et le montant de la facture se calcule sur cette dernière quantité.

$$\frac{3.734 \times 83^f}{100} = 3.099^f,2 \text{ montant de la facture.}$$

3me EXEMPLE : Vous ayant acheté 44 hectolitres d'eau-de-vie au prix de 155 fr. à 60°, laquelle vous m'avez livrée à 58°; quelle somme ai-je a vous payer?

$$\frac{60° - 58° \times 4.400}{60°} = 146^l,6 \text{ à déduire}$$

44 hectos à 58° équivalent à 44 hectos moins 146 litres 6 ou à 42.53 litres 4 à 60°; la valeur réélle de ce spiritueux sera donc.

$$\frac{4.253.4 \times 155^f}{100} = 6.592^l.7 \text{ somme à payer.}$$

4me EXEMPLE : On achète 130 hectos de rhum au prix de 105 fr. l'hecto à 54°; à la réception on ne trouve que du 52°.5 quelle somme aurat-on à payer?

$$\frac{54° - 52°.5 \times 13.000}{54°} = 361 \text{ litres à déduire.}$$

Ainsi, 130 hectos à 52°.5 équivalent à 130 hectos — 361 litres ou bien à 126 hectos 39 à 54°; c'est donc sur cette dernière quantité qu'il faut calculer la valeur de la marchandise.

$$\frac{12.639 \times 105^f}{100} = 13.270^f.9 \text{ montant de la facture.}$$

5me EXEMPLE : Je vous rends 40 hectos d'eau-de-vie au prix de 50 francs l'hecto à 55°; au moment de livrer je ne trouve que 53°; quel sera le montant de la facture?

$$\frac{55° - 53° \times 4.000}{55°} = 145^{l}.4 \text{ à déduire.}$$

40 hectos à 53°, ont donc leur équivalent en alcool dans 40 hectos 145 litres 4, ou bien dans 3.854 litres 6 à 55°; ainsi, la valeur de l'eau-de-vie sera :

$$\frac{3.854.6 \times 50^{f}}{100} = 1.927^{f}.3 \text{ montant de la facture.}$$

Nota. — On peut encore obtenir le même résultat en opérant comme suit : prenons l'exemple précédent.

40 hectos d'eau-de-vie sont vendus au prix de 50 fr. l'hecto à 55°; mais à la réception on ne trouve que du 53°; quelle sera la valeur réelle de la marchandise?

$$\frac{4.000 \times 53°}{55°} = 3.854 \text{ litres.6.}$$

Nous trouvons immédiatement que 40 hectos à 53° équivalent à 3.854 litres 6 à 55°; puis la valeur réelle de la marchandise sera comme précédemment.

$$\frac{3.854.6 \times 50^{f}}{100} = 1.927^{f}.3.$$

Preuve :

4.000   × 53° = 2.120 litres d'alcool pur.
3.854.6 × 55° = 2.120 litres   id.

135. — DÉCLARATIONS A FAIRE A LA RÉGIE POUR L'OBTENTION DES CONGÉS, ACQUITS A CAUTION, PASSAVANTS, ETC.

Nous savons qu'un enlèvement ou transport de boissons, vins, alcools, liqueurs, etc., etc., ne peut avoir lieu sans déclaration préalable faite par l'expéditeur ou l'acheteur, et sans que le conducteur des susdites boissons soit muni d'une expédition régulière conforme à la déclaration et délivrée par le bureau de la régie. Ces expéditions sont de diverses natures, selon la qualité des expéditeurs ou des destinataires.

Acquit a caution. — L'acquit à caution est une expédition qui accompagne les boissons destinées aux marchands en gros, entrepositaires, et aux débitants, et qui contient les mêmes énonciations que la déclaration préalable, c'est-à-dire les quantités, espèces et qualités de boissons, les lieux d'enlèvement et de destination, les noms, prénoms, demeures et professions des expéditeurs, voituriers et destinataires.

Observation. — Ceux de mes lecteurs qui désireraient connaître les lois, décrets et ordonnances sur les boissons, n'auraient qu'à consulter le Manuel des Octrois et autres Contributions indirectes.

Acquit à Caution :

1 barrique vin rouge............................... 228 litres.
1 caisse 25 bouteilles de 75/00 vin pour............. 19 »

Acquit à Caution :

Dans une caisse contenant du vin.

10 bout. de 75/00 eau-de-vie pour 8 lit. à 60ᵈ, alcool pur. 5 litres.
15 bout. de 75/00 liqueur pour........................ 11 »

Sortant de l'entrepôt Julien B....., rue   , nᵒ , allant chez M. Lucien D...., débitant à Angoulême (Charente), rue   , nᵒ .

Bordeaux, le   1870.

J. B.

Observation. — Chaque fois que la destination des boissons est Paris ou l'Étranger, quel que soit le destinataire ou réceptionnaire, il faut prendre un acquit pour expédition.

Acquit à Caution :

4 barriques vin rouge pour.. 9ʰ.12ˡ.
3 caisses contenant ensemble 72 bout. de 75/00 vin pour..   54ˡ.

Sortant de l'entrepôt Julien B....., rue   , nᵒ   , allant chez M. Alphonse T..... à Paris, rue   , nᵒ   , (Seine).

Bordeaux, le   1870.

J. B.

Acquit à Caution :

2 fûts vin rouge pour............................... 342 litres.
3 caisses contenant 60 bouteilles de 75/00 vin pour..   45   »

Acquit à caution :

Dans une caisse contenant du vin.

6 bout. de 75/00 eau-de-vie pour 5 lit. à 50ᵈ alcool pur...   3 litres.
6 bout. de º/₀ liqueur pour   6   »

Sortant de l'entrepôt Julien B......, rue   , nᵒ   , allant chez M. Gustave L..... à Paris, rue   , nᵒ   ; (Seine).

Bordeaux, le   1870.

J. B

Acquit à Caution :

36 barriques vin pour.. 82ʰ.08ˡ.
150 caisses cont. ensemble 1800 bout. de 70/00 vin pour.... 12ʰ.60.

Sortant de l'entrepôt Julien B......, rue   , nᵒ   , allant à l'Étranger par Bordeaux; bureau de sortie Saint-Esprit.

Bordeaux, le   1870.

J. B.

Congé. — Le congé est une expédition qui accompagne les boissons destinées aux bourgeois, propriétaires, ou pour certaines ventes au détail; dans ce cas, les droits sont acquittés au départ des boissons.

La note remise au bureau de la régie pour l'obtention d'un congé; doit, également que pour l'acquit à caution, indiquer les quantités, espèces et qualités de boissons, les lieux d'enlèvement et de destination, les noms, prénoms, demeures et professions des expéditeurs et destinataires ou réceptionnaires.

Congé :

Demi barrique vin contenant..................... 1ʰ 14 litres
3 caisses, ensemble 108 bouteilles 75/00 vin pour..   81   »

Sortant de l'entrepôt Julien B...., rue   nᵒ allant chez M. Oscar D...., propriétaire à Arcachon (Gironde).

Bordeaux le   1870.

J. B.

Passavant servant aux mutations. — Le passavant est une expédition qui accompagne les boissons transportées d'un entrepôt dans un autre situé dans l'intérieur de la ville.

La note remise au bureau de la régie doit, ainsi que les précédentes, indiquer les quantités, espèces et qualités de boissons, les lieux d'enlèvement et de destination, etc., etc.

Mutation :

Pour 50 barriques vin, ensemble.................... 114 hectos
Sortant de l'entrepôt Julien B..... rue   nᵒ , allant chez M. Achille S..... négociant, rue   nᵒ ,

Bordeaux le   1870.

J. B.

Mutation :

Pour 25 fûts dépotant ensemble 70 hectos eau-de-vie
à 60°, alcool pur...................................... 42 hectos.

Sortant de l'entrepôt Julien B...., rue   n°   , allant à son
entrepôt situé rue   n°   ,

Bordeaux le   1870.

J. B.

Lorsque le maître de chai a plusieurs expéditions à faire
dans la même journée, soit par acquits, congés et mutations ;
voici comment il peut dresser ses notes :

Sortant de l'entrepôt de M. Julien B...., rue   ; n°

Acquit à caution :

1 barrique vin pour........................... 228 litres

Allant chez M. L. Lucas, entrepositaire à Colmar,
     (Haut-Rhin).

Acquit à caution :

3 fûts vin, ensemble............................. 4.56 litres
30 caisses, ensemble 1080 bouteilles de 70/00 vin pour. 7.56   »

Acquit a caution :

10 caisses, ensemble, 120 bouteilles de 70/00 eau-de-vie pour
     84 litres à 66°- alcool pur...................... 50 litres
10 caisses, ensemble. 120 bouteilles de 0/0 liqueurs
     pour.. 1.20   »

Allant à l'étranger par Bordeaux ; bureau de sortie, Latour.

Congé :

2 caisses contenant ensemble :

36 b^lles de 70/00 eau-de-vie pour 25 litres à 50°, alcool pur.   13 litres
12 bouteilles de 70/00 absinthe pour 8 lit. à 72°, alcool pur.   6 »
12 bouteilles de 0/0 Bitter pour 12 litres à 45°,   id.   5 »
12 bouteilles de 0/0 liqueurs pour.....................   12 »

Allant chez M. Félix P..., propriétaire à Épinal (Vosges).

Mutation :

Pour 23 fûts contenant ensemble 58 hectos rhum
à 53°, alcool pur..................................... 30^h.74 litres.

Allant chez M. Gustave R.... entrepositaire rue   n° ,

Bordeaux le   1870.

J. B.

136. — TABLEAU indiquant les dimensions à donner aux cuves de fermentation pour des contenances déterminées, depuis 500 litres jusqu'à 15.000 litres.

Contenances des cuves	Hauteur ou longueur depuis le jable	Diamètre intérieur à la tête	Diamètre intérieur du bas au jable	Contenances des cuves	Hauteur ou longueur depuis le jable	Diamètre intérieur à la tête	Diamètre intérieur du bas au jable
hectolit.	mèt. cen.	mèt. mil.	mèt. mil.	hectolit.	mèt. cen.	mèt. mil.	mèt. mil.
5	0.87	0.800	0.940	60	1.97	1.810	2.130
6	0.92	0.845	0.995	65	2.03	1.865	2.195
7	0.97	0.890	1.050	70	2.08	1.910	2.250
8	1.01	0.925	1.095	75	2.13	1.960	2.300
9	1.06	0.975	1.145	80	2.17	1.995	2.345
10	1.09	1 »	1.180	85	2.22	2.040	2.400
15	1.25	1.150	1.350	90	2.26	2.075	2.445
20	1.38	1.270	1.490	95	2.30	2.115	2.485
25	1.48	1.360	1.600	100	2.34	2.150	2.530
30	1.57	1.440	1.700	110	2.41	2.215	2.605
35	1.65	1.515	1.785	120	2.48	2.275	2.685
40	1.72	1.580	1.860	130	2.55	2.345	2.755
45	1.79	1.640	1.940	140	2.62	2.410	2.830
50	1.86	1.710	2.010	150	2.68	2.465	2.895
55	1.92	1.765	2.075				

Ce genre de cuve convient beaucoup mieux pour la fermentation vineuse que celles indiquées au tableau n° 15.

Pour l'usage de ce tableau, il faut suivre les indications déjà données au n° 14 et à la suite du n° 16.

FIN.

TABLE DES MATIÈRES

Introduction.

PREMIÈRE PARTIE

ADMINISTRATION DES CHAIS OU ENTREPOTS DE VINS.

DEUXIÉME PARTIE

CHAI A EAUX-DE-VIE ET ESPRITS.

Bordeaux. — Typ. et Lith. G. CHARIOL, cours du Chapeau-Rouge, 28.